科学是永无止境的，它是一个永恒之谜。

——爱因斯坦

《“中国制造2025”出版工程》
编 委 会

"十三五"国家重点出版物
出版规划项目

"中国制造2025"
出版工程

工业机器人集成系统与模块化

李 慧　马正先　马辰硕　著

化学工业出版社
·北 京·

本书围绕工业机器人集成系统与模块化，从开发角度出发，对工业机器人规划与控制、机器人结构优化及组合模块结构形式等进行理论探讨，对工业机器人本体及零部件进行应用开发。在工业机器人集成系统研究中，主要对机器人机构建模、机器人基本配置、机器人系统配套及成套装置、机器人集成系统控制等进行理论分析；在工业机器人模块化研究中，主要对机器人本体模块化过程中的组合模块构成、本体模块化等进行机器人运动分析和本体设计。通过模块化设计案例，全面系统地剖析了工业机器人本体模块化的本质和意义。同时对模块化工业机器人的运动原理进行研究与设计，提出了机器人模块化过程中存在的主要问题和模块化设计建议或相应的原则性解决方案。

全书主要包括：工业机器人特点及作业要求、工业机器人集成系统、工业机器人本体模块化、工业机器人主要零部件模块化、工业机器人其他部件模块化。全书理论与应用相结合，以多用途工业机器人、电镀用自动操作机、定位循环操作工业机器人等为设计案例进行剖析，应用性强。

本书可供机器人设计及其应用领域的工程技术人员参考，也可作为机械类高年级本科生、工科研究生的教学参考书。

图书在版编目（CIP）数据

工业机器人集成系统与模块化/李慧，马正先，马辰硕著.
北京：化学工业出版社，2018.6
“中国制造2025”出版工程
ISBN 978-7-122-31894-7

Ⅰ.①工… Ⅱ.①李…②马…③马… Ⅲ.①工业机器人-设计 Ⅳ.①TP242.2

中国版本图书馆CIP数据核字（2018）第069490号

责任编辑：张兴辉　金林茹
责任校对：边　涛　　　　装帧设计：尹琳琳

出版发行：化学工业出版社（北京市东城区青年湖南街13号　邮政编码100011）
印　　装：三河市延风印装有限公司
710mm×1000mm　1/16　印张$14\frac{3}{4}$　字数273千字　2018年10月北京第1版第1次印刷

购书咨询：010-64518888（传真：010-64519686）　售后服务：010-64518899
网　　址：http://www.cip.com.cn
凡购买本书，如有缺损质量问题，本社销售中心负责调换。

定　　价：69.00元

序

制造业是国民经济的主体，是立国之本、兴国之器、强国之基。近十年来，我国制造业持续快速发展，综合实力不断增强，国际地位得到大幅提升，已成为世界制造业规模最大的国家。但我国仍处于工业化进程中，大而不强的问题突出，与先进国家相比还有较大差距。为解决制造业大而不强、自主创新能力弱、关键核心技术与高端装备对外依存度高等制约我国发展的问题，国务院于 2015 年 5 月 8 日发布了“中国制造 2025”国家规划。随后，工信部发布了“中国制造 2025”规划，提出了我国制造业“三步走”的强国发展战略及 2025 年的奋斗目标、指导方针和战略路线，制定了九大战略任务、十大重点发展领域。2016 年 8 月 19 日，工信部、发展改革委、科技部、财政部四部委联合发布了“中国制造 2025”制造业创新中心、工业强基、绿色制造、智能制造和高端装备创新五大工程实施指南。

为了响应党中央、国务院做出的建设制造强国的重大战略部署，各地政府、企业、科研部门都在进行积极的探索和部署。加快推动新一代信息技术与制造技术融合发展，推动我国制造模式从“中国制造”向“中国智造”转变，加快实现我国制造业由大变强，正成为我们新的历史使命。当前，信息革命进程持续快速演进，物联网、云计算、大数据、人工智能等技术广泛渗透于经济社会各个领域，信息经济繁荣程度成为国家实力的重要标志。增材制造（3D 打印）、机器人与智能制造、控制和信息技术、人工智能等领域技术不断取得重大突破，推动传统工业体系分化变革，并将重塑制造业国际分工格局。制造技术与互联网等信息技术融合发展，成为新一轮科技革命和产业变革的重大趋势和主要特征。在这种中国制造业大发展、大变革背景之下，化学工业出版社主动顺应技术和产业发展趋势，组织出版《“中国制造 2025”出版工程》丛书可谓勇于引领、恰逢其时。

《“中国制造 2025”出版工程》丛书是紧紧围绕国务院发布的实施制造强国战略的第一个十年的行动纲领——“中国制造 2025”的一套高水平、原创性强的学术专著。丛书立足智能制造及装备、控制及信息技术两大领域，涵盖了物联网、大数据、3D 打印、机器人、智能装备、工业网络安全、知识自动化、人工智能等一系列的核心技术。 丛书的选题策划紧密结合“中国制造 2025”规划及 11 个配套实施指南、行动计划或专项规划，每个分册针对各个领域的一些核心技术组织内容，集中体现了国内制造业领域的技术发展成果，旨在加强先进技术的研发、推广和应用，为“中国制造 2025”行动纲领的落地生根提供了有针对性的方向引导和系统性的技术参考。

这套书集中体现以下几大特点：

首先，丛书内容都力求原创，以网络化、智能化技术为核心，汇集了许多前沿科技，反映了国内外最新的一些技术成果，尤其国内的相关原创性科技成果得到了体现。 这些图书中，包含了获得国家与省部级诸多科技奖励的许多新技术，图书的出版对新技术的推广应用很有帮助！ 这些内容不仅为技术人员解决实际问题，也为研究提供新方向、拓展新思路。

其次，丛书各分册在介绍相应专业领域的新技术、新理论和新方法的同时，优先介绍有应用前景的新技术及其推广应用的范例，以促进优秀科研成果向产业的转化。

丛书由我国控制工程专家孙优贤院士牵头并担任编委会主任，吴澄、王天然、郑南宁等多位院士参与策划组织工作，众多长江学者、杰青、优青等中青年学者参与具体的编写工作，具有较高的学术水平与编写质量。

相信本套丛书的出版对推动“中国制造 2025”国家重要战略规划的实施具有积极的意义，可以有效促进我国智能制造技术的研发和创新，推动装备制造业的技术转型和升级，提高产品的设计能力和技术水平，从而多角度地提升中国制造业的核心竞争力。

中国工程院院士 潘云鹤

前言

这是一本理论与工程实际密切联系，并结合设计案例系统地论述工业机器人集成系统与模块化的著作。

由于工业机器人是柔性生产不可或缺的设备，因此工业机器人模块化设计将是机械制造及自动化的重要组成部分，是一种既要求多学科理论基础，更要求工程知识和实践经验，蕴藏着巨大优势和潜力的工作。模块化工业机器人的研制和应用具有高效率和开放性，易于实现产品开发并容易得到用户的认可，但对其系统研究的成果或论著却极少见。由于系统地对工业机器人集成系统与模块化分析研究较少，该方面知识主要靠设计者自己在工作实践中摸索积累，这给工业机器人开发设计带来较大的困难，更不便于满足应用者的需求。知识点及设计案例的不足，不仅会极大地限制设计者的视野和创造力，还会限制机器人的发展和应用。笔者本着“理论-设计-开发”的理念完成了此著作，重点在于开发，书中较全面系统地阐述了工业机器人集成系统与模块化等方面的理论及存在的问题，并提出了相应的解决方案，通过多个设计案例表达本体模块化及零部件模块化的结构特征，具有很强的实用性。如果能为读者在工业机器人设计方面提供帮助，笔者将会感到极大的满足与欣慰。

全书共由6章组成，分别是：第1章，导论；第2章，工业机器人特点及作业要求；第3章，工业机器人集成系统；第4章，工业机器人本体模块化；第5章，工业机器人主要零部件模块化；第6章，工业机器人其他部件模块化。本书是笔者在从事产品开发设计和学校教研的基础上，结合笔者的研究成果以及国内外的研究资料完成的。书中理论一方面是笔者在工作及研究中对该问题的看法与观点，另一方面是参考和汲取了国内外的资料。为了突出对模块化机器人设计的阐述及对其结构特殊性的重点描述，第3~6章的图样去掉了一些复杂的结构、要素、交叉重叠关系和图样解释等，仅给出了简洁示意的表达和概略性的介绍，某些具体的零部件结构未能详细论述。

由于图样和设计案例的软件、版本不同，图样和设计案例的源头多及个别图样图面太大且复杂等原因，使得列举案例存在某些图的内容、格式表达不妥之处。并且，书中的诸多观点也只是笔者一家之说。由于笔者水平及时间限制等，书中可能会出现不妥之处，恳请并欢迎读者及各界人士予以指正。

本书著者的联系方式：李慧（E-mail：lihuishuo@163.com；QQ：1003393381），马正先（E-mail：zhengxianma@163.com；QQ：1371347282），马辰硕（E-mail：chenshuo.ma@students.mq.edu.au；QQ：243905263）。全书由马正先教授校对和审稿。本书得益于诸多同事与学生的帮助，得益于丰富的媒体与资料的支撑，在此，我们表示衷心感谢。

本书笔者对书中引用文献的所有著作权人表示衷心感谢！

著　者

目录

中国制造
2025

170 第5章 工业机器人主要零部件模块化

201 第6章 工业机器人其他部件模块化

216 索引

第1章

导论

1.1 机器人技术概述

工业机器人作为新一代生产和服务工具，在制造领域和非制造领域具有更广泛的作用，占据更重要的地位，如在核工业、水下、空间、农业、工程机械、建筑、医用、救灾、排险、军事、服务、娱乐等方面[1,2]，可代替人完成各种工作。同时，机器人作为自动化和信息化的装置与设备，完全可以进入网络世界，发挥更多及更大的作用，这对人类开辟新的产业，提高生产水平与生活水平具有十分重要的现实意义。机器人最新应用主要表现在生机电一体化、安防机器人巡检、机器人自主式、仿真模拟、物联网嵌入、云计算、脑电波控制及自动导引装置（Automated Guided Vehicle，AGV）协作等方面[3,4]。

（1）生机电一体化技术

生机电一体化是20世纪90年代以来快速发展的前沿科学技术，它是通过生物体运动执行系统、感知系统、控制系统等与机电装置（机构、传感器、控制器等）的功能进行集成，使生物体或机电装备的功能得到延伸。如将该技术应用于机器人上，通过对神经信息的测量和处理与人机信息通道的建立，将神经生物信号传递给机器人，从而使机器人能够执行人的命令[5]。正因为这种原理，假肢也能够“听懂”人的指示，从而成为人身体的一部分。

（2）安防机器人巡检技术

智能巡检机器人携带红外热像仪和可见光摄像机等检测装置，在工作区域内进行巡视并将画面和数据传输至远端监控系统，并对设备节点进行红外测温，及时发现设备发热等缺陷，同时也可以通过声音检测判断变压器运行状况。对于设备运行中的事故隐患和故障先兆进行自动判定和报警，有效消除事故隐患。

（3）机器人自主式技术

机器人在不断进化，甚至可以在更大的实用程序中使用，它们变得更加自主、灵活，协作更加便捷。最终，它们将与人类并肩合作，并且人类也要向它们学习。这些机器人花费将更少，并且相比于制造业之前使用的机器人，它们的适用范围更广泛。

(4) 仿真模拟技术

仿真技术是一门多学科的综合性技术，它以控制论、系统论、相似原理和信息技术为基础，以计算机和专用设备为工具，利用系统模型对实际的或设想的系统进行动态试验。模拟技术是指利用相似原理，建立研究对象的模型（如形象模型、描述模型、数学模型），并通过模型间接地研究原型规律性的实验方法。仿真模拟技术可以理解为利用实时数据，在虚拟模型中反映真实世界，包括机器、产品及人等，可以使得运营商能够在虚拟建模中进行测试和优化[3]。

(5) 物联网嵌入式技术

物联网（Internet of Things）指的是将无处不在（Ubiquitous）的末端设备（Devices）和设施（Facilities）[6]，包括具备“内在智能”的传感器、移动终端、工业系统、数控系统、家庭智能设施及视频监控系统等，还包括“外在使能”（Enabled）的，如贴上射频识别（Radio Frequency Identification，RFID）的各种资产（Assets）、携带无线终端的个人与车辆等“智能化物件或动物”或“智能尘埃”（Mote），通过各种无线或有线的、长距离或短距离通信网络实现互联互通（M2M），应用大集成（Grand Integration）以及基于云计算的SaaS（Software as a Service）营运等模式，在内网（Intranet）、专网（Extranet）及互联网（Internet）环境下，采用适当的信息安全保障机制，提供安全可控乃至个性化的实时在线监测、定位追溯、报警联动、调度指挥、预案管理、远程控制、安全防范、远程维保、在线升级、统计报表、决策支持及领导桌面（集中展示的Cockpit Dashboard）等管理和服务功能，实现对“万物”的“高效、节能、安全及环保”的“管、控、营”一体化。

“物联网技术”的核心和基础仍然是“互联网技术”，是在互联网技术基础上延伸和扩展的一种网络技术，其用户端延伸和扩展到了任何物品和物品之间以进行信息交换和通信。因此，物联网技术是通过射频识别、红外感应器、全球定位系统及激光扫描器等信息传感设备，按约定的协议将任何物品与互联网相连接并进行信息交换和通信，以实现智能化识别、定位、追踪、监控和管理的一种网络技术。

物联网是新一代信息技术的重要组成部分，是互联网与嵌入式系统发展到高级阶段的融合。作为物联网重要技术组成的嵌入式系统，嵌入式系统的视角有助于深刻地、全面地理解物联网的本质。物联网是通用计算机的互联网与嵌入式系统单机或局域物联在高级阶段融合后的产物。物联网的构建跟互联网不一样，物联网更复杂、范围更广。而嵌入式技术是构建物联网的基础技术，并为其提供保障。

物联网其实就是把所有的物体都连在网络上，这些是要通过嵌入式系统来实现的。随着物联网产业的发展，更多的设备甚至更多的产品将使用标准技术连接，可以进行现场通信，提供实时响应。

（6）云计算机器人

云计算是作为一种制造业的重要使能技术出现的，它可以改变传统的制造业模型，采用更科学的经营策略来促使产品创新，从而建立可以实现高效协作的智能化工厂网络。目前的制造业正在经历一轮由信息技术及其相关的智能技术带动的重大转变。云计算的主要作用是在分布式环境下根据客户需求提供一种高可靠性、高可扩展性和实用性的计算服务。云计算机器人将会彻底改变机器人发展的进程，极大地促进软件系统的完善。在当今时代，更需要跨站点和跨企业的数据共享，与此同时，云技术的性能将提高至只在几毫秒内就能进行反应。

（7）超限机器人技术

在微纳米制造领域，机器人技术可以帮助人们把原来看不到、摸不着的变成能看到、能摸着的，还可以进行装配和生产。例如，微纳米机器人可以把纳米环境中物质之间的作用力直接拓展，对微纳米尺度的物质和材料进行操作。

（8）AGV 机器人协作技术

当前最常见的应用是 AGV 搬运机器人或 AGV 小车，主要功用集中在自动物流搬转运，AGV 搬运机器人是通过特殊地标导航自动将物品运输至指定地点，最常见的引导方式为磁条引导和激光引导。相对于单个机器人的“单打独斗”，多个机器人之间的协同作业更为重要，而这需要一套完备的调度体系来保证车间里众多同时作业的机器人相互之间协调有序。多机器人协同控制算法这一技术平台可以协同控制几百台智能机器人共同工作，完成货物的订单识别、货物定位、自动抓取、自动包装和发货等功能。

（9）脑电波控制技术

在未来，远程临场（Telepresence）机器人会成为人们生活中不可或缺的一部分。用户需要佩戴一顶可以读取脑电波数据的帽子，然后通过想象来训练机器人的手脚做出相应的反应，换句话说，就是通过意念来控制机器人的运动。它不仅可以通过软件来识别各种运动控制命令，还能在行径过程中主动避开障碍物，灵活性很高，也更容易使用。

机器人技术是综合了计算机、控制论、机构学、信息和传感技术、人工智能、仿生学等多学科而形成的高新技术，是当代研究十分活跃及应用日益广泛的领域。机器人应用情况是一个国家工业自动化水平的重要标志。因为机器人并不是在简单意义上代替人工的劳动，而是综合了人的特长和机器特长的一种拟人的电子机械装置，既有人对环境状态的快速反应和分析判断能力，又有机器可长时间持续工作、精确度高、抗恶劣环境的能力。从某种意义上说，它也是机器进化过程的必然产物，它是工业以及非产业界的重要生产和服务性设备，也是先进制造技术领域不可缺少的自动化设备。

1.2 机器人现状及国内外发展趋势

工业机器人的发展过程大致可以分为三个阶段，即可以将机器人划分为三代：第一代为示教再现型机器人，它主要由机械手、控制器和示教盒组成，通过示教存储程序和信息，按预先引导动作记录下信息，工作时读取信息再发出指令重复再现执行，如汽车工业中应用的点焊机器人，也是当前工业中应用最多的一类机器人；第二代为感觉型机器人[7,8]，类似于人存在某种功能的感觉，如声觉、力觉、触觉、滑觉、听觉和视觉等，它具有对某些外界信息进行反馈调整的能力，目前已进入应用阶段[9,10]；第三代为智能型机器人，它具有感知和理解外部环境的能力，在工作环境改变的情况下，也能够成功地完成任务。目前，真正的智能型机器人尚处于试验研究阶段。

1.2.1 我国工业机器人发展

我国的工业机器人从20世纪70年代开始起步，大致经历了三个重要阶段：萌芽期（20世纪70年代）、开发期（20世纪80年代）和实用化期（20世纪90年代以后）。尽管起步较晚，但在国家政策的大力支持下，特别是“863计划”的实施，将机器人技术作为一个重要的发展主题进行研究，先后投入了将近几个亿的经费用于机器人的研究开发，使得我国在机器人这一领域快速发展，如今已经成为世界上公认的机器人制造大国。目前已基本掌握了机器人操作机的设计制造技术、控制系统硬件和软件设计技术[11]、运动学和轨迹规划技术[12,13]，能够制造生产部分机器人关键元器件[14,15]，开发出了喷漆、弧焊、点焊、装配、搬运[16]等工业机器人；其中喷漆机器人在企业的自动喷漆生产线（站）上已经获得规模应用，弧焊机器人也已广泛应用在汽车制造厂的焊装线上。

总体来说，我国工业机器人发展主要表现在如下三个方面。

（1）工业机器人的市场规模增速较快

相关调查报告显示，中国工业机器人市场规模整体增幅比较乐观，销售量和销售额都不断增长。在宏观经济和制造业增速下滑的态势下，中国工业机器人市场仍然维持一定增长速度。鉴于工业机器人替代空间巨大，预计未来几年，中国工业机器人市场仍将维持高速增长态势。

（2）工业机器人应用延伸

工业机器人与自动化成套装备是生产过程中的关键设备，能够用于制造、安装、检测、物流等多个生产环节，因此工业机器人广泛应用于汽车、电子、塑料、食品及金属加工等行业。近几年，中国工业机器人市场主要受汽车行业发展带动，目前主要以“汽车加电子”双轮驱动的形式进行发展。在汽车行业不景气的情况下，中国工业机器人市场的发展将更多地由电子行业发展带动。与此同时，随着工业机器人向着更深更远的方向发展以及智能化水平的提高，工业机器人的应用将从传统制造业推广到其他制造业，进而推广到诸如采矿、建筑及农业等各种非制造行业[17]。

（3）工业机器人提升空间大

目前，外资品牌工业机器人的市场表现远好于国产品牌，外资品牌销售量占比较国产品牌销售量占比高。国产品牌工业机器人价格较低，相比较外资品牌而言，国产品牌机器人在销售量和销售额以及产品品质等方面都有很大提升空间。我国的智能机器人和特种机器人也取得了不少成果，某些机器人的成果居世界领先水平，还开发出直接遥控机器人、双臂协调控制机器人、爬壁机器人、管道机器人等机种；在机器人视觉、力觉、触觉、声觉等基础技术的开发应用上开展了不少工作，有了一定的发展基础[18,19]。

据国际机器人联合会数据显示：2016年全球工业机器人销量约29万台，同比增长14%，其中中国工业机器人销量9万台，同比增长31%。而在2016年底中国机器人产业联盟公布的《2016年上半年工业机器人市场统计数据》显示：2016年上半年国内机器人企业累计销售19257台机器人，较上年增长37.7%，增速比上年同期加快10.2%，实际销量比上年增长70.8%。我国工业机器人市场规模已经位居世界第一，国产机器人产品占据了可观的市场份额，发展态势迅猛，初具规模。

但总的来看，我国的工业机器人技术及其工程应用的水平和国外比还有一定的距离，如：可靠性低于国外产品；机器人应用工程起步较晚，应用领域较窄，生产线系统技术与国外比有差距；在应用规模上，我国已安装的国产工业机器人较少。在多传感器信息融合控制技术、遥控加局部自主系统遥控机器人、智能装配机器人、机器人化机械等的开发应用方面则刚刚起步，与国外先进水平差距较大。以上差距主要是因为没有形成强大的机器人产业，当前我国的机器人生产都是应用户的要求进行设计，品种规格多、批量小，零部件通用化程度低，供货周期长且成本也不低，而且质量和可靠性不稳定。

2015年，中国提出了“中国制造2025”，重点强调了用两化（信息化和工业化）深度融合来引领和带动整个制造业的发展。围绕这一目标，工业机器人的研究、发展和应用成为中国制造业走向高端化和智能化的重中之重。目前迫切需要解决的是产业化前期的关键技术，对产品进行全面规划，搞好系列化、通用化、模块化设计，积极推进产业化进程。

2016年工信部等单位联合印发了《机器人产业发展规划（2016～2020年）》，针对目前我国自主研发的机器人产品中减速器、伺服电动机等核心器件依赖进口的现象仍未根本改变的问题予以明确，并提出了发展规划。将选择支持重点单位，开展基础研发工作，大力支持机器人关键零部件制造水平的提升，以尽快摆脱机器人相关基础工业落后局面[20]。

1.2.2 国外机器人发展

早在1954年美国英格伯格和德沃尔（机器人之父）设计出第一台电子可编程序的工业机器人，并于1961年申请了该项专利，1962年美国通用汽车公司投入使用，开创了机器人应用的先河；1971年美国通用汽车公司又率先使用了点焊机器人。经过40多年的发展，美国现已成为世界上的机器人强国之一。美国麻省理工学院（MIT）一直是机器人科技研究的先驱，其仿生机器人实验室曾研究出猎豹、Atlas等轰动世界的军事机器人。那么，随着DeepMind AlphaGo、Atlas等前沿人工智能技术的发展，机器人领域的研究会出现哪些新的趋势呢？在CCF-GAIR全球人工智能与机器人峰会机器人专场上，MIT机器人实验室主任、美国国家工程院院士Daniela Rus就此曾作过报告演说，讲述世界机器人领域的前沿技术趋势。他提到机器人领域的“摩尔定律”，以前觉得太未来主义，但事实上我们一定程度上已经实现了，机器人可以用于送包裹、清理环境、货物整理、自动驾驶及生活辅助等场景[21,22]。

1968年，日本川崎重工业公司从美国Unimation公司引进机器人及技术，并于1970年试制出第一台工业机器人。起步虽较美国晚，但后来居上，如今生产和安装的机器人数量已大大超过美国，成为世界上工业机器人生产制造的第一大国，被誉为“工业机器人王国”。现在日本有名的工业机器人生产商有“安川电机”“发那科”“爱普生”“不二越”等。

20世纪70年代中后期，德国政府也采用了积极的行政手段促进工业机器人的研发与推广。在2010年德国提出工业4.0之后，世界制造业强国纷纷提出了自己在制造业方面的崭新构想。

近几年工业机器人主要有如下几个趋势。

① 工业机器人性能不断提高（高速度、高精度、高可靠性、便于操作和维修）而单机价格不断下降。

② 机械结构向模块化及可重构化发展[23]。例如关节模块中的伺服电机、减速机及检测系统三位一体化，由关节模块及连杆模块用重组方式构造机器人整机，模块化装配机器人等。

③ 工业机器人控制系统向基于PC机的开放型控制器方向发展，便于标准化和网络化。器件集成度提高，控制柜体积小且采用模块化结构，大大提高了系统的可靠性、易操作性和可维修性。

④ 机器人中的传感器作用日益重要，除采用传统的位置、速度及加速度等传感器外，装配和焊接机器人还应用了视觉、力觉等传感器，而遥控机器人则采用视觉、声觉、力觉及触觉等多传感器的融合技术来进行环境建模及决策控制[24]。多传感器融合配置技术在产品化系统中已有成熟应用。

⑤ 虚拟现实技术在机器人中的作用已经从仿真发展到用于过程控

制，如使遥控机器人操作者产生置身于远端作业环境中的感觉来操纵机器人。

⑥ 当代遥控机器人系统的发展特点不是追求全自治系统，而是致力于操作者与机器人的人机交互控制[1]，即遥控加局部自主系统构成完整的监控遥控操作系统，使智能机器人走出实验室进入实用化阶段。美国发射到火星上的“索杰纳”（Sojourner）机器人就是这种系统成功应用的最著名实例。

⑦ 机器人化机械开始兴起。从美国开发出“虚拟轴机床”（也称并联机床，Parallel Kinematics Machine Tools）以来，这种新型装置已成为国际研究的热点之一，纷纷探索开拓其实际应用的领域。

⑧ 智能化机器人成为国际社会关注的热点，其研究成果不断出现。

1.3 本书的主要内容与特点

1.3.1 主要内容

全书主要内容由 6 章组成，其主要内容构架如图 1.1 所示。

第 1 章导论，主要内容为机器人技术概述，机器人现状及国内外发展趋势及本书的主要内容与特点等。本章主要为读者阅读提供方便，使读者能够概括地了解《工业机器人集成系统与模块化》的主要结构和内容。

第 2 章工业机器人特点及作业要求，主要内容为工业机器人特点及应用、工业机器人作业要求等。通过对机器人运动规划、机器人关节空间位置控制及机器人力控制等基本方法进行分析和阐述，提出工业机器人作业要求，并为工业机器人的设计与应用提供理论基础。

第 3 章工业机器人集成系统，主要内容为工业机器人基本技术参数，机器人机构建模，工业机器人总体结构类型，工业机器人基本配置，机器人系统配套及成套装置、机器人集成系统控制等。首先，通过对机器人负载、自由度、最大运动范围、重复精度、速度、机器人重量、制动和惯性力矩及防护等级等概念的介绍，认识工业机器人的基本技术参数。其次，通过对机器人机构建模的解析，了解机器人本体设计及结构优化设计的问题。再者，通过对工业机器人基本配置要求的阐述，理解主要组合模块及配置方案。最后，通过对机器人系统配套及成套装置等的介绍，

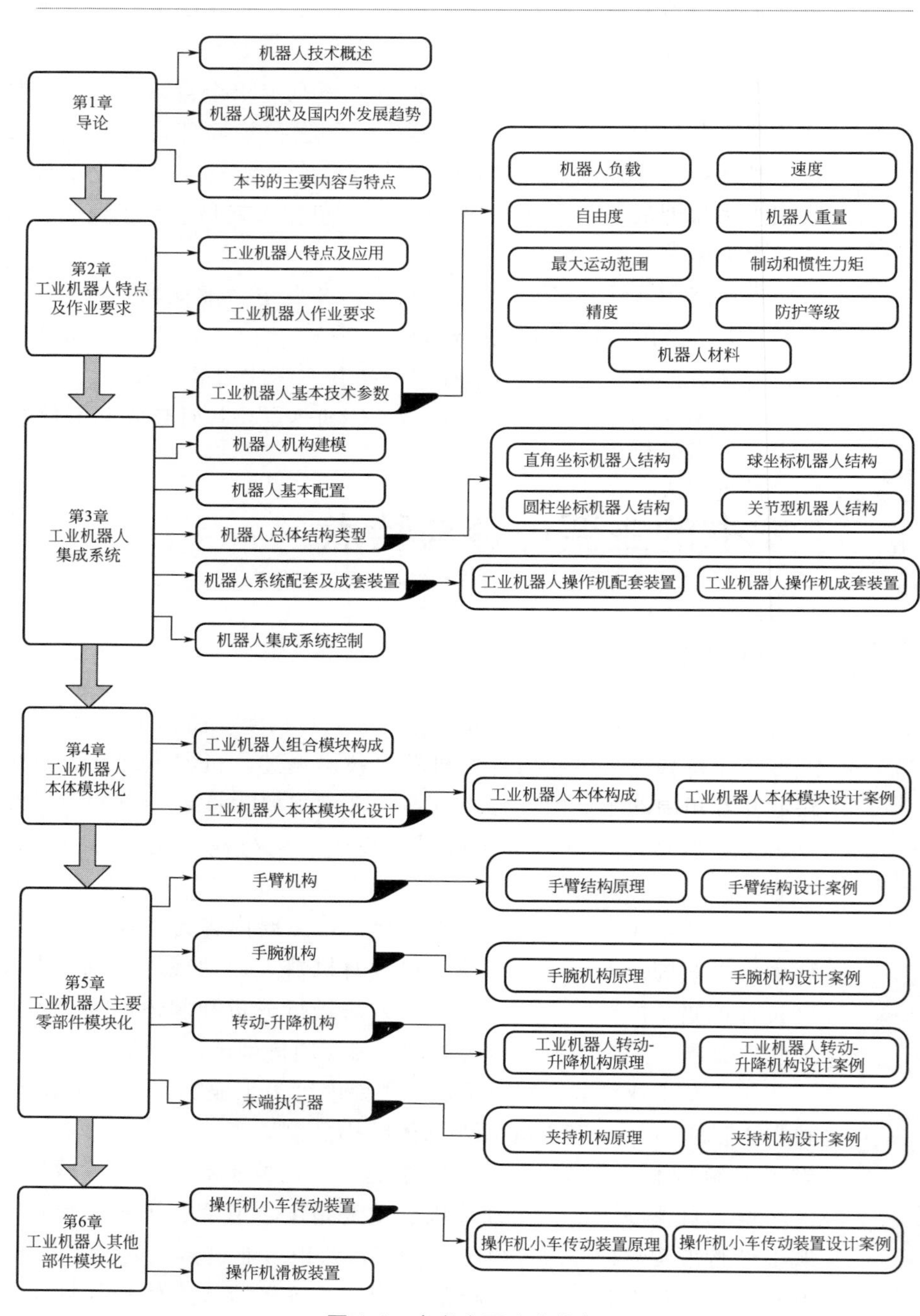

图 1.1 全书主要内容构架

明确工业机器人系统的多面性及发展方向。本章把工业机器人配套装置、控制软件及机器人配置设备等结合在一起，综合其各功能特点并整合为工程实用基础，将有利于特定的工业自动化系统开发和工业机器人作业。工业机器人集成系统的构建是一项复杂的工作，其工作量大、涉及的知识面很广，需要多方面来共同完成，它面向客户，不断地分析用户的要求，并寻求和完善解决方案。随着科学技术的发展及社会需求的变化，工业机器人集成系统将是不断升级的过程。本章对工业机器人结构及配置进行了较全面的认识及解析，并为工业机器人的控制奠定基础。

第4章工业机器人本体模块化，主要内容为工业机器人组合模块构成及工业机器人本体模块化设计等。首先，针对机器人组成机构进行分析，重点是机器人机构速度分析和机器人机构静力分析等。其次，对多种机器人运动原理进行分析，例如数控机床用机器人、热冲压用机器人、冷冲压用机器人、装配操作用机器人、装卸用机器人及板压型机器人等，理解机器人的基本动作和基本运动形式。再者，通过对组合模块结构工业机器人进行剖析，明确组合模块结构形式及组合模块机器人整机组成。最后，通过对多用途工业机器人、电镀用自动操作机及定位循环操作工业机器人的组成分析，理解其模块化工作原理及结构布局，并提出设计建议。本章是工业机器人模块化的重要组成内容。通过特定工业机器人系统的分析，充分阐述了模块化原理，把其中含有相同或相似的功能单元分离出来，并用标准化方式进行统一、归并和简化，再以通用单元的形式独立存在，为从源头上理解模块化设计提供了充分的理论依据。

第5章工业机器人主要零部件模块化，主要介绍手臂机构、手腕机构、转动-升降机构及夹持机构等的模块化问题。对于这些机构的共性问题，许多资料曾经提出了原则性的解决方案。但是，由于不同机器人的作业环境与特性参数不同，开发时其机构的形式多样、多变，使得实际开发工作定性容易，结构设计难，即零部件模块化工作繁杂。各节分别就其部件的结构原理及设计案例等进行了较详细的剖析，重要构件及专用件均需要进行刚度设计、强度校核、寿命校核及优化设计等，该项设计任务工作量大，如工艺性强，结构复杂及设计难度大。进行该项设计时，需要借助多方面的先进理论、方法及工具等才能高质量地完成任务。本章是构成机器人集成系统与模块化的主要部分，该项工作的结果决定着后续工作的成败。

第 6 章工业机器人其他部件模块化，主要内容为操作机小车传动装置及操作机滑板机构等。各节分别就传动装置原理及设计案例进行剖析。虽然前面章节对机器人主要构成对象进行了研究，对工业机器人及组合模块化等内容进行了阐述，但是从工业机器人结构模块化开发考虑时，仅有这些还是远远不够的，对于工业机器人来说，小车传动装置、操作机滑板机构等的作用是不可替代的。本章是对工业机器人操作机辅助部件的阐述，是整机必不可少的内容，因为如果没有辅助部件并不能构成完整的机器人。

1.3.2 主要特点

本书以工业机器人集成系统为主，对工业机器人主要零部件及其他部件模块化、工业机器人本体模块化进行分析与研究。同时本书注重工业机器人模块化的系统性，兼顾理论要点，对机器人集成系统进行理论分析。

书中采用工程图例的方式对工业机器人模块化的设计问题进行表达和阐述，力求从简明的图例中能够较全面地理解复杂的设计问题。

（1）始终坚持理论联系实际

根据生产提出工业机器人作业要求和应用中提出工业机器人特征要求，着手机器人集成系统及工业机器人本体模块化的分析研究。从理论观点看，机器人运动规划及机器人控制是工业机器人作业必不可少的基本要求。对于机器人运动规划，主要从位置规划及姿态规划两个方面给出数学表达，机器人控制则围绕着机器人关节空间位置控制及机器人力控制进行理论探讨。从工程实际出发对特定工业机器人系统进行本体模块化设计及建议。

（2）不强求设计要素的完整性及完美性

无论是工业机器人集成系统还是机器人模块化都具有一定复杂性，为了使问题的阐述重点突出、图面清晰，文中图形仅对具体表述到的部分进行显示，去掉了无关的和不重要的因素，这或许会给阅读和理解带来某些困难。

（3）简明扼要的写作风格

针对工业机器人集成系统、工业机器人本体、工业机器人零部件及特定系统配套及成套装置等，着重从其模块化或结构性的角度进行分析和论述，省略了较多部件和环节的表达。例如，机器人控制系统主要由驱动器、传感器、处理器及软件等组成，其模块化情况在其他专业资料或学术论著中均有介绍，这里不再赘述。

本书涉及较广的知识面，其理论性与实践性结合紧密，如何将理论知识、现场经验与工程技术人员的智慧结合起来，合理地设计及选用机器人，还需要读者在今后的研究、学习与实践中不断地探索与提高。

参考文献

[1] 齐静，徐坤，丁希仑. 机器人视觉手势交互技术研究进展[J]. 机器人，2017，39（4）：565-584.

[2] R V D Pütten，N C Krämer. How design characteristics of robots determine evaluation and uncanny valley related responses [J]. Computers in Human Behavior，2014，36（C）：422-439.

[3] 王化劼. 双机器人协作运动学分析与仿真研究[D]. 青岛：青岛科技大学，2014.

[4] A Cherubini，R Passama，A Crosnier，et al. Collaborative manufacturing with physical human-robot interaction[J]. Robotics and Computer-Integrated Manufacturing，2016，40（C）：1-13.

[5] 罗庆生，韩宝玲，赵小川，等. 现代仿生机器人设计[M]. 北京：电子工业出版社，2008.

[6] 沙丰永，高军，李学伟，等. 基于 Simulink 的数控机床多惯量伺服进给系统的建模与仿真[J]. 机床与液压，2015，43（24）：51-55.

[7] 梁嘉辉. 基于激光线结构光 3D 视觉的机器人轨迹跟踪方法与应用[D]. 广州：华南理工大学，2015.

[8] 鞠文龙. 基于结构光视觉的爬行式弧焊机器人控制系统设计[D]. 哈尔滨：哈尔滨工程大学，2014.

[9] 张晓龙，尹仕斌，任永杰，等. 基于全局空间控制的高精度柔性视觉测量系统研究[J]. 红外与激光工程，2015，44（9）：2805-2812.

[10] 黄英杰. 基于视觉的多机器人协同控制研究[D]. 济南：济南大学，2015.

[11] 温锦华. 续纱机器人及主控软件研究[D]. 上海：东华大学，2015.

[12] 毕鲁雁，刘立生. 基于 RTX 的工业机器人控制系统设计与实现[J]. 组合机床与自动化加工技术，2013，（3）：87-89.

[13] 王鲁平，朱华炳，秦磊. 基于 MATLAB 的工业机器人码垛单元轨迹规划[J]. 组合机床与自动化加工技术，2014，（11）：128-132.

[14] 高焕兵. 带电抢修作业机器人运动分析与控制方法研究[D]. 济南：山东大学，2015.

[15] 刘建. 矿用救援机器人关键技术研究[D]. 徐州：中国矿业大学，2014.

[16] 王殿君，彭文祥，高锦宏，等. 六自由度轻载搬运机器人控制系统设计[J]. 机床与液压，2017，45（3）：14-18.

[17] 尚伟燕，邱法聚，李舜酩，等. 复合式移动探测机器人行驶平顺性研究与分析[J]. 机械工程学报，2013，49（7）：155-161.

[18] 胡鸿，李岩，张进，等. 基于高频稳态视觉诱

发电位的仿人机器人导航[J]. 信息与控制，2016，45（5）：513-520.

[19] 徐蓉瑞. 双目自主机器车系统的设计及研究[D]. 南昌：南昌航空大学，2015.

[20] 王洪川. DL-20MST 数控机床关键零部件结构优化设计[D]. 大连：大连理工大学，2013.

[21] 徐风尧，王恒升. 移动机器人导航中的楼道场景语义分割[J/OL]. 计算机应用研究，[2017-05-25]. http：//www. arocmag. com/article/02-2018-05-047. html.

[22] R M Ferrú s， M D Somonte. Design in robotics based in the voice of the customer of household robots[J]. Robotics and Autonomous Systems，2016，79：99-107.

[23] 刘夏清，江维，吴功平，等. 高压线路末端可重构四臂移动作业机器人控制系统设计[J]. 高压电器，2017，（5）：63-69.

[24] DAschenbrenner，M Fritscher，F Sittner，et al. Teleoperation of an Industrial Robot in an Active Production Line[J]. IFAC-PapersOnLine，2015，48（10）：159-164.

第2章

工业机器人特点及作业要求

工业机器人指由操作机（机械本体）、控制器、伺服驱动系统和传感装置构成的一种仿人操作、自动控制、可重复编程并且能在三维空间完成各种作业的光机电一体化生产设备[1,2]。特别适合于多品种、变批量的柔性生产。它对稳定、提高产品质量及生产效率，改善劳动条件和产品的快速更新换代起着十分重要的作用。

针对工业机器人特点，当从机器人开发角度理解时，大多数工业机器人拥有一些共同的特性。

首先，几乎所有机器人都有可以移动的身体。有些拥有机械化的轮子，而有些则拥有大量可移动的部件，这些部件一般是由金属或塑料制成的，并用于灵活独立地移动。与人体骨骼类似，这些独立部件是用关节连接起来的，机器人的轮与轴是用某种传动装置连接起来的，有些机器人使用的是电动机和螺线管作为传动装置，也有一些则使用液压系统，还有一些使用气动系统，如由压缩气体驱动的系统。机器人可以使用上述任何类型的传动装置。

其次，机器人需要一个能量源来驱动这些传动装置。大多数机器人会使用电池或电源插座来供电，液压机器人还需要液压泵来为液体加压，而气动机器人则需要气体压缩机或压缩气罐等。几乎所有传动装置都通过导线与电路相连，该电路直接为电动机供电，并操纵电子阀门来启动液压系统，电子阀门可以控制承压流体在机器内流动的路径。例如，如果机器人要移动一条由液压驱动的腿，它的控制器会打开一个阀门，这个阀门由液压泵通向腿上的活塞筒，这时承压流体将推动活塞，使腿部向前运动。通常，机器人使用可提供双向推力的活塞，以使部件能向两个方向运动。

还有，机器人的计算机可以控制与电路相连的所有部件。为了使机器人动起来，计算机会打开所有需要的电动机和阀门。由于大多数机器人是可重新编程的，如果要改变某台机器人的行为，只需将一个新的程序写入它的计算机即可。

工业机器人拥有的最常见的一种感觉是运动感，也就是它监控自身运动的能力。例如在通用设计中，机器人的关节处安装带有凹槽的轮子，在轮子的一侧有一个发光二极管，它发出一道光束，光束穿过凹槽照在位于轮子另一侧的光传感器上。当机器人移动某个特定的关节时，有凹槽的轮子会转动。在此过程中凹槽将挡住光束，光学传感器读取光束闪动的模式，并将数据传送给计算机，计算机可以根据这一模式准确地计算出关节已经旋转的圈数。但是，并非所有的机器人都有传感系统，目前，很少的工业机器人同时具有视觉、听觉、嗅觉或味觉。

对于机器人用户来说，通常是从应用方面看其特点。工业机器人并不仅是指像人的机器，凡是替代人类劳动的自动化机器都可称为工业机器人。自 20 世纪 60 年代初第一代机器人在美国问世以来，工业机器人的研制和应用有了飞速的发展，但工业机器人最显著的特点有以下几个。

（1）可编程

生产自动化的进一步发展是柔性自动化，工业机器人可随其工作环境变化的需要进行再编程。因此，工业机器人在小批量，多品种，具有均衡、高效率的柔性制造过程中能发挥很好的功用，是柔性制造系统（FMS）中的一个重要组成部分。

（2）拟人化

工业机器人在机械结构上有类似人的大臂、小臂、手腕及手爪，能行走、腰转等，并有电脑控制。此外，智能化工业机器人还有许多类似人类的“生物传感器”，如皮肤型接触传感器、力传感器、负载传感器、视觉传感器、声觉传感器及语言功能等[3,4]。传感器提高了工业机器人对周围环境的自适应能力。

（3）通用性

除了专用工业机器人外，一般工业机器人在执行不同的作业任务时具有较好的通用性。比如，通过更换工业机器人末端操作器（如手爪、工具等）便可以执行不同的作业任务。

（4）机电一体化

工业机器人技术涉及的学科相当广泛，但是归纳起来是机械学和微电子学的结合，即机电一体化技术。例如，智能机器人具有获取外部环境信息的各种传感器，而且还具有记忆能力、语言理解能力、图像识别能力及推理判断能力等人工智能，这些都和微电子技术的应用，特别是计算机技术的应用密切相关。因此，机器人技术的发展也必将带动机电一体化的发展，机器人技术的发展水平也可以验证一个国家科学技术和工业技术的发展水平。

对于工业机器人的作业要求，应包括路径及运动规划，机器人关节空间位置控制，机器人力控制、定位问题及导航等，但是，不同的工业机器人其作业要求也有差异[5-7]。例如模块化机器人，其作业范围与本体硬件、机器人整体协调运动、重构变形或运动等方面有关[8]。由于模块化机器人可以构型多变，因此其作业范围较广，但由于其运动自由度冗余性高，也使得它的运动规划和控制变得异常困难，同时限制了该机器人的应用。

整体协调运动是机器人的基本能力，关于模块化机器人运动能力自动生成的理论与技术是机器人整体协调运动的依据，能在可接受的时间内自动规划出适应环境和任务的运动或运动模式，是提升机器人作业要求急需解决的问题。

通过对工业机器人的介绍，进一步了解工业机器人的应用。对机器人运动规划、机器人关节空间位置控制及机器人力控制等基本方法进行阐述，提出工业机器人作业要求，并为工业机器人的设计与应用提供理论基础。

2.1 工业机器人特点及应用

对于工业机器人，首先要知道机器人将用于何处。世界上有百万多台工业机器人在各种生产现场工作，在非制造领域，上至太空舱、宇宙飞船，下至极限环境作业，均有机器人技术的应用。在传统制造领域，工业机器人经过诞生、成长及成熟期后，已成为不可或缺的核心自动化装备。

（1）制造类机器人

最常见的制造类机器人是机械臂。典型的机械臂由七个部件构成，它们是用六个关节连接起来的。机械臂可以用步进式电动机控制，某些大型机械臂一般使用液压或气动系统。步进式电动机会以增量方式精确移动，这使计算机可以精确地移动机械臂，使得机械臂不断重复完全相同的动作。机械臂也是制造汽车时使用的基本部件之一。大多数工业机器人在汽车装配线上工作，负责组装汽车，在进行大量的此类工作时，机器人的效率比人类高得多，而且它们非常精确。无论已经工作了多少小时，它们仍能在相同的位置钻孔，用相同的力度拧螺钉等。

在现代化制造工业中，六自由度串联机器人是工业机器人领域最常用的一种自动化装置，被广泛地应用在焊接、搬运及喷涂等方面，它能够在一定范围内取代人力完成重复性强且劳动强度大的工作，甚至来完成一些人工无法完成的任务[9,10]。该类工业机器人与人类手臂极为相似，它具有相当于肩膀、肘关节和腕关节的部位。它的“肩膀”通常安装在一个固定的基座结构上，而不是移动的身体上。该类型的机器人有六个自由度，也就是说，它能向六个不同的方向运动，与之相比，人的手臂有七个自由度。人类手臂的作用是将手移动到不同的位置，类似地，机械臂的作用则是移动末端执行器，因此可以在机械臂上安装适用于特定应用场景的各种末端执行器。常见的末端执行器能抓握并移动不同的物品，该末端执行器一般有内置的压力传感器，用来将机器人抓握某一特定物体时的力度告诉计算机，这使得机器人手中的物体不致掉落或被挤破。其他末端执行器还包括喷灯、钻头和喷漆器等。

制造类机器人专门用来在受控环境下反复执行完全相同的操作。例如，某部机器人可能会负责给装配线上传送的花生酱罐拧上盖子。为了教机器人如何做这项工作，程序员会用一只手持控制器来引导机械臂完成整套动作。机器人将动作序列准确地存储在内存中，此后每当装配线上有新的罐子传送过来时，它就会反复地做这套动作。制造类机器人在计算机产业中也发挥着十分重要的作用，它们无比精确的巧手可以将一块极小的微型芯片组装起来。

(2) 行走机器人

行走机器人首要的难题是为机器人提供一个可行的运动系统。如果机器人只需要在平地上移动，轮子或轨道往往是最好的选择。如果轮子和轨道足够宽，它们还适用于较为崎岖的地形。但是机器人的设计者希望使用腿状结构，因为它们的适应性更强，制造有腿的机器人还有助于使研究人员了解自然运动学的知识，这在生物研究领域是有益的实践。

机器人的腿通常是在液压或气动活塞的驱动下前后移动的。使各个活塞连接在不同的腿部部件上，就像不同骨骼上附着的肌肉。如何使这些活塞以正确的方式协同工作是一个难题，机器人设计师必须弄清与行走有关的活塞运动组合，并将这一信息编入机器人的计算机中。许多移动型机器人都有一个内置平衡系统，该平衡系统会告诉计算机何时需要校正机器人的动作。例如，两足行走的运动方式本身是不稳定的，因此在机器人的制造中实现难度极大。为了设计出行走更稳的机器人，设计师们常会将眼光投向动物界，尤其是昆虫。昆虫有六条腿，它们往往具有超凡的平衡能力，对许多不同的地形都能适应自如。

某些行走型机器人是远程控制的，人类可以指挥它们在特定的时间从事特定的工作。遥控装置可以通过连接线、无线电或红外信号与机器人通信。远程机器人常被称为傀儡机器人，它们在探索充满危险或人类无法进入的环境时非常有用，如深海或火山内部探索。有些机器人只是部分受到遥控，例如，操作人员可能会指示机器人到达某个特定的地点，但不会为它指引路线，而是任由它找到自己的路径。

近年来，在分析和借鉴人类行走特性基础上，研究者已经研制开发出多款更趋合理的行走机器人原型机。原型机结构与运行环境工况复杂性的不断提高，对机器人提出了更高的要求，如系统控制结构与算法，特别是有关动态行走周期步态优化控制与环境适应性及鲁棒性等问题，给研究者提出了新的挑战。实际上，人们更希望机器人行走过程中可以根据实际工况信息，通过调整控制输入实现动态行走的周期步态[11]，使具有周期运动的行走机器人能够适合在人类生活和工作的环境中与人类协同工作，还可以代替人类在危险环境中高效地作业，以拓宽人类的活动空间。

(3) 移动型机器人

移动型机器人可以自主行动，无需依赖于任何控制人员，其基本原理是对机器人进行编程，使之能以某种方式对外界刺激做出反应。例如碰撞反应机器人，这种机器人有一个用来检查障碍物的碰撞传感器。当启动机器人后，它大体上是沿一条直线曲折地行进，当它碰到障碍物时，冲击力会作用在它的碰撞传感器上。每次发生碰撞时机器人的程序会指示它后退，再向右转，然后继续前进。按照这种方法，机器人只要遇到障碍物就会改变它的方向。高级机器人会以更精巧的方式运用这些原理。

较为简单的移动型机器人使用红外或超声波传感器来感知障碍物。这些传感器的工作方式类似于动物的回声定位系统，即机器人发出一个声音信号或一束红外光线，并检测信号的反射情况，此时机器人会根据信号反射所用的时间计算出它与障碍物之间的距离。

某些移动型机器人只能在它们熟悉的有限环境中工作。例如，割草机器人依靠埋在地下的界标确定草场的范围；而用来清洁办公室的机器人则需要建筑物的地图才能在不同的地点之间移动。

较高级的移动型机器人利用立体视觉来观察周围的世界。例如，摄像头可以为机器人提供深度感知，而图像识别软件则使机器人有能力确定物体的位置，并辨认各种物体。机器人还可以使用麦克风和气味传感器来分析周围的环境。较高级的机器人可以分析和适应不熟悉的环境，甚至能适应地形崎岖的地区。这些机器人可以将特定的地形模式与特定的动作相关联。例如，一个漫游车机器人会利用它的视觉传感器生成前方地面的地图。如果地图上显示的是崎岖不平的地形模式，机器人会知道它该走另一条道。这种系统对于在其他行星上工作的探索型机器人是非常有用的。

较高级移动型机器人有一套备选设计方案，该方案采用较为松散的结构，引入了随机化因素。当机器人被卡住时，它会向各个方向移动附肢，直到它的动作产生效果为止。该机器人通过力传感器和传动装置紧密协作完成任务，而不是由计算机通过程序指导一切，当它需要通过障碍物时不会当机立断，而是不断尝试各种做法，直到绕过障碍物为止。

(4) 自制机器人

和专业机器人一样，自制机器人的种类也是五花八门。例如机器人爱好者们制造出了非常精巧的行走机械，而另一些则为自己设计了家政机器人，还有一些爱好者热衷于制造竞技类机器人。家庭自制机器人也是一种正在迅速发展的文化，在互联网上具有相当大的影响力。业余机器人爱好者利用各种商业机器人工具、邮购的零件、玩具甚至老式录像机组装出他们自己的作品。自制竞技类机器人或许算不上“真正的机器人”，因为它们通常没有可重新编程的计算机大脑，它们像是加强型遥控汽车。比较高级的竞技类机器人是由计算机控制的，例如足球机器人在进行小型足球比赛时完全不需要人类输入信息。标准的机器人足球队由几个单独的机器人组成，它们与一台中央计算机进行通信，这台计算机通过一部摄像机“观察”整个球场，并根据颜色分辨足球、球门以及己方和对方的球员，计算机随时都在处理此类信息，并决定如何指挥它的球队。机器人专家们制造出特定用途的机器人，但是，目前它们对完全不同的应用场景的适应能力并不是很强。

(5) 人工智能机器人

人工智能是机器人学中最令人兴奋的领域，也是最有争议的，许多人都认为，机器人可以在装配线上工作，但对于它是否可以具有智能则存在分歧。就像“机器人”这个术语本身一样，同样很难对“人工智能机器人”进行定义，终极的人工智能将是对人类思维过程的再现，即一部具有人类智能的人造机器。人工智能包括学习任何知识的能力、推理能力、语言能力和形成自己的观点的能力。目前机器人专家还远远无法实现这种水平的人工智能，但他们已经在有限的人工智能领域取得了很大进展[12]。如今，具有人工智能的机器人已经可以模仿某些特定的智能要素。

用人工智能解决问题的执行过程很复杂，但基本原理却非常简单，因为计算机已经具备了在有限领域内解决问题的能力。首先，人工智能机器人或计算机会通过传感器或人工输入的方式来收集关于某个情景的事实。然后，计算机将此信息与已存储的信息进行比较，以确定它的含义。最后，计算机会根据收集来的信息计算各种可能的动作，然后预测哪种动作的效果最好。当然，计算机只能解决其程序允许它解决的问题，它不具备一般意义上的分析能力，例如，棋类计算机。

某些现代机器人还具备有限的学习能力。学习型机器人能够识别某种动作是否实现了所需的结果，机器人存储此类信息，当它下次遇到相同情景时，会尝试做出可以成功应对的动作。同样，现代计算机只能在非常有限的情景中做到这一点，因为它们无法像人类那样收集所有类型的信息。一些机器人可以通过模仿人类的动作进行学习，例如，日本机器人专家们向一部机器人演示舞蹈动作，让它学会了跳舞。有些机器人具有人际交流能力，例如，麻省理工学院人工智能实验室曾制作机器人，它能识别人类的肢体语言和说话的音调，并做出相应的反应。

人工智能的真正难题在于理解自然智能的工作原理。开发人工智能与制造人造心脏不同，科学家手中并没有一个简单而具体的模型可供参考。我们知道，大脑中含有上百亿个神经元，我们的思考和学习是通过在不同的神经元之间建立电子连接来完成的。但是我们并不知道这些连接如何实现高级的推理，甚至对低层次操作的实现原理也并不了解。大脑神经网络似乎复杂得不可理解，因此，人工智能在很大程度上还只是理论。科学家们针对人类学习和思考的原理提出假说，然后利用机器人来验证他们的想法。正如机器人的物理设计是了解动物和人类解剖学的便利工具，对人工智能的研究也有助于理解自然智能的工作原理。对于某些机器人专家而言，这种见解是设计机器人的终极目标。而其他人则在幻想一个人类与智能机器共同生活的世界，在这个世界里，人类使用各种小型机器人来从事手工劳动、健康护理和通信。许多机器人专家预言，机器人的进化最终将使我们彻底成为半机器人，即与机器融合的人类。

2.2 工业机器人作业要求

由于工业机器人具有多功能特性及多自由度结构的复杂性，要求机器人在作业前需要进行运动规划及控制以配合其完成作业[7]。例如串联结构机器人，作业要求其具有多轴实时运动控制系统，该控制系统是机器人的核心部分，由它来处理复杂的环境目标等信息[13]，并要求它结合机器人运动要求以规划出机器手臂最佳的运动路径，然后通过伺服驱动器来驱动各个关节电动机运转，完成机器人的工作过程[14,15]。再者，良好的重复编程和控制能力是工业机器人的基本作业要求，用以完成制造过程中的多种操作任务。

从理论观点看，机器人运动规划及机器人控制是工业机器人作业必不可少的基本要求[8,16]。

2.2.1 机器人路径及运动规划

机器人路径及运动规划主要包括路径规划[17]、机器人避障[18]、路径及运动规划仿真[19]、模块化机器人自建模及路径规划数学方法等[20]。

（1）路径规划

路径规划在对机器人进行开发中具有重要作用，是机器人能够进行自主决策的基础。路径规划是机器人研究领域的一个重要分支，其任务是在一定性能指标的要求下，在机器人运动环境中寻找出一条从起始位置到目标位置的最优或次优无碰撞路径[21]。

在环境完全未知的情况下，路径规划问题是机器人研究领域的难点，目前采用的方法主要有人工势场法[22,23]、栅格法[24]、可视图法、遗传算法、粒子群算法及人工神经网络算法等[25]，这些路径规划方案各有特点。虽然这些方法能够在一定程度上解决问题，但也存在一些不足。例如，人工势场法存在局部最优点，但不能保证路径最优且有时无法到达目标点；栅格法在复杂的大面积环境中容易引起存储容量的激增；可视图法在路径的搜索复杂性和搜索效率上存在不足；遗传算法搜索能力和收敛性较差；粒子群算法易出现早熟、搜索速度慢的问题；人工神经网络算法易陷入局部极小点，而且学习时间长，求解精度低等。

尽管人们十分关注机器人的安全性问题，但路径规划的验证仍然是一项十分有挑战性的工作[26]。现实中的机器人要同时考虑很多因素，比如环境不确定性、测量元件误差、执行元件误差及算法实时性等。目前，现有机器人融入了很多统计和概率的算法，比如机器学习算法、神经网络算法以及深度学习算法等。

基于栅格环境建模和基于人工势场法是针对非结构化环境及路径规划进行研究的方法[24]。这些方法需要建立环境建模模块，在非结构化环境中能够简单地生成规则的静态障碍物和动态障碍物，在其位置坐标均不知道的情况下可以进行两种仿真。

① 使机器人漫游一遍环境，用激光雷达将环境中的静态障碍物的位

置记录下来并传递给环境建模模块。当机器人将整个环境漫游一遍时，将数据库中的数据调出来与原来的全局地图对比并更新，然后在基于人工势场法中规划路径，以取得较好的效果。

② 使机器人直接局部建模，即边运动边规划路径，当机器人将激光雷达和超声波传感器测试的数据传递给建模模块时，根据栅格法进行局部环境建模，然后再进行路径规划。

路径规划是对高级机器人进行开发的前提，也是对其进行控制的基础。根据环境信息的已知程度不同，路径规划可以分为基于环境信息已知的全局路径规划和基于环境信息未知或局部已知的局部路径规划。

（2）机器人避障

路径规划要解决的是机器人在环境中如何运动的问题，而机器人避障是指机器人遵循一定的性能要求，如最优路径、用时最短及无碰撞等寻求最优路径。因此，机器人在进行避障时常会遇到定位精度问题、环境感官性问题以及避障算法问题等[27,28]。

机器人避障包括利用多种传感器[29]，如超声波传感器、红外传感器及 RGBD（Red，Green，Blue，Depth Map）传感器等感知外界环境。其中超声波传感器成本低，但是无法在视觉上感知障碍物，并且测距精度受环境温度影响。RGBD 传感器可以在视觉上形成对障碍物的感知性，但是具有一定的盲区，在动态环境下无法对障碍物进行有效避障。红外传感器反射光较弱，需要使用棱镜并且成本较高。激光雷达虽然获取的外界环境信息较多，但是成本较高。

（3）模块化机器人运动规划与运动能力

模块化机器人整体协调运动的实现，从控制角度分析可分为集中式和分布式。集中式控制采用一个控制器协调机器人所有模块的关节转动，即受控于中央大脑的规划；分布式控制中各个模块作为一个独立个体，根据局部交互信息自主规划产生下一个动作。但无论是集中式还是分布式，机器人的整体节律运动控制器归根结底是一系列字符串表达式，表达式的形式和参数的设计选择决定了机器人的运动模式[30]。所以从该角度出发，将模块化机器人整体协调运动自动规划的关键技术划分为以下三个层次。

① 控制器表达式设计与参数设计结合。基于机器人的形态特征来建立模型，根据不同环境和任务人为设计控制器表达式和参数选择规律，该过程称为基于模型的运动规划。例如，基于模型的链式构型开环形式，挖掘其多样性的仿生运动模式，针对其闭环形式开展基于蛇形曲线的多

边形滚动运动规划和分析，最终得出该类构型的适应模块数量改变的、具有普适性的运动模型，得出其确定性表达式及参数设计规范。

② 控制器表达式设计与参数搜索结合。基于机器人的形态特征来人为设定控制器表达式，但利用计算机对参数进行优化搜索，从而得出满意的运动效果，该过程称为基于参数搜索的运动能力进化。例如，可以建立基于粒子群算法的参数搜索的模块化机器人运动能力进化框架，研究以运动速度为目标的运动进化、面向运动模式多样性的运动进化以及多种构型的进化仿真。

③ 控制器表达式自动生成与参数搜索结合。基于给定的机器人形态使计算机自动分析生成其控制器表达式，并且通过运动进化获取控制参数，该过程称为机器人自建模运动能力进化。面向任意构型的自建模运动进化方法，基于机器人的拓扑连接关系，拓扑解析并自动生成任意构型的运动模型，制定任意构型运动控制器的设计规则和模块化运动关联机制，基于遗传算法混合编码参数优化的任意构型自建模运动能力进化，开展多种构型的自建模运动进化研究[31]。

对于模块化机器人，其运动规划可以根据其模块组成构型的特点，借鉴相应的成熟的机器人关节规划理论与技术，例如蛇形机器人、四足机器人及六足机器人等的步态与关节规划方法。

对于多形态复杂结构机器人的运动规划而言，常用的方法是基于机器人构型特点，基于运动学和动力学相关理论建立末端轨迹与关节空间之间的数学关系，然后规划末端轨迹并将其映射到关节空间[32-34]。

对于模块化机器人的节律运动而言，核心技术为关节间的配合。从规划的角度分析，即设计驱动函数及其参数。常用的驱动机器人进行节律运动的关节控制函数为谐波（正余弦）函数、中枢模式发生器（Central Pattern Generator，CPG）、高斯函数以及其他可以用来产生节律信号的函数。其中，中枢模式发生器是一种不需要传感器反馈就能产生节律模式输出的神经网络，有研究表明，即便缺少运动和传感器反馈，CPG仍能产生有节律的输出并形成“节律运动模式”。

除以上关节驱动函数式方法外，也可以采用关节姿态法。该方法也常被应用于节律运动规划，即通过分析机器人各个运动阶段的整体姿态，计算关键姿态的关节角度，然后使用一些插值算法来实现机器人的连续运动。对于链式或者混合式模块化机器人，其组成构型可以看成是一个超冗余自由度关节型机器人，由于组成构型千变万化，如何使机器人实现有效的协调运动是一个重要问题。

从控制和实现的角度分析，机器人运动过程中需要保证各个关节在某个时间点旋转到设定的角度位置，或者根据整体的姿态实时动态地调整关节角度[8]。例如，机器人的关节电动机应跟随规划的角度函数进行运动，在实际应用中需要将各个关节的驱动函数进行离散化。

（4）模块化机器人自建模

对于任意构型的模块化机器人，可以预设构型的运动关节和控制器参数，即确定哪些关节需要运动，并且确定控制参数间的关联关系，以减少开放进化参数个数[35]。如果没有预设或者难以预设，则需要对机器人控制器进行自建模，即确定自身的运动模型。对于节律运动而言就是自动分析和确定机器人构型的驱动关节、关节间的节律信号关联性等。

一些研究者对模块化可重构机器人的运动学及动力学自建模进行了研究，为机器人组成链式操作臂等需要处理末端笛卡儿尔空间到关节空间的映射和控制提供了便利。

研究者曾采用了一种分布式控制器，各个控制器的参数调整方向是独立的，从而实现了一种分布式的形态不相关运动学习过程。为了提高机器人的进化速度，将先验知识和关节关联性定义为构型识别规则，通过拓扑分析可以实现机器人的自建模过程。研究人员曾定义了模块化机器人的肢体和驱动关节的识别规则，从而实现了对任意构型机器人的简化 CPG 网络自建模，避免了人工设置进化参数。例如，将构型表达为一个无向图，通过制定的规则识别出肢体和躯干，并确定用来运动的关节。缺点是其规则不具有通用性，针对不同类型的机器人需要重新定义规则，并且没有考虑功能子结构的控制器模型嵌入。

在机器人任意构型的运动控制器自建模方面，部分研究者已引入了拓扑解析和角色分类的研究方法，但是没有考虑机器人同构子结构关节配置对机器人构型协调运动的作用，从而限制了机器人新型运动模式的涌现。

（5）路径及运动规划仿真

对模块化机器人节律运动规划与运动能力进化而言，有几个关键问题需要解决，这也是路径及运动规划需要解决的重要问题[36]。

首先，传统动力学仿真软件无法适应模块化机器人构型多样、自由度冗余的特点，所以需要一个适应模块化机器人特征的仿真软件平台，而且机器人运动能力进化涉及大量的运动仿真评价，因此要求软件平台具有较高的计算效率，从而大幅减少机器人运动进化的时间[37]。

其次，当前通用的模块化机器人仿真软件平台没有出现，所以有必要针对固有样机开发专用的进化仿真软件平台[38]。以运动控制器为核心的模块化机器人节律运动规划及能力进化，目前存在一些待研究的问题。在人工规划控制器方面，具有特定结构的模块化机器人构型可以归纳出运动模型，尤其是最常见的一类链式构型，尚且没有统一的多模式运动规划方法。在基于参数搜索的运动控制器设计方面，当前的研究皆以机器人运动性能为直接导向，搜索结果容易陷入局部最优，而且缺乏多模式运动发掘的研究。由于仿真结果与实际机器人之间存在着“现实鸿沟”(Reality Gap)，因此，对进化仿真得出的运动步态应进行有效性验证。考虑到机器人构型与步态结果的多样性，应建立虚拟仿真机器人与实际机器人的步态映射和同步控制机制，便于对进化步态进行快速执行和有效性验证。

(6) 路径规划数学方法

为了保证机器人的末端沿给定的路径从初始姿态均匀运动到期望姿态，需要计算出路径上各点的位置以及在各个位置点上机器人所需要达到的姿态。空间运动规划包括位置规划及姿态规划两个概念[19]。

① 位置规划　用于求取机器人在给定路径上各点处的位置，主要包括直线运动和圆弧运动的位置规划。

对于直线运动，假设起点位置为 P_1，目标位置为 P_2，则第 i 步的位置用式 (2-1) 表示。

$$P_i = P_1 + \alpha i \tag{2-1}$$

其中，P_i 为机器人在第 i 步时的位置；α 为每步的运动步长。

假设从起点位置 P_1 到目标位置 P_2 的直线运动规划为 n 步，则步长为：

$$\alpha = (P_2 - P_1)/n \tag{2-2}$$

对于圆弧运动，如图 2.1 所示，假设圆弧由 P_1、P_2 和 P_3 点构成，其位置记为：

$$P_1 = [x_1 \quad y_1 \quad z_1]^T, P_2 = [x_2 \quad y_2 \quad z_2]^T, P_3 = [x_3 \quad y_3 \quad z_3]^T$$

首先，确定圆弧运动的圆心。如图 2.1 所示，圆心点为 3 个平面 Π_1、Π_2、Π_3 的交点。其中，Π_1 是由 P_1、P_2 和 P_3 点构成的平面，Π_2 是过直线 P_1P_2 的中点且与直线 P_1P_2 垂直的平面，Π_3 是过直线 P_2P_3 的中点且与直线 P_2P_3 垂直的平面。Π_1 平面的方程为：

$$A_1x + B_1y + C_1z - D_1 = 0 \tag{2-3}$$

其中，

$$A_1=\begin{vmatrix} y_1 & z_1 & 1 \\ y_2 & z_2 & 1 \\ y_3 & z_3 & 1 \end{vmatrix}$$

$$B_1=-\begin{vmatrix} x_1 & z_1 & 1 \\ x_2 & z_2 & 1 \\ x_3 & z_3 & 1 \end{vmatrix}$$

$$C_1=\begin{vmatrix} x_1 & y_1 & 1 \\ x_2 & y_2 & 1 \\ x_3 & y_3 & 1 \end{vmatrix}$$

$$D_1=\begin{vmatrix} x_1 & y_1 & z_1 \\ x_2 & y_2 & z_2 \\ x_3 & y_3 & z_3 \end{vmatrix}$$

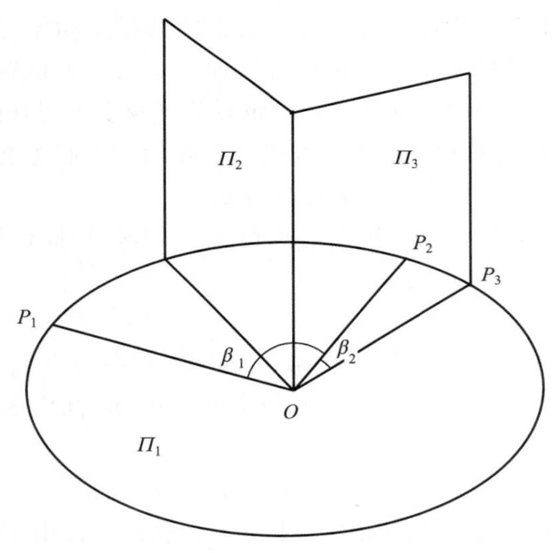

图 2.1 圆弧运动圆心的求取

Π_2 平面的方程为：

$$A_2x+B_2y+C_2z-D_2=0 \tag{2-4}$$

其中，

$A_2=x_2-x_1$；$B_2=y_2-y_1$；$C_2=z_2-z_1$；

$D_2=\frac{1}{2}(x_2^2+y_2^2+z_2^2-x_1^2-y_1^2-z_1^2)$

Π_3 平面的方程为：

$$A_3x+B_3y+C_3z-D_3=0 \tag{2-5}$$

其中，

$$A_3=x_2-x_3; B_3=y_2-y_3; C_3=z_2-z_3;$$

$$D_3=\frac{1}{2}(x_2^2+y_2^2+z_2^2-x_3^2-y_3^2-z_3^2)$$

求解式(2-3)～式(2-5)，得到圆心点坐标，见式(2-6)。

$$x_0=\frac{F_x}{E}; y_0=\frac{F_y}{E}; z_0=\frac{F_z}{E} \tag{2-6}$$

其中，

$$E=\begin{vmatrix} A_1 & B_1 & C_1 \\ A_2 & B_2 & C_2 \\ A_3 & B_3 & C_3 \end{vmatrix}; F_x=\begin{vmatrix} D_1 & B_1 & C_1 \\ D_2 & B_2 & C_2 \\ D_3 & B_3 & C_3 \end{vmatrix}; F_y=\begin{vmatrix} A_1 & D_1 & C_1 \\ A_2 & D_2 & C_2 \\ A_3 & D_3 & C_3 \end{vmatrix};$$

$$F_z=\begin{vmatrix} A_1 & B_1 & D_1 \\ A_2 & B_2 & D_2 \\ A_3 & B_3 & D_3 \end{vmatrix}$$

圆的半径为：

$$R=\sqrt{(x_1-x_0)^2+(y_1-y_0)^2+(z_1-z_0)^2} \tag{2-7}$$

如图 2.2(a) 所示，延长 P_1O 与圆交于 P_4 点。三角形 P_2OP_4 是等腰三角形，所以$\angle P_1P_4P_2=\frac{\angle P_1OP_2}{2}=\beta_1/2$。而三角形 $P_1P_4P_2$ 是直角三角形，所以 β_1 可以计算如下：

$$\sin\frac{\beta_1}{2}=\frac{P_1P_2}{2R}\Rightarrow\beta_1=2\arcsin\frac{\sqrt{(x_1-x_2)^2+(y_1-y_2)^2+(z_1-z_2)^2}}{2R} \tag{2-8}$$

同样，β_2 可以由式(2-9)计算：

$$\sin\frac{\beta_2}{2}=\frac{P_2P_3}{2R}\Rightarrow\beta_2=2\arcsin\frac{\sqrt{(x_3-x_2)^2+(y_3-y_2)^2+(z_3-z_2)^2}}{2R} \tag{2-9}$$

参见图 2.2 (b)，将 $\boldsymbol{OP}_i$ 沿方向 $\boldsymbol{OP}_1$ 和 $\boldsymbol{OP}_2$ 分解。

$$\boldsymbol{OP}_i=\boldsymbol{OP}_1'+\boldsymbol{OP}_2' \tag{2-10}$$

$$\boldsymbol{OP}_1'=\frac{R\sin(\beta_1-\beta_i)}{\sin\beta_1}\frac{\boldsymbol{OP}_1}{|\boldsymbol{OP}_1|}=\frac{\sin(\beta_1-\beta_i)}{\sin\beta_1}\boldsymbol{OP}_1; \boldsymbol{OP}_2'=\frac{\sin\beta_i}{\sin\beta_1}\boldsymbol{OP}_2 \tag{2-11}$$

其中，β_i 为第 i 步的 $\boldsymbol{OP}_i$ 与 $\boldsymbol{OP}_1$ 的夹角，$\beta_i=(\beta_1/n_1)i$；n_1 是 P_1P_2 圆弧段的总步数。

于是，由式(2-10)和式(2-11)得到矢量 $\boldsymbol{OP}_i$。

$$\boldsymbol{OP}_i=\frac{\sin(\beta_1-\beta_i)}{\sin\beta_1}\boldsymbol{OP}_1+\frac{\sin\beta_i}{\sin\beta_1}\boldsymbol{OP}_2=\lambda_1\boldsymbol{OP}_1+\delta_1\boldsymbol{OP}_2 \tag{2-12}$$

其中，$\lambda_1=\dfrac{\sin(\beta_1-\beta_i)}{\sin\beta_1}$；　$\delta_1=\dfrac{\sin\beta_i}{\sin\beta_1}$

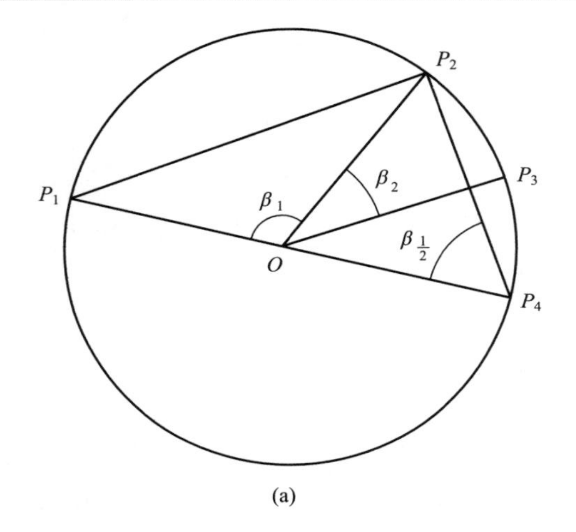

(a)

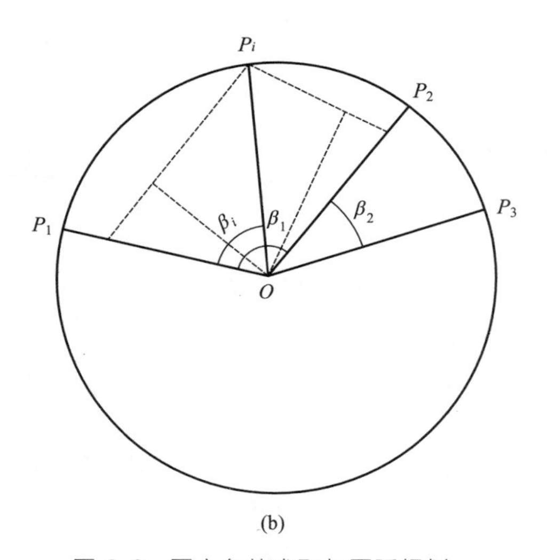

(b)

图 2.2　圆心角的求取与圆弧规划

P_1P_2 圆弧段的第 i 步的位置，由矢量 $\boldsymbol{OP}_i$ 与圆心 O 的位置矢量相加获得。

$$P_i=\begin{bmatrix}x_i\\y_i\\z_i\end{bmatrix}=\begin{bmatrix}x_0+\lambda_1(x_1-x_0)+\delta_1(x_2-x_0)\\y_0+\lambda_1(y_1-y_0)+\delta_1(y_2-y_0)\\z_0+\lambda_1(z_1-z_0)+\delta_1(z_2-z_0)\end{bmatrix}\tag{2-13}$$

$$i=0,1,2,\cdots,n_1$$

同理，P_2P_3 圆弧段的第 j 步的位置，见式（2-14）。

$$P_j=\begin{bmatrix}x_j\\y_j\\z_j\end{bmatrix}=\begin{bmatrix}x_0+\lambda_2(x_2-x_0)+\delta_2(x_3-x_0)\\y_0+\lambda_2(y_2-y_0)+\delta_2(y_3-y_0)\\z_0+\lambda_2(z_2-z_0)+\delta_2(z_3-z_0)\end{bmatrix}\tag{2-14}$$

$$j=0,1,2,\cdots,n_2$$

其中，

$$\lambda_2=\frac{\sin(\beta_2-\beta_j)}{\sin\beta_2};\delta_2=\frac{\sin\beta_j}{\sin\beta_2}$$

β_j 为第 j 步的 $\boldsymbol{OP}_j$ 与 $\boldsymbol{OP}_2$ 的夹角，$\beta_j=(\beta_2/n_2)j$；n_2 是 P_2P_3 圆弧段的总步数。

② 姿态规划　假设机器人在起始位置的姿态为 $\boldsymbol{R}_1$，在目标位置的姿态为 $\boldsymbol{R}_2$，则机器人需要调整的姿态 $\boldsymbol{R}$ 为：

$$\boldsymbol{R}=\boldsymbol{R}_1^{\mathrm{T}}\boldsymbol{R}_2\tag{2-15}$$

利用旋转变换求取等效转轴与转角，进而求取机器人第 i 步相对于初始姿态的调整量。

$$\boldsymbol{R}_i=\mathrm{Rot}(\boldsymbol{f},\theta_i)$$

$$=\begin{bmatrix}f_xf_x\mathrm{vers}\theta_i+\cos\theta_i & f_yf_x\mathrm{vers}\theta_i-f_z\sin\theta_i & f_zf_x\mathrm{vers}\theta_i+f_y\sin\theta_i & 0\\f_xf_y\mathrm{vers}\theta_i+f_z\sin\theta_i & f_yf_y\mathrm{vers}\theta_i+\cos\theta_i & f_zf_y\mathrm{vers}\theta_i-f_x\sin\theta_i & 0\\f_xf_z\mathrm{vers}\theta_i-f_y\sin\theta_i & f_yf_z\mathrm{vers}\theta_i+f_x\sin\theta_i & f_zf_z\mathrm{vers}\theta_i+\cos\theta_i & 0\\0 & 0 & 0 & 1\end{bmatrix}\tag{2-16}$$

其中，$\boldsymbol{f}=[f_x\quad f_y\quad f_z]^{\mathrm{T}}$ 为旋转变换的等效转轴；θ_i 是第 i 步的转角，$\theta_i=(\theta/m)i$；θ 是旋转变换的等效转角；m 是姿态调整的总步数。

在笛卡儿空间运动规划中，可以将机器人第 i 步的位置与姿态相结合，得到机器人第 i 步的位置与姿态矩阵。

$$\boldsymbol{T}_i=\begin{bmatrix}\boldsymbol{R}_1\boldsymbol{R}_i & \boldsymbol{P}_i\\0 & 1\end{bmatrix}\tag{2-17}$$

2.2.2 机器人关节空间控制

机器人关节空间是机器人工作空间分析的重要问题，机器人关节空间控制包括对机器人误差分析、机器人误差补偿方法及关节位置控制等[39]。

（1）机器人误差

机器人误差有不同的分类方法，可以按照机器人误差的来源和特性、按照机器人受影响的类型及按照工业机器人作业要求为主要因素等进行分类。

从误差的来源看，机器人误差主要是指机械零部件的制造误差、整机装配误差、机器人安装误差，还包括温度、负载等的作用使得机器人杆件产生的变形、传动机构的误差、控制系统的误差，如插补误差、伺服系统误差、检测元器件误差等[14]。

根据机器人误差特性，又可以将误差分为确定性误差、时变误差和随机性误差三种。确定性误差不随时间变化，可以事先进行测量。时变误差又可分为缓变和瞬变两类，如因为温度产生的热变形随时间变化很慢属于缓变误差，而运动轴相对于数控指令间存在的跟踪误差取决于运动轴的动态特性[40]，并随时间变化属于瞬变误差。随机性误差事先无法精确测量，只能利用统计学的方法进行估计，如外部环境振动就是一种十分典型的随机性误差。

按照机器人受影响的类型，可分为静态误差和动态误差[41]。前者主要包括连杆尺寸变化、齿轮磨损、关节柔性以及连杆的弹性弯曲等引起的误差，后者主要为振动引起的误差。

（2）机器人误差补偿方法

误差补偿是指人为地造出一种新的原始误差去抵消当前成为问题的原有的原始误差，并应尽量使两者大小相等、方向相反，从而达到减少误差，提高精度的目的[42]。误差补偿是机器人设计的重要内容，是提高机器人技术参数水平的重要措施。

误差补偿技术是贯穿于每一设计细节的关键技术之一。对机器人设备及辅助器件主要是从两方面来进行误差补偿：一是待测对象随环境因素变化而变化，在不同测量条件下，待测量会有较大变化，因而影响测量结果；二是设备及器件自身的结构会随环境条件变化而略有变形或表现出不同品质。一般而言，对于第一种情况可采用相对测量方法或建立恒定测量条件的方法予以解决，而对于第二种情况应在设计阶段就仔细考虑设备及器件各组成零件随环境变化的情况，进行反复选材，斟酌每一个细小结构。

在精密测量和控制中，误差补偿技术主要有三种形式：误差分离技术、误差修正技术和误差抑制技术。

① 误差分离技术。误差分离技术的核心是将有用信号与误差信号进行分离，它有两种方式：基于信号源变换和基于模型参数估计的误差信号分离。基于信号源变换的误差分离技术要建立误差信号与有用信号的确定函数关系，然后再经相应信号处理，进而达到将有用信号与误差信号分离的目的。基于模型参数估计的误差分离技术是在确切掌握了误差作用规律并建立了相应数学模型后，对模型进行求解或估计。

误差分离技术主要应用于圆度、圆柱度、导轨平行度及轴的回转等误差。信号测量中，多采用转位法，即将测头（或待测对象）放置在不同位置同时或分序对同一待测量进行反复测量，利用确定的位置关系和相同（或已知）的测量条件，根据多次的测量结果按照已经建立的误差模型求解误差信号对测量结果影响值，进而达到将误差信号进行分离的目的。该方法可以较好地解决传感器的漂移问题，当转位数很大时有较好的误差抑制作用。其缺点是需要进行多次（或多位）测量，当误差信号种类较多或不确定时，难以建立准确的误差信号变换模型，一般也不适合动态误差补偿。

② 误差修正技术。误差修正技术可分为基于修正量预先获取和基于实时测量误差修正技术，其核心是通过某种方式获取误差修正量，再从测量数据中消除误差分量。

误差修正技术主要应用于环境参数（如温度等）对测量结果的影响以及传感器非线性等情况下的误差补偿。一般利用已知的误差量，经简单换算或通过建立简单的误差参数模型直接对测量结果进行补偿。该方法简单实用，适合于误差影响量已知或能通过测量误差参数简单计算得到的情况，能较好满足计算机技术控制方向发展需要。缺点是必须事先测定误差参数或能够得到其影响量，且能够补偿的误差参数较为单一。

③ 误差抑制技术。误差抑制技术是在掌握误差作用规律的情况下，在测量系统中预先加入随误差源变量变化而自动调控的输入输出，从而达到使误差被抵消或消除的目的。一般可分为直接抑制型和反馈抑制型。

误差抑制技术主要应用于零位误差补偿，如工作台的零位误差、传感器的零位漂移或闲区误差处理。典型应用有激光测长机的闲区误差消除、定位工作台的机械漂移的抑制等。其核心技术是在分析已获得的误差模型的基础上，采用合理的机构或者电路设计使误差抵消或消除，而不需要获取误差量或误差修正量。

(3) 制造中误差补偿

机械加工中的误差补偿是指对出现的误差采用修正、抵消、均化、“钝化”等措施使误差减小或消除。其误差补偿过程为：a. 反复检测出现的误差并分析，找出规律及影响误差的主要因素，确定误差项目；b. 进行误差信号的处理，去除干扰信号，分离不需要的误差信号，找出工件加工误差与在补偿点的补偿量之间的关系，建立相应的数学模型；c. 选择或设计合适的误差补偿控制系统和执行机构，以便在补偿点实现补偿运动；d. 验证误差补偿的效果，进行必要的调试，保证达到预期要求。

机械加工中误差补偿的类型，包括实时与非实时误差补偿、软件与硬件误差补偿、单项与综合误差补偿及单维与多维误差补偿等。

① 实时误差补偿（在线检测误差补偿或动态误差补偿）。加工过程中，实时进行误差检测，并紧接着进行误差补偿，不仅可以补偿系统误差且可以补偿随机误差。非实时误差补偿只能补偿系统误差。

② 软件补偿。软件补偿指计算机对所建立的数学模型进行运算后，发出运动指令，由数控伺服系统完成误差补偿动作[43]。软件与硬件补偿的区别是补偿信息是由软件还是硬件产生的。软件补偿的动态性能好，机械结构简单、经济、工作方便可靠。

③ 综合误差补偿是同时补偿几项误差，比单项误差补偿要复杂，但效率高、效果好。

④ 多维误差补偿是在多坐标上进行误差补偿，其难度和工作量较大，是近年来发展起来的误差补偿技术。

(4) 机器人关节位置控制模型

机器人的位置控制，着重研究如何控制机器人的各个关节使之到达指定位置，是机器人进行运动控制的基础。以工业机器人为例，其位置控制可以分为关节空间的位置控制和笛卡儿空间的位置控制，关节空间的位置控制是常用的控制方式。

关节位置控制可以根据各个关节控制器是否关联分为单关节位置控制和多关节位置控制。

① 单关节位置控制。所谓单关节控制器，是指不考虑关节之间相互

影响而根据一个关节独立设计的控制器。在单关节控制器中，机器人的机械惯性影响常常被作为扰动项考虑。

a. 单关节位置控制原理。如图 2.3 所示，该系统采用变频器作为电动机的驱动器，构成三闭环控制系统。这三个闭环分别是位置环、速度环和电流环。

电流环常采用 PI 控制器进行控制，控制器的增益 K_{pp} 和 K_{pi} 通过变频驱动器进行设定。速度环通常采用 PI 控制器进行控制，控制器的增益 K_{vp} 和 K_{vi} 通过变频驱动器进行设定。速度环的调节器是一个带有限幅的 PI 控制器。位置环常采用 PID 控制器、模糊控制器等进行控制[44]。

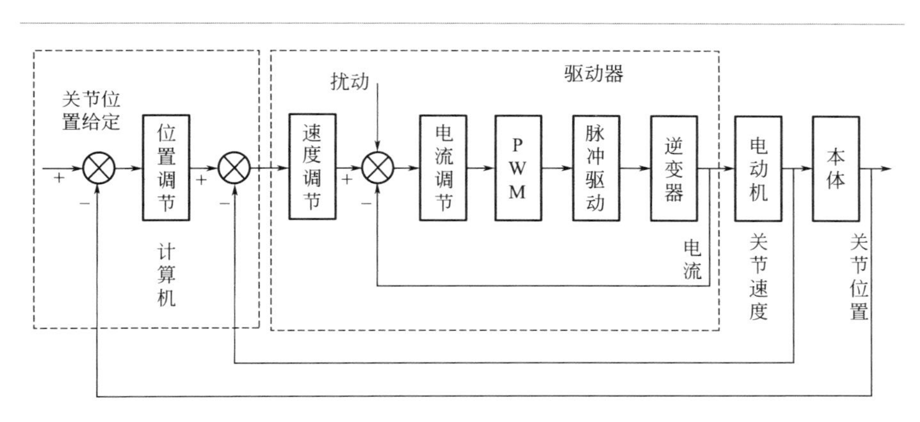

图 2.3　单关节位置控制原理

• 电流环为控制系统内环，在变频驱动器内部完成，其作用是通过对电动机电流的控制使电动机表现出期望的力矩特性。电流环的给定是速度调节器的输出，反馈电流采样在变频驱动器内部完成。电流环的电流调节器一般具有限幅功能，限幅值可利用变频驱动器进行设定。电流调节器的输出作为脉宽调制器的控制电压，用于产生 PWM 脉冲。PWM 脉冲的占空比与电流调节器的输出电压成正比。PWM 脉冲经过脉冲驱动电路控制逆变器的大功率开关元件的通断，从而实现对电动机的控制。电流环的主要特点是惯性时间常数小，并具有明显扰动。产生电流扰动的因素较多，例如负载的突然变化、关节位置的变化等因素都可导致关节力矩发生波动，从而导致电流波动。

• 速度环也是控制系统内环，它处在电流环之外、位置环之内。速度环在变频驱动器内部完成，其作用是使电动机表现出期望的速度特性。速度环的给定是位置调节器的输出，速度反馈可由安装在电动机上的测速发电机提供，或者由旋转编码器提供。速度环的调节器输出，是电流环的输入。与电流环相比，速度环的主要特点是惯性时间常数较大，并具有一定的迟滞。

• 位置环是控制系统外环，其控制器由控制计算机实现，其作用是使电动机到达期望的位置。位置环的位置反馈由机器人本体关节上的位置变送器提供，常用的位置变送器包括旋转编码器、光栅尺等。位置环的调节器输出，是速度环的输入。为保证每次运动时关节位置的一致性，应设有关节绝对位置参考点。常用的方法包括两种，一种是采用绝对位置码盘检测关节位置，另一种是采用相对位置码盘和原位（即零点）相结合。对于后者，通常需要在工作之前寻找零点位置。对于串联机构机器人，关节电动机一般需要采用抱闸装置，以便在系统断电后锁住关节电动机，保持当前关节位置。

b. 直流电机传递函数。电动机及其调速技术发展非常迅速，矢量调速的交流伺服系统已经比较成熟，这类系统具有良好的机械特性与调速特性，其调速性能已经能够与直流调速相媲美[45,46]。从控制角度而言，电动机和驱动器作为控制系统中的被控对象，无论是交流还是直流调速，其作用和原理是类似的。由于矢量调速的模型比较复杂，为便于理解，以直流电动机为例说明单关节位置控制系统的传递函数。当以电动机的电枢电压为输入，以电动机的角位移为输出时，直流电动机的模型如图 2.4 所示。

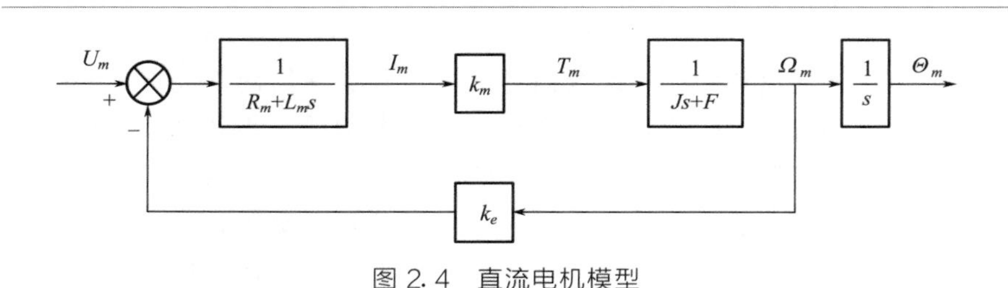

图 2.4 直流电机模型

由图 2.4，可以得到电枢电压控制下直流电机的传递函数为：

$$\frac{\Theta_m(s)}{U_m(s)}=\frac{1}{s}\times\frac{k_m}{(R_m+L_m s)(F+Js)+k_m k_e} \tag{2-18}$$

其中，R_m 是电枢电阻；L_m 是电枢电感；k_m 是电流-力矩系数；J 是总转动惯量；F 是总黏滞摩擦系数；k_e 是反电动势系数；U_m 是电枢电压；I_m 是电枢电流；T_m 是电动机力矩；Ω_m 是电动机角速度；Θ_m 是电动机的角位移。

在式(2-18)中，由于 F 很小，通常可以忽略，于是得到：

$$\frac{\Theta_m(s)}{U_m(s)}=\frac{1}{s}\times\frac{1/k_e}{\tau_m\tau_e s^2+\tau_m s+1} \tag{2-19}$$

其中，$\tau_m=\dfrac{R_m J}{k_e k_m}$是机电时间常数；$\tau_e=\dfrac{L_m}{R_m}$是电磁时间常数。

c. 位置闭环传递函数。对于直流电动机构成的位置控制调速系统，通常不采用电流环，而是采用由速度环和位置环构成的双闭环系统。单关节位置控制如图 2.5 所示。

• 驱动放大器可以看作是带有比例系数、具有微小电磁惯性时间常数的一阶惯性环节。在该电磁惯性时间常数很小，可以忽略不计的情况下，驱动放大器可以看作是比例环节。

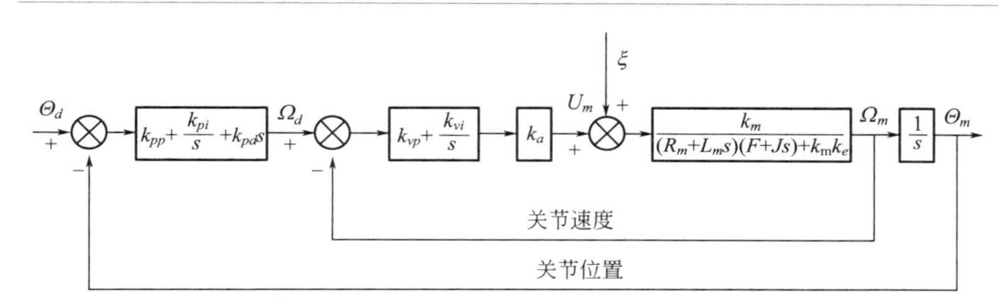

图 2.5 单关节位置控制框图

• 对于内环即速度环而言，被控对象是一个二阶惯性环节。对于此类环节，通过调整 PI 控制器的参数 k_{vp} 和 k_{vi} 能够保证速度环的稳定性，并可以比较容易地得到期望的速度特性。速度环的闭环传递函数见式（2-20）。

$$\frac{\Omega_m(s)}{\Omega_d(s)}=\frac{k_a k_m(k_{vp}s+k_{vi})}{L_m J s^3+(L_m F+R_m J)s^2+(R_m F+k_m k_e+k_{vp}k_a k_m)s+k_{vi}k_m k_a} \tag{2-20}$$

在忽略黏滞摩擦系数 F 的情况下，式（2-20）可以改写为式（2-21）。

$$G_v(s)=\frac{\Omega_m(s)}{\Omega_d(s)}=\frac{k_{ae}(k_{vp}s+k_{vi})}{\tau_m\tau_e s^3+\tau_m s^2+(1+k_{vp}k_{ae})s+k_{vi}k_{ae}} \tag{2-21}$$

其中，$k_{ae}=\dfrac{k_a}{k_e}$。

当 PI 控制器的积分系数 k_{vi} 较小时，式(2-21)近似于二阶惯性环节，能够渐近稳定。当 PI 控制器的积分系数 k_{vi} 较大时，式(2-21)是带有一个零点的三阶环节，有可能不稳定。

• 对于外环即位置环，其被控对象是式(2-21)所示的环节。因此，在忽略黏滞摩擦系数 F 的情况下，根据式(2-21)可以得到位置闭环的传递函数。

$$G_p(s)=\frac{\Theta_m(s)}{\Theta_d(s)}=\frac{G_v(s)G_{cp}(s)G_i(s)}{1+G_v(s)G_{cp}(s)G_i(s)}$$

$$=[k_{pd}k_{vp}k_{ae}s^3+(k_{pd}k_{vi}+k_{pp}k_{vp})k_{ae}s^2+(k_{pp}k_{vi}+k_{pi}k_{vp})k_{ae}s+k_{pi}k_{vi}k_{ae}]/$$

$$\Big\{\tau_m\tau_e s^5+\tau_m s^4+[1+(k_{pd}k_{vp}+k_{vp})k_{ae}]s^3+(k_{pd}k_{vi}+k_{pp}k_{vp}+k_{vi})k_{ae}s^2+$$

$$(k_{pp}k_{vi}+k_{pi}k_{vp})k_{ae}s+k_{pi}k_{vi}k_{ae}\Big\} \tag{2-22}$$

其中，$G_{cp}(s)=k_{pp}+\frac{k_{pi}}{s}+k_{pd}s$ 是 PID 控制器的传递函数；$G_v(s)$ 是速度环的闭环传递函数，见式(2-21)；$G_i(s)$是关节速度到关节位置的积分环节。

d. 关节位置控制的稳定性。对于速度内环，其闭环特征多项式为式(2-21)分母中的三阶多项式。由劳斯判据可知，当式(2-23)成立时，速度内环稳定。

$$1+k_{vp}k_{ae}>\tau_e k_{vi}k_{ae} \tag{2-23}$$

可见，对于速度内环的 PI 控制器的参数 k_{vp} 和 k_{vi}，在选定 k_{vp} 的情况下，k_{vi} 应满足式(2-24)，才能保证速度内环的稳定性。

$$k_{vi}<\frac{1+k_{vp}k_{ae}}{\tau_e k_{ae}} \tag{2-24}$$

另外，当 k_{vp} 较大时，系统会工作在欠阻尼振荡状态。因此，需要根据系统的性能要求首先选择合适的 k_{vp}，再参考式(2-24)的约束条件选择 k_{vi}，使速度内环工作于临界阻尼或者略微过阻尼状态。

对于位置外环，其闭环特征多项式为式(2-22)分母中的五阶多项式。相应的劳斯表如下：

s^5 $\quad a_0=\tau_m\tau_e \qquad a_2=1+(k_{pd}k_{vp}+k_{vp})k_{ae}$

$\qquad a_4=(k_{pp}k_{vi}+k_{pi}k_{vp})k_{ae}$

s^4 $\quad a_1=\tau_m \quad a_3=(k_{pd}k_{vi}+k_{pp}k_{vp}+k_{vi})k_{ae} \quad a_5=k_{pi}k_{vi}k_{ae}$

s^3 $\quad b_1=1+(k_{pd}k_{vp}+k_{vp})k_{ae}-(k_{pd}k_{vi}+k_{pp}k_{vp}+k_{vi})k_{ae}\tau_e$

$\qquad b_2=(k_{pp}k_{vi}+k_{pi}k_{vp})k_{ae}-k_{pi}k_{vi}k_{ae}\tau_e$

$s^2 \quad c_1=\dfrac{b_1a_3-b_2a_1}{b_1} \qquad c_2=a_5$

$s^1 \quad d_1=\dfrac{c_1b_2-c_2b_1}{c_1} \qquad 0$

$s^0 \quad a_5$

特征多项式的系数 $a_0 \sim a_5$ 大于 0，由劳斯判据可知，只有当 b_1、c_1、d_1 均大于 0 时，系统稳定。以 $b_1>0$、$c_1>0$、$d_1>0$ 为约束条件，合适地选择 PID 控制器的参数，可以保证位置外环的稳定性[47,48]。

考虑 $\tau_e \ll \varepsilon$ 的情况，ε 是任意小的正数。在这种情况下，$b_1 \approx 1+(k_{pd}k_{vp}+k_{vp})k_{ae}>0$。又因 $k_{ae} \gg 1$，故 $b_1 \approx (k_{pd}k_{vp}+k_{vp})k_{ae}$。于是，约束条件 $c_1>0$ 变成式(2-25)所示的不定式：

$$(k_{pd}k_{vp}+k_{vp})(k_{pd}k_{vi}+k_{pp}k_{vp}+k_{vi})k_{ae}-(k_{pp}k_{vi}+k_{pi}k_{vp})\tau_m>0 \tag{2-25}$$

式(2-25)经过整理，得到一个关于 k_{pp} 的约束条件，见式(2-26)。

$$k_{pp}>\frac{k_{pi}k_{vp}\tau_m-(1+k_{pd})^2k_{vi}k_{vp}k_{ae}}{(1+k_{pd})k_{vp}^2k_{ae}-k_{vi}\tau_m} \tag{2-26}$$

一般地，k_{pd} 的数值较小，可以忽略不计。于是，在忽略式(2-26)中次要项的情况下，式(2-26)可以近似为式(2-27)。

$$k_{pp}>\frac{k_{pi}\tau_m/k_{vp}-k_{vi}k_{ae}/k_{vp}}{k_{ae}-k_{vi}\tau_m/k_{vp}^2} \approx -\frac{k_{vi}}{k_{vp}} \tag{2-27}$$

可见，只要 k_{pp} 取正值，式(2-27)约束条件就能够满足，即 $c_1>0$ 能够满足。

由约束条件 $d_1>0$，并将系数 $a_0 \sim a_5$ 代入，得到式(2-28)所示的约束条件。

$$a_2a_3a_4>a_1a_4^2+a_2^2a_5 \tag{2-28}$$

这样，PID 控制器的参数只要能够使式(2-28)成立，系统就能够稳定。通过选择合适 PID 控制器的三个参数，式(2-28)约束条件容易满足。

e. 关节位置控制算法。由稳定性分析可知，通过合理选择 PID 或 PI 控制器的参数，能够保证上述单关节位置控制系统是稳定的[44]。但是，对于串联式机器人的旋转关节，随着关节位置的变化，关节电动机的负载会由于受重力影响而发生变化，同时机构的机械惯性也会发生变化。固定参数的 PID 或 PI 控制器，虽然对对象的参数变化具有一定的适应能力，但难以保证控制系统动态响应品质的一致性，会影响控制系统的性能。显然，重力矩和机械惯性是关节位置的函数，在某些特定条件下这种函数是可建模的。因此，可以根据关节位置的不同，采用不同的控制器参数，构成变参数 PID 或 PI 控制器或者其他智能控制器，以消除重力矩和机械惯性变化对控制系统性能的影响。

位置环的一种变参数模糊 PID 控制器，如图 2.6 所示。它由速度前馈、模糊控制器、PID 控制器、滤波以及校正环节等构成。

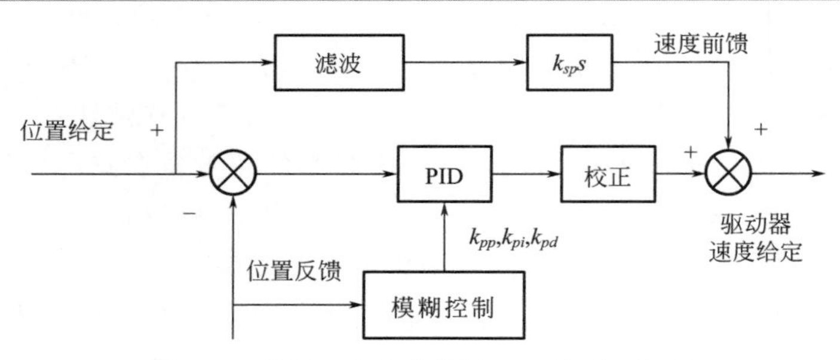

图 2.6 位置环变参数模糊 PID 控制器框图

• 由于位置变化会导致机器人本体重心的变化，从而使被控对象的参数发生变化，所以应该根据对象参数的变化调整 PID 控制器的参数。被控对象的参数变化是位置的函数，所以，可以利用位置的实际测量值作为模糊控制器的输入，按照一定的模糊控制规则导出 PID 控制器参数 k_{pp}、k_{pi}、k_{pd} 的修正量。PID 控制器的参数以设定值为主分量，以模糊控制器产生的 k_{pp}、k_{pi}、k_{pd} 参数修正量为次要分量，两者相加构成 PID 控制器的参数当前值。PID 控制器以给定位置与实际位置的偏差作为输入，利用 PID 控制器的当前参数值，经过运算产生位置环的速度输出。

• 速度前馈通道中的滤波器，用于对位置给定信号滤波。该滤波器是一个高阻滤波器，只滤除高频分量，保留中频和低频分量。位置给定信号经过滤波后，再经过微分并乘以一个比例系数，作为速度前馈通道的速度输出。

• 位置环的速度输出和前馈通道的速度输出，经过叠加后作为总的输出，用作驱动器的速度给定。

• 校正环节用于改善系统的动态品质，需要根据对象和驱动器的模型进行设计。校正环节的设计[49]，也是控制系统设计的一个关键问题。

f. 带力矩闭环的关节位置控制。带有力矩闭环的单关节位置控制系统，如图 2.7 所示。该控制系统是一个三闭环控制系统，由位置环、力矩环和速度环构成。

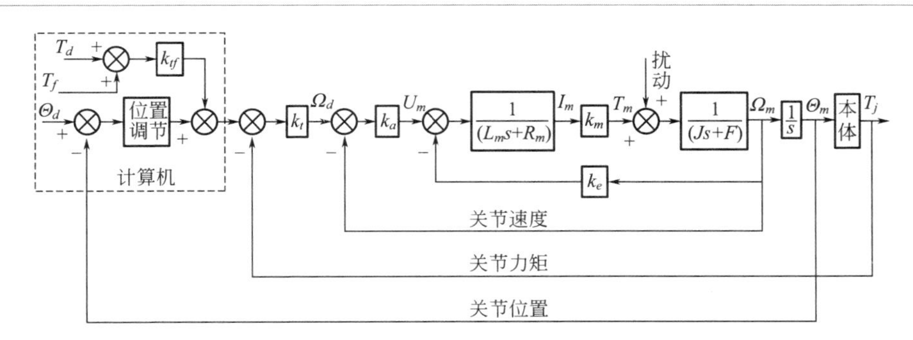

图 2.7 带有力矩闭环的单关节位置控制系统结构示意图

• 速度环为控制系统内环，其作用是通过对电动机电压的控制使电动机表现出期望的速度特性。速度环的给定是力矩环偏差经过放大后的输出 Ω_d，速度环的反馈是关节角速度 Ω_m。Ω_d 与 Ω_m 的偏差作为电动机电压驱动器的输入，经过放大后成为电压 U_m，其中 k_a 为比例系数。电动机在电压 U_m 的作用下，以角速度 Ω_m 旋转。$1/(R_m+L_m s)$ 为电动机的电磁惯性环节，其中 L_m 是电枢电感，R_m 是电枢电阻，I_m 是电枢电流。一般地，$L_m \ll R_m$，L_m 可以忽略不计，此时，环节 $1/(R_m+L_m s)$ 可以用比例环节 $1/R_m$ 代替。$1/(F+Js)$ 为电机的机电惯性环节，其中 J 是总转动量，F 是总黏滞摩擦系数。k_m 是电流-力矩系数，即电机力矩 T_m 与电枢电流 I_m 之间的系数。另外，k_e 是反电动势系数。

• 力矩环为控制系统内环，介于速度环和位置环之间，其作用是通过对电动机电压的控制使电动机表现出期望的力矩特性。力矩环的给定由两部分构成，一部分是位置环的位置调节器的输出，另一部分由前馈力矩 T_f 和期望力矩 T_d 组成。力矩环的反馈是关节力矩 T_j。k_{tf} 是力矩前馈通道的比例系数，k_t 是力矩环的比例系数。给定力矩与反馈力矩 T_j 的偏差经过比例系数 k_t 放大后，作为速度环的给定 Ω_d。在关节到达期望位置，位置环调节器的输出为 0 时，关节力矩 $T_j \approx k_{tf}(T_f+T_d)$。由于力矩环采用比例调节，所以稳态时关节力矩与期望力矩之间存在误差。

• 位置环为控制系统外环，用于控制关节到达期望的位置。位置环的给定为期望的关节位置 Θ_d，反馈为关节位置 Θ_m。Θ_d 与 Θ_m 的偏差作为位置调节器的输入，经过位置调节器运算后形成的输出作为力矩环给定的一部分。位置调节器常采用 PID 或 PI 控制器，构成的位置闭环系统为无静差系统。

② 多关节位置控制。所谓多关节控制器，是指考虑关节之间相互影响而对每一个关节分别设计的控制器[19]。在多关节控制器中，机器人的机械惯性影响常常被作为前馈项考虑。

串联机构机器人的动力学模型见式(2-29)。

$$M_i=\sum_{j=1}^{n}D_{ij}\ddot{q}_j+I_{ai}\ddot{q}_i+\sum_{j=1}^{n}\sum_{k=1}^{j}D_{ijk}\dot{q}_j\dot{q}_k+D_i \tag{2-29}$$

其中，M_i 是第 i 关节的力矩；I_{ai} 是连杆 i 传动装置的转动惯量；$\dot{q}_j$ 为关节 j 的速度；$\ddot{q}_j$ 为关节 i 的加速度；$D_{ij}=\sum_{p=\max i,j}^{j}\mathrm{Trace}\left(\frac{\partial T_P}{\partial q_j}I_p\frac{\partial T_p^{\mathrm{T}}}{\partial q_i}\right)$，是机器人各个关节的惯量项；$D_{ijk}=\sum_{p=\max i,j,k}^{n}\mathrm{Trace}\left(\frac{\partial^2 T_P}{\partial q_k\partial q_j}I_p\frac{\partial T_p^{\mathrm{T}}}{\partial q_i}\right)$，是向心加速度系数/哥氏向心加速度系数项；$D_i=-\sum_{p=i}^{n}m_p g^{\mathrm{T}}\frac{\partial T_p}{\partial q_i}p\bar{r}_p$，是重力项。

以该动力学模型为基础，将其他关节对第 i 关节的影响作为前馈项引入位置控制器，构成第 i 关节的多关节控制系统，如图 2.8 所示。

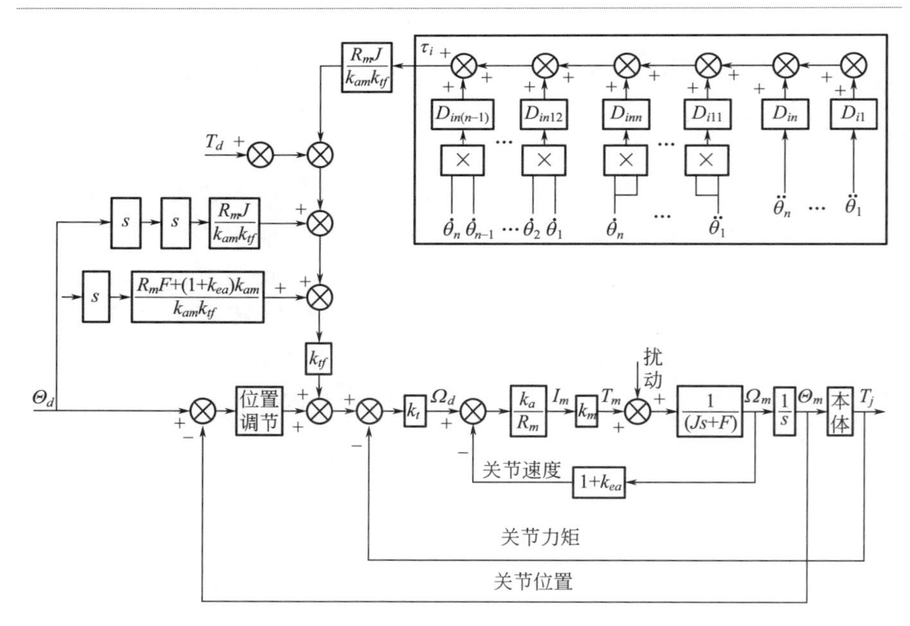

图 2.8 带有力矩闭环的多关节位置控制系统结构示意图

图 2.8 中考虑到前向通道中具有系数$(k_{tf}k_{am})/R_m$，为了使前馈力矩的量值在电动机模型的力矩位置处在合理的范围，在力矩前馈通道中增加了比例环节$R_m/(k_{tf}k_{am})$。k_{am}是系数k_a与k_m的乘积，$k_{am}=k_a k_m$；k_{ea}是系数k_e与k_a之比，$k_{ea}=k_e/k_a$。

在忽略电动机电感系数L_m的前提下，由式(2-18)得到速度环的闭环传递函数，见式(2-30)。

$$\frac{\Omega_m(s)}{\Omega_d(s)}=\frac{k_{am}}{R_m Js+R_m F+(1+k_{ea})k_{am}} \tag{2-30}$$

显然，如果速度期望值设定为式（2-31）

$$\Omega_d(s)=\frac{R_m Js+R_m F+(1+k_{ea})k_{am}}{k_{am}}\Omega_{d1}(s) \tag{2-31}$$

则$\Omega_m(s)=\Omega_{d1}(s)$。此时，速度闭环对期望速度值$\Omega_{d1}$具有良好的跟随特性。

由此可见，增加速度前馈项，有助于提高系统的动态响应性能。在图 2.8 中，由位置给定经过微分得到期望速度值Ω_{d1}，利用式(2-31)构成速度前馈。另外，为了消除前馈通道中系数影响，在速度前馈环节的系数中除以k_{tf}。

2.2.3 机器人力控制

机器人的力控制就是电动机的转矩控制，确定转矩的扭力。如何控制机器人的各个关节使其末端表现出一定的力或力矩特性[50]，是利用机器人进行自动加工的基础。

以工业机器人为例，其力控制可以分为关节空间的力控制、笛卡儿空间的力控制以及柔顺控制等[51]。柔顺控制是目前常用的控制方式，柔顺控制又可以分为主动阻抗控制以及力和位置混合控制等。

阻抗控制主动柔顺是指通过力与位置之间的动态关系实现的柔顺控制。机器人与环境接触时，力和位置的同步控制算法通常比较烦琐，运用阻抗控制方法的优势在于它只需要建立估计模型，而模型不必太过精确。力位混合柔顺控制是指分别组成位置控制回路和力控制回路，通过控制律的综合实现的柔顺控制。

阻抗控制主动柔顺可以划分为力反馈型阻抗控制、位置型阻抗控制和柔顺型阻抗控制。力反馈型阻抗控制，是指将力传感器测量到的力信号引入位置控制系统，可以构成力反馈型阻抗控制。目前，已经有多种型号的六维力传感器，用于测量机器人末端所受到的力和力矩。

位置型阻抗控制，是指机器人末端没有受到外力作用时，通过位置与速度的协调而产生柔顺性的控制方法。位置型阻抗控制，根据位置偏差和速度偏差产生笛卡儿空间的广义控制力，转换为关节空间的力或力矩后，控制机器人的运动。柔顺型阻抗控制，是指机器人末端受到环境的外力作用时，通过位置与外力的协调而产生柔顺性的控制方法。柔顺型阻抗控制，根据环境外力、位置偏差和速度偏差产生笛卡儿空间的广义控制力，转换为关节空间的力或力矩后，控制机器人的运动。柔顺型阻抗控制与位置型阻抗控制相比，只是在笛卡儿空间的广义控制力中增加了环境力。

阻抗控制通过统一自由运动和约束运动略去了离线任务的规划，实现了两者间的转化。该控制方式可以降低任务规划量和实时计算量，且无需控制模式的转换，比力位混合控制更实用。同时，阻抗控制可以把力和位置的控制归纳进同一体系之内，从而使系统拥有良好的柔顺性。例如，工业机器人打磨管体螺纹作业时可以采用阻抗控制。该控制方式与机械式管螺纹磨削机的动力学规律原理类似，采用机器人进行螺纹磨削加工时，磨削管道每旋转一转，刀架沿轴向进给一个螺距长度，同时机器人末端的轴向与径向也按照一定的比例进给。

2.2.4 机器人定位

机器人定位是在给定环境地图的前提下确定机器人在环境中的位置，因此机器人定位问题又被叫做位姿估值问题或者位姿跟踪问题。定位问题一直是机器人研究领域的基础和关键技术之一[52-54]。这里主要讨论机器人的定位能力和定位方法。

（1）定位能力

机器人定位能力也是机器人最基本的感知能力，几乎在所有涉及机器人运动或者抓取的任务中，都需要知道机器人距离目的地或者物体之间的位置信息。机器人在环境中的位姿信息通常无法直接被传感器感知到或者测量到，因此机器人需要根据地图信息和机器人的传感器数据来计算出机器人的位姿。实际上，机器人需要综合之前的观察才能确定其自身在当前环境中的位置，因为环境中通常存在着很多相似的区域，仅凭当前的观察数据很难确定其具体的位置，这也是机器人定位问题中存在的歧义性。

机器人定位问题根据其先验知识的不同可以分为位姿跟踪、全局定位及绑架问题等。位姿跟踪、全局定位及绑架问题是机器人定位能力的重要方面。

位姿跟踪指假设机器人在环境中的初始位姿已知或者大概已知。机器人开始运动时其真实位姿和估计位姿之间可能存在偏差，但是偏差通常比较小。这种偏差为位姿的不确定性，通常是单峰分布函数，另外机器人在环境中运动的同时也需要不断地更新自己的位姿，这类问题也叫做局部定位。

全局定位是指假设机器人在环境中的初始位姿未知，机器人有可能出现在环境中的任意位置，但是机器人自身并不知道。这种位姿的不确定性，通常是均匀分布或者多峰分布。全局定位通常比局部定位要困难。

绑架问题是指机器人全局定位的变种问题，比全局定位问题更复杂。其假设机器人一开始知道其在环境中的位姿，但是在其不知道的情况下被外界移动到另一个位姿。因为在全局问题中，机器人不知道其在环境中的位置，而在绑架问题中，机器人甚至不知道自己的位姿已经被改变，机器人需要自己感知到这一变化并能够正确处理。

（2）定位方法

目前，机器人的定位方法主要有基于自身携带加速度计、陀螺仪等传感器的自定位法，通过激光测距、超声测距、图像匹配的地图定位法、基于视觉与听觉的定位方法及网络环境平台等[55]。

① 感知能力影响定位方法。在许多应用中只有机器人位置状态已知的情况下，才能更有效地发挥监测功能。虽然机器人机动性能突出，但感知能力在某些环境下还存在一定的局限性，只有在适宜的环境下，传感器节点才可以根据目标传感信息，自动地感知目标实时位置，从而实现定位跟踪。例如，密歇根大学的学者将 WSNs（Wireless Sensor Networks）节点作为动态路标，组成局部定位系统以辅助机器人定位，该方法与自定位等传统方法相比具有较好的定位精度。国内学者为了提高机器人的定位精度和稳定性，设计仿真了一种基于 EKF（Extended Kalman Filter）滤波算法的定位方法，该算法使得定位精度大幅提高。通过使用异质传感器信息融合的粒子群定位算法，不仅定位精度得到了有效提高，也改善了定位的收敛速度。还有，针对观测中多传感器的信息融合会产生噪声误差影响的问题，提出了一种 CKF（Cabature Kalman Filter）定位导航算法，该算法的有效性和可行性均高于传统的 EKF 和 UKF（Unscented Kalman Filter）算法，在 WSNs 环境下，利用极大似然估计函数求解 CKF 观测矩阵的方法，同样取得了较好的定位效果。

② 超声波定位及误差分析。例如，基于超声波定位的智能跟随小车，利用超声波定位和红外线避障，能够对特定移动目标进行实时跟踪。该定位技术具有体积小、电路简单及价格低等优势，在小范围定位方面得到越来越广泛的应用。利用超声波定位技术和跟随性技术，可以根据不同场合的跟踪要求设置小车的跟踪距离和跟踪速度等参数，以实现对运动目标的准确跟踪，但是机器人的载物能力以及通过障碍能力较弱。当跟随机器人采用超声波和无线模块定位技术时，其机械结构设计巧妙，不但能够准确定位承载能力较强的物体，而且具有无正方向及零转弯半径等特点。超声波测距是超声波定位的基础，超声波测距时引起机器人不同距离下响应时间不同的因素有很多，一般可以归结为如下三种主要误差。

a. 超声波信号强度在传播过程中衰减和传播速度变化。超声波信号在传播过程中，随着检测距离的增大，声波信号减弱、测距精度降低。由于超声波在不同温度中传播速度有差异，导致超声波模块在计算距离时产生计算误差。

b. 检测电路灵敏度产生的误差。由于检测电路的灵敏度有限，会导致传感器接收的信号比实际传送到处理器的信号有一定滞后现象。超声波传感器灵敏度过低，在很大程度上限制了检测距离。由于判断滞后会随着声波的强弱而变化，故这部分误差是导致数据不稳定的主要来源。

c. 启动计时和启动超声波发射之间的偏差。例如，从手持设备同时发出无线信号和超声波信号，若计算中忽略了无线信号在空气中传播的时间，则会由于忽略传播时间而导致定位误差，此误差相对来说很小，可以忽略不计。

③ 网络环境平台。为了使机器人的定位更加准确，通常需要建立网络环境平台，如无线传感器网络环境平台。通过平台可以实现机器人与周边环境节点的信息交互，从而使自身的定位更加准确。例如，在机器人机身上安装阅读器，使信标（Beacon）节点分布在作业区域内，机器人对全局环境信息的了解便通过机器人机身上节点对环境信标节点进行读取来实现。

2.2.5 机器人导航

机器人导航是指机器人通过传感器感知环境和自身状态，实现在有障碍物的环境中面向目标的自主状态。这里仅简单介绍机器人导航的目的、导航的基本任务及导航方式[6,56]等。

（1）导航的目的

机器人导航的目的就是让机器人具备从当前位置移动到环境中某一目标位置的能力，并且在这过程中能够保证机器人自身和周围环境的安全性。其核心在于解决所处环境怎么样，当前所处的位置在哪里，怎么到达目的地等问题。

为了使机器人的导航行为能够被接受，机器人导航行为应具备舒适性、自然性及社交性等特性[57]。舒适性是指机器人导航交互行为不会让人感觉到惊扰或者紧张，舒适性包括机器人导航强调的安全性，但并不限于安全性。自然性是指机器人的导航交互行为能够和人与人之间的交互行为相似，这种相似性体现在对机器人运动控制上，例如运动的加速度、速度及距离控制等因素。社交性是指机器人的导航行为能够符合社交习惯，社交性从较高层次来要求机器人行为，例如避让行人、排队保持合适距离等。

机器人导航是机器人领域的一项基本研究，其重要意义在于在所处环境中能够自主运动，是机器人能够完成其他复杂任务的前提[58,59]。近几十年来，随着机器人技术和人工智能技术的不断发展以及整个社会对机器人日益增长的使用需求，学术界和工业界都投入大量的资源对机器人导航技术进行了深入研究和应用探索，使得机器人的导航技术日趋成熟[3,60]。

（2）导航的基本任务

机器人导航的基本任务主要包括地图构建，定位及规划控制等。地图构建是指机器人能够感知环境信息、收集环境信息及处理环境信息，进而获取外部环境在机器人内部的模型表示，即地图构建功能。定位是指机器人在其运动的过程中能够通过对周围的环境进行感知及识别环境特征，并根据已有的环境模型确定其在环境中的位置，即定位功能。规划控制是指机器人需要根据环境信息规划出可行的路径，并根据规划结果驱动执行机构来执行控制指令直至到达目标位置，即规划控制功能。

要实现机器人导航基本任务，必须有配置信息、服务器维护信息及运行信息等支撑[58]。当机器人执行任务时，其运行所需的配置信息应集中存放在机器人服务器上，机器人运行时需要从服务器获取最新的信息。服务器维护信息主要分为运行信息、配置信息及交互信息等。通常，运行信息必须包括机器人当前的位置、任务状态和硬件状态。配置信息主要包括地理及地图信息。交互信息则主要包括用户交互时的文本信息及语音信息等。

（3）导航方式

机器人导航方式主要包括电磁导航、光电导航、磁带导航、激光导航及检测光栅导航等。

① 电磁导航是较为传统的导引方式之一，电磁导航是在 AGV（Automated Guided Vehicle）的行驶路径上埋设金属线，并给金属线加载导引频率，通过对导引频率的识别来实现 AGV 的导引。特点是引线隐蔽，不易污染和破损，导引简单可靠，对声光无干扰及成本较低，但是电磁导航致命的缺点是路径难以更改扩展，对复杂路径的局限性大及电磁导航 AGV 线路埋设需要破坏等。电磁导航、光电导航及磁带导航要求传感器与被检测金属线（磁带）的距离必须限制在一定范围内，距离太大将会使传感器无法检测到信号。

② 激光导航是指利用激光的不发散性对机器人所处的位置精确定位来指导机器人行走。激光导航是伴随激光技术不断成熟而发展起来的一种新兴导航应用技术，适用于视线不良情况下的运行导航、野外勘测定向等工作，将它作为民用或军用导航手段是十分可取的。在机器人领域，激光雷达传感器被用于帮助机器人完全自主地应对复杂、未知的环境，使机器人具备精细的环境感知能力。经过不断的优化，激光雷达传感器目前已经基本实现了模块化和小型化。例如，激光头安装在机器人顶部，每隔数十毫秒旋转一周，发出经过调制的激光。经调制的反射板的反射光被接收后，经过解调，就可以得到有效的信号。通过激光头下部角度数据的编码器，计算机可以及时读入当时收到反射信号时激光器的旋转速度。但在机器人的工作场所需预先安置具有一定间隔的反射板，其坐标预先输入计算机中。

另外，激光导航有很高的水平度要求，否则会影响其精度。

③ 检测光栅导航工作原理是通过安全光幕发射红外线，形成保护光幕，当光幕有物体通过导致红外线被遮挡，装置会发出遮光信号，从而控制潜在危险设备停止工作或者报警，以避免安全事故的发生。检测光栅导航可以实现机器人在凹凸不平路面上自动导航。

④ 其他导航，如利用颜色传感器导航。颜色传感器是通过将物体颜色同前面已经示教过的参考颜色进行比较来检测颜色，当两个颜色在一定的误差范围内相吻合时，输出检测结果。但颜色传感器对检测距离有一定的要求。

参考文献

[1] 胡鸿，李岩，张进，等. 基于高频稳态视觉诱发电位的仿人机器人导航[J]. 信息与控制，2016，45（5）：513-520.

[2] 吴明阳. 机电系统 simulink 仿真[J]. 林业机械与木工设备，2005，33（6）：34-35.

[3] 鞠文龙. 基于结构光视觉的爬行式弧焊机器人控制系统设计[D]. 哈尔滨：哈尔滨工程大学，2014.

[4] 张唐烁. 轮式移动机器人惯性定位系统的研发[D]. 广州：广东工业大学，2014.

[5] 曾明如，徐小勇，罗浩，等. 多步长蚁群算法的机器人路径规划研究[J]. 小型微型计算机系统，2016，37（2）：366-369.

[6] 谢伟枫. 自移动式机器人自主导航研究的新进展[J]. 江苏科技信息，2015，（6）：49-50.

[7] 陆冬平. 仿生四足-轮复合移动机构设计与多运动模式步态规划研究[D]. 北京：中国科学技术大学，2015.

[8] 高焕兵. 带电抢修作业机器人运动分析与控制方法研究[D]. 济南：山东大学，2015.

[9] 苏学满，孙丽丽，杨明，等. 基于 matlab 的六自由度机器人运动特性分析[J]. 机械设计与制造，2013，（1）：78-80.

[10] 王战中，杨长建，刘超颖，等. 基于 MATLAB 和 ADAMS 的六自由度机器人联合仿真[J]. 制造业自动化，2013，（18）：30-33.

[11] 姜明浩，陈洋，李威凌. 基于动态运动基元的移动机器人路径规划[J]. 高技术通讯，2016，26（12）：997-1005.

[12] 谭民，王硕. 机器人技术研究进展[J]. 自动化学报，2013，39（7）：963-972.

[13] 向博，高丙团，张晓华，等. 非连续系统的 Simulink 仿真方法研究[J]. 系统仿真学报，2006，18（7）：1750-1754.

[14] 谢黎明，董建国. 数控机床进给系统伺服精度的分析及 SIMULINK 仿真[J]. 机床与液压，2007，35（4）：206-208.

[15] FNagata，S Yoshitake，A Otsuka，et al. Development of CAM system based on industrial robotic servo controller without using robot language [J]. Robotics and Computer-Integrated Manufacturing，2013，29（2）：454-462.

[16] 吴潮华. 多工业机器人基座标系标定及协同作业研究与实现[D]. 杭州：浙江大学，2015.

[17] 马西良，朱华. 对瓦斯分布区域避障的煤矿机器人路径规划方法[J]. 煤炭工程，2016，48（7）：107-110.

[18] 卢振利，谢亚飞，刘超，等. 基于幅值调整法的蛇形机器人避障研究[J]. 高技术通讯，2016，26（8-9）：761-766.

[19] 谭民，徐德，侯增广，等. 先进机器人控制[M]. 北京：高等教育出版社，2007.

[20] 周冬冬，王国栋，肖聚亮，等. 新型模块化可重构机器人设计与运动学分析[J]. 工程设计学报，2016，23（1）：74-81.

[21] 王晓露. 模块化机器人协调运动规划与运动能力进化研究[D]. 哈尔滨：哈尔滨工业大学，2016.

[22] 赵东辉，李伟莉. 改进人工势场的机器人路径规划[J]. 机械设计与制造，2017，（7）：252-255.

[23] 仇恒坦，平雪良，高文研，等. 改进人工势场法的移动机器人路径规划分析[J]. 机械设计与研究，2017，（4）：36-40.

[24] 刘晓磊，蒋林，金祖飞，等. 非结构化环境

中基于栅格法环境建模的移动机器人路径规划[J].机床与液压，2016，44（17）：1-7.

[25] 吴挺，吴国魁，吴海彬. 6R工业机器人运动学算法的改进[J]. 机电工程，2013，30（7）：882-887.

[26] 成贤锴，顾国刚，陈琦，等. 基于样条插值算法的工业机器人轨迹规划研究[J]. 组合机床与自动化加工技术，2014，（11）：122-124.

[27] 严铖，吴洪涛，申浩宇. 一种基于虚拟推力的冗余度机器人避障算法[J]. 机械设计与制造，2016，（11）：5-8.

[28] 杨丽红，秦绪祥，蔡锦达，等. 工业机器人定位精度标定技术的研究[J]. 控制工程，2013，20（4）：785-788.

[29] 李长勇，蔡骏，房爱青，等. 多传感器融合的机器人导航算法研究[J]. 机械设计与制造，2017，（5）：238-240.

[30] 那奇. 四足机器人运动控制技术研究与实现[D]. 北京：北京理工大学，2015.

[31] D Tarapore，J B Mouret. Evolvability signatures of generative encodings: Beyond standard performance benchmarks [J]. Information Sciences，2015，313：43-61.

[32] 李林峰，马蕾. 三次均匀B样条在工业机器人轨迹规划中的应用研究[J]. 科学技术与工程，2013，13（13）：3621-3625.

[33] 余志龙，赵利军，田建涛. 基于simulink的单钢轮压路机机架减振参数的分析[J]. 建筑机械，2014，（8）：57-62.

[34] 马睿，胡晓兵，殷国富，等. 六关节工业机器人最短时间轨迹优化[J]. 械设计与制造，2014，（4）：30-32.

[35] 蔡锦达，张剑皓，秦绪祥. 六轴工业机器人的参数辨识方法[J]. 控制工程，2013，20（5）：805-808.

[36] 陈雪. 二阶串联谐振系统Matlab/Simulink仿真[J]. 长春工业大学学报，2011，32（3）：243-246.

[37] 陈礼聪，柯建宏，代朝旭. 关节型机器人运动仿真平台的研究[J]. 组合机床与自动化加工技术，2014，（2）：69-71.

[38] 温锦华. 续纱机器人及主控软件研究[D]. 上海：东华大学，2015.

[39] 郏继贵，邹剑，林嘉睿. 面向测量的工业机器人定位误差补偿[J]. 光电子·激光，2013，（4）：746-750.

[40] 刘涛. 层码垛机器人结构设计及动态性能分析[D]. 兰州：兰州理工大学，2010.

[41] 侯士杰，李成刚，陈鹏. 工业机器人关节柔性特征研究[J]. 机械与电子，2013，（2）：74-77.

[42] R Li，Y Zhao. Dynamic error compensation for industrial robot based on thermal effect model [J]. Measurement，2016，88：113-120.

[43] 沙丰永，高军，李学伟，等. 基于Simulink的数控机床多惯量伺服进给系统的建模与仿真[J].机床与液压，2015，43（24）：51-55.

[44] 付瑞玲，乐丽琴. MATLAB/Simulink仿真在PID参数整定中的应用[J]. 现代显示，2013，（6）：13-16.

[45] 张波，邓则名. 直流调速系统的SIMULINK仿真[J]. 电子测试，2008，（6）：58-61.

[46] 尚丽，崔鸣，陈杰. Matlab/Simulink仿真技术在双闭环直流调速实验教学中的应用[J]. 实验室研究与探索，2011，30（1）：181-185.

[47] 高珏. Simulink仿真在PID控制教学中的探索与设计[J]. 广州化工，2013，41（20）：199-200.

[48] 张亚琴. 参数自调整的模糊二自由度PID控制的SIMULINK仿真[J]. 沈阳师范大学学报（自然科学版），2006，24（2）：170-172.

[49] H Giberti，S Cinquemani，S Ambrosetti. 5R 2dof parallel kinematic manipulator-A multidisciplinary test case in mechatronics [J]. Mechatronics，2013，23（8）：949-959.

[50] 常同立，刘学哲，顾昕岑，等. 仿生四足机器人设计及运动学足端受力分析[J]. 计算机

工程，2017，43（4）：292-297.

[51] A G Dunning，N Tolou，J L Herder. A compact low-stiffness six degrees of freedom compliant precision stage[J]. Precision Engineering，2013，37（2）：380-388.

[52] 张凤，黄陆君，袁帅，等. NLOS 环境下基于 EKF 的移动机器人定位研究[J]. 控制工程，2015，22（1）：14-19.

[53] 刘洞波，刘国荣，喻妙华. 融合异质传感信息的机器人粒子滤波定位方法[J]. 电子测量与仪器学报，2011，25（1）：38-43.

[54] 邓先瑞，聂雪媛，刘国平. WSNs 下移动机器人 HuberM-CKF 离散滤波定位[J]. 计算机应用研究，2016，33（6）：1839-1842.

[55] 王颖，张波. 传感器网络中利用反演集合估计的机器人定位方法[J]. 计算机应用研究，2017，34（4）：1055-1059.

[56] 徐世保，李世成，梁庆华. 带电检修履带式移动机器人导航系统设计与分析[J]. 机械设计与研究，2017，33（3）：26-34.

[57] 陈嬴峰. 大规模复杂场景下室内服务机器人导航的研究[D]. 北京：中国科学技术大学，2017.

[58] 郝昕玉，姬长英. 农业机器人导航系统故障检测模块的设计[J]. 安徽农业科学，2015，43（34）：334-336.

[59] 高健. 小型履带式移动机器人遥自主导航控制技术研究[D]. 北京：北京理工大学，2015.

[60] 王宏健，李村，么洪飞，等. 基于高斯混合容积卡尔曼滤波的 UUV 自主导航定位算法[J]. 仪器仪表学报，2015，36（2）：254-261.

第3章

工业机器人集成系统

工业机器人集成系统把工业机器人配套装置、控制软件及机器人配置设备等结合起来，综合其各功能特点并整合为工程实用基础，将有利于特定的工业自动化系统开发和工业机器人作业。

早期的机器人通常固定执行预先设定的动作来替代人工完成简单的、机械的及重复的工作，这在流水线生产环境下有大规模的应用。然而，在机器人作业复杂、多机器人制造及随机生产环境下，机器人及整个制造单元如何协调、高效运作成为重要的问题，对此需要对工业机器人集成系统进行研究。例如，通过具体的制造特征以及不确定生产环境构建通用抽象模型，建立多机器人运动模型及冲突消解、仿真反馈与优化求解[1,43,44]等。

工业机器人集成系统的构建是一项复杂的工作，其工作量大、涉及的知识面很广，需要多方面来共同完成，它面向客户，不断地分析用户的要求，并寻求和完善解决方案。随着科学技术的发展及社会需求的变化，工业机器人集成系统将是不断升级的过程。

当前机器人的发展趋势是“开放式、模块化、标准化”。开放式机器人系统是指机器人系统对用户开放，用户可以根据自己的需求来设置甚至拓展其性能。这就要求机器人系统采用标准的系统和标准的开发语言，采用标准的总线结构，这样才可以改变传统专用机器人语言并存并且相互之间不兼容的情况。本章将对工业机器人结构及配置进行较全面的描述及解析，以便为工业机器人的控制提供基础。

3.1 工业机器人基本技术参数

人们经常提到“工业机器人”，从字面上来说不难理解，但是如果真正要使用、设计及研究它，必须首先了解其基本技术参数。

工业机器人结构和类型很多，从材料搬运到机器维护，从焊接到切割等[2,3]。世界各国已经开发了多种适用于应用的工业机器人产品[4]。人们需要做的是确定你想要机器人干什么或者在结构和类型众多的机器人中如何选择合适的一款。此时，工业机器人的基本技术参数便起着决定性的作用。

3.1.1 机器人负载

机器人负载是指机器人在工作时能够承受的最大载重。它一般用质量、力矩、惯性矩表示，还和运行速度和加速度大小、方向有关。要确定机器人负载，首先要知道机器人将要从事何工作，之后才是负载数值。

例如，一般规定将高速运行时所能抓取的工件重量作为承载能力指标。如果你需要将零件从一台设备上搬至另外一处，就需要将零件的重量和机器人抓手的重量合并计算在负载内。

3.1.2 最大运动范围

机器人的最大运动范围是指机器人手臂或手部安装点所能达到的所有空间区域，其形状取决于机器人的自由度数和各运动关节的类型与配置。最大运动范围或机器人工作空间通常用图解法和解析法进行表示。

在设计或选择机器人的时候，不单要关注机器人负载，还要关注其最大运动范围，需要了解机器人要到达的最大距离。例如，每一个机器人制造公司都会给出机器人的运动范围，用户可以从中查阅是否符合其应用的需要。机器人的最大垂直运动范围是指机器人腕部能够到达的最低点（通常低于机器人的基座）与最高点之间的范围。机器人的最大水平运动范围是指机器人腕部能水平到达的最远点与机器人基座中心线的距离。另外，还需要参考最大动作范围（一般用运行角度表示）。规格不同的机器人最大运动范围区别很大，而且对某些特定的应用存在限制。

3.1.3 自由度

机器人的自由度是指确定机器人手部空间位置和姿态所需要的独立运动参数的数目，也就是机器人具有独立坐标轴运动的数目。机器人的自由度数一般等于关节数目。机器人常用的自由度数一般不超过 5～6 个，手指的开、合以及手指关节的自由度一般不包括在内。

机器人轴的数量决定了其自由度。如果只是进行一些简单的应用，例如在传送带之间拾取-放置零件，那么四轴的机器人就足够了。如果机器人需要在一个狭小的空间内工作，而且机械臂需要扭曲-反转，六轴或者七轴机器人是最好的选择[5]。因此，轴的数量选择通常取决于具体的应用。

需要注意的是，轴数多一点并不只为灵活性。事实上，如果机器人还用于其他的应用，可能需要更多的轴，“轴”到用时方恨少。但是轴多时也有缺点，例如，对于六轴机器人，如果只需要其中的四轴，但还必须为剩下的那两个轴编程。机器人说明书中，制造商倾向于用稍微有区别的名字为轴或者关节进行命名。一般来说，最靠近机器人基座的关节为J1，接下来是J2、J3、J4，以此类推，直到腕部。也有一些厂商则使用字母为轴命名。

3.1.4 精度

机器人的精度多指重复精度。重复定位精度指机器人重复到达某一目标位置的差异程度，或在相同的位置指令下，机器人连续重复若干次其位置的分散情况。重复精度也是衡量一系列误差值的密集程度，即重复度。

重复精度的选择取决于应用。通常来说，机器人可以达到0.5mm以内的精度，甚至更高。例如，如果机器人是用于制造电路板，这就需要一台超高重复精度的机器人。如果所从事的应用精度要求不高，那么机器人的重复精度也不必太高，以免产生不必要的费用。设计时，重复精度在二维视图中通常用“±”表示其数值。

3.1.5 速度

速度是指机器人在工作载荷条件下匀速运动过程中，其机械接口中心或工具中心点在单位时间内所移动的距离或转动的角度。

速度对于不同的用户需求也不同。通常它取决于工作完成需要的时间。规格表上通常只是给出最大速度，机器人能提供的速度为介于0和最大速度之间值。其单位通常为度/秒。一些机器人制造商还给出了最大加速度。

3.1.6 机器人重量

同其他设备相似，机器人重量也是设计者、应用者关注的一个重要参数。例如，如果工业机器人需要安装在定制的工作台甚至轨道上，就需要知道它的重量并设计相应的支撑。

3.1.7 制动和惯性力矩

为了在工作空间内确定精准和可重复的位置，机器人需要足够量的制动和制动力矩。制动或制动力矩对于机器人的安全也至关重要，还应该关注各轴的允许力矩。例如，当应用需要一定的力矩去完成时，就应该检查该轴的允许力矩能否满足要求，否则机器人很可能会因为超负载而出现故障。

机器人制造商一般都会给出制动系统的相关信息，某些机器人会给出所有轴的制动信息，机器人特定部位的惯性力矩可以向制造商索取。

3.1.8 防护等级

防护等级取决于机器人的应用环境。通常是按照国际标准选择实际应用所需的防护等级或者按照当地的规范选择。一些制造商会根据机器人工作的环境不同而为同型号的机器人提供不同的防护等级。例如，机器人与食品相关的产品、实验室仪器、医疗仪器一起工作或者处在易燃的环境中，其所需的防护等级各有不同。

3.1.9 机器人材料

工业机器人所用的金属材料主要有不锈钢、铝合金、钛合金及铸铁等。常用材料包括：

（1）碳素结构钢和合金结构钢

这类材料强度好，特别是合金结构钢，其强度增大数倍，弹性模量 E 大，抗变形能力强，是应用最广泛的材料。

（2）铝、铝合金及其他轻合金材料

这类材料的共同特点是重量轻，弹性模量 E 并不大，但是材料密度 ρ 小，故 E/ρ 仍可与钢材相比。有些稀贵铝合金的品质得到了明显的改善，例如添加锂的铝合金，弹性模量增加，E/ρ 增加。

（3）纤维增强合金

这类合金如硼纤维增强铝合金、石墨纤维增强镁合金等，这种纤维增强金属材料具有非常高的 E/ρ，但价格昂贵。

（4）陶瓷

陶瓷材料具有良好的品质，但是脆性大，不易加工，日本已经试制了在小型高精度机器人上使用陶瓷。

（5）纤维增强复合材料

这类材料具有极好的 E/ρ，而且还具有十分突出的大阻尼的优点。传统金属材料不可能具有这么大的阻尼，所以在高速机器人上应用复合材料的实例越来越多。

（6）黏弹性大阻尼材料

增大机器人连杆件的阻尼是改善机器人动态特性的有效方法。目前有许多方法用来增加结构件材料的阻尼，其中最适合机器人用的一种方法是用黏弹性大阻尼材料对原构件进行约束层阻尼处理。

3.2 机器人机构建模

机器人机构建模主要从机器人建模影响因素、机器人本体设计、机器人杆件设计及机器人结构优化等方面进行[6-8]。

3.2.1 机器人建模影响因素

机器人机构建模是工业机器人系统设计的基础。机器人机构建模时涉及机械结构、自由度数、驱动方式和传动机构等方面，这些都会直接影响其系统运动和动力性能。对于简单结构的机器人，机构建模时主要考虑其组成部件的结构特点，而对于复杂结构机器人，机构建模时不仅要考虑其组成部件的结构，还应考虑各部件位姿及协调运动能力等。

（1）机器人形态与模块结构

机构建模时机器人的形态是必须考虑的问题。机器人的形态是由具有一定结构特点的基本模块构成的，根据基本模块的外形与结构特点可以分为链式结构、晶格结构和混合结构。

链式结构的机器人具有较好的协调运动能力，多用来研究机器人的整体运动规划和控制，但当模块间采用魔术贴方式连接时，不具有局部通信和连接方位判断功能。例如，固接式模块机器人，其机器人模块间皆为机械式连接，每个模块仅具有一个转动自由度。

晶格结构的机器人具有较好的空间位置填充能力，常用来研究机器人的重构路径规划。例如，1998 年日本人研制的三维晶格结构的自重构机器人，该机器人每个模块的空间位置改变是依靠其他模块的旋转辅助，从而实现机器人空间结构的改变，该机器人具有三维重构能力时，模块位置的改变可以通过其他模块的伸缩辅助来实现。某些晶格式模块化机器人具有连续旋转自由度，可以执行部分协调运动任务，也具有连续转动自由度，其模块是由两个可以相互转动的半立方体组成，模块的连接采用卡扣式结构实现，另一些模块由两个类似分子转动自由度连接的立方体组成，在立方体之间采用一个旋转自由度连接。具有类似 3D 单元的空间运动结构，可以借助相邻模块实现自身的空间位置变换。

混合结构的模块化自重构机器人兼具链式和晶格结构的特点，不仅具有较好的运动能力，而且重构运动下具有良好的空间位置填充能力。为了提高机器人模块化的运动能力，研究人员曾对混合结构的模块化做了一些有益的尝试，证实可组装成为多自由度机器人实现多关节机器人的整体协调运动，该模块混合了链式结构、晶格结构与移动式结构的功能特点。

（2）建模工具

传统工业机器人在组合分析、装配、制造及维护的过程中，产品的设计改动量较大，开发周期长而导致开发成本增加。现在，工业机器人的开发，当运用建模工具时，可以把设计决策过程中相关的影响因素结合在一起，运用其算法来确定可能的设计方案。通过建模能够清楚表达设计需求，减少设计过程的重复，快速地排除设计过程中的不合理方案，提高设计效率，且能够使得多模块化工业机器人进行形式化描述，易于计算机的操作和表达。

（3）机器人全局与局部关系

工业机器人关节数量为机器人机构建模的关键问题之一。例如，串联工业机器人的关节数量与工作载荷、运动及灵活性有重大关系[9]。其他因素，如稳定性、节能性、冗余性、关节控制性能的要求、制造成本、质量、所需传感器的复杂性等则可以作为辅助因素考虑[10]。在对关节数量与性能定性评价的基础上设计机器人的结构，可以从理论上保证机器人的动态稳定性和负载能力。

需要说明，机器人的运动关节从机械机体上看是开链结构，相当于串联结构。但是，当其检测环节与机械本体同时工作时将会构成多自由度机构的闭链结构。因此，机器人机构自由度的计算既可以依据常用的机械原理公式，也可以参照并联机器人[11,12]自由度模型简化后进行。

机器人机构建模除了需要满足系统的技术性能外，还需要满足经济性要求，即必须在满足机器人的预期技术指标的同时，考虑用材合理、制造安装便捷、价格低廉以及可靠性高等问题。

从系统角度考虑，机器人机构建模时应同时考虑本体机械结构和控制系统的简单性，机器人结构优化等[3,13]。当确定配置和分布形式时，也需要考虑重要杆件设计的细节问题，例如，杆件在主平面内的几何构型、杆件的相对弯曲方向等。

3.2.2 机器人本体设计

机器人本体结构是指机体结构和机械传动系统，也是机器人的支承基础和执行机构。

机器人本体由传动部件、机身及行走机构、臂部、腕部及手部等部分组成。其主要特点如下：

① 开式运动链：结构刚度不高。为了便于加工以及安装控制元器件，工业机器人本体设计常采用刚性杆件铰接的结构。当刚性杆件与机体相连时，还需考虑整体布局与安装定位。

② 相对机架：独立驱动器，运动灵活。在设计机器人本体时，可以采用转动提升结构，增大机器人工作的转动空间。转动提升结构内部应预留安装空间及安装孔，便于控制元器件、检测系统、模块等的安装及走线[14,15]。

③ 扭矩变化非常复杂：对刚度、间隙和运动精度都有较高的要求。

④ 动力学参数（力、刚度、动态性能）都是随位姿的变化而变化：易发生振动或出现其他不稳定现象[8,16]。为了运动稳定，机器人在工作过程中，机体重心的投影必须落在工作区域内，因为当重心靠近边界时会使机器人的稳定性急剧降低，在此应设定重心投影到工作区域边界的最小值，即获得最佳稳定性能，可以通过对机器人工作范围进行运动学仿真得到[17]。

为此，对机器人本体设计的基本要求是：

① 自重小：改善机器人操作的动态性能。机器人的机体使用高强度铝合金为原料，以减轻机器人质量。

② 静动态刚度高：提高定位精度和跟踪精度；增加机械系统设计的灵活性；减少定位时的超调量稳定时间；降低对控制系统的要求和系统造价[18,19]。

③ 固有频率高：避开机器人的工作频率，有利于系统的稳定。

机器人本体设计的两个重要特性是机器人的刚度和机器人的柔顺。

（1）机器人的刚度

当机器人的末端遇到障碍不能到达期望的位置时，机器人的关节也不能到达期望的位置，关节位置的期望值与当前值之间存在偏差。可以认为，保证机器人的刚度，是为了达到期望的机器人末端位置和姿态，机器人所能够表现的力或力矩的能力。

影响机器人末端端点刚度的因素，主要包括以下几个方面：

① 连杆的挠性（Flexibility）：在连杆受力时，连杆弯曲变形的程度对末端的刚度具有重要影响。连杆挠性越高，机器人末端的刚度越低，反之，连杆挠性越低，机器人末端的刚度受连杆的影响越小。在连杆挠性较高时，机器人末端的刚度难以提高，末端能够承受的力或力矩降低。因此，为了降低连杆挠性对机器人末端刚度的影响，在制造机器人时，通常将各个连杆的挠性设计得很低。

② 关节的机械形变：与连杆的挠性类似，在关节受力或力矩作用时，机械形变越大，机器人末端的刚度越低。为保证机器人末端具有一定的刚度，通常希望关节的机械形变越小越好。

③ 关节的刚度：类似于机器人的刚度，为了达到期望的关节位置，该关节所能够表现的力或力矩的能力称为关节的刚度。关节的刚度对机器人的刚度具有直接影响，如果关节刚度低，则机器人的刚度也低。

一般地，为了保证机器人能够具有一定的负载能力，机器人的连杆挠性和关节机械形变都设计得很低。在这种情况下，机器人的刚度主要取决于其关节刚度。

（2）机器人的柔顺

所谓柔顺，是指机器人的末端能够对外力的变化作出相应的响应，表现为低刚度。在机器人刚度很强的情况下，对外力的变化响应很弱，缺乏柔顺性。根据柔顺性是否通过控制方法获得，可以将柔顺分为被动柔顺和主动柔顺。

被动柔顺是指不需要对机器人进行专门的控制即具有的柔顺能力，具有低的横向刚度和旋转刚度。被动柔顺的柔顺能力由机械装置提供，只能用于特定的任务，响应速度快，成本低。

主动柔顺是指通过对机器人进行专门的控制获得的柔顺能力。通常，主动柔顺通过控制机器人各个关节的刚度，使机器人的末端表现出所需要的柔顺性。例如，利用机器人进行钻孔作业时，需要机器人沿钻孔方向施加一定的力，而在其他方向不施加任何力。对于这种具有约束的任务，需要控制机器人在特定的方向上表现出柔顺性[20]。主动柔顺是通过控制机器人各个关节的刚度实现的。换言之，关节空间的力或力矩与机器人末端的力或力矩具有直接联系。通常，静力和静力矩可以用六维矢量表示。

$$\boldsymbol{F}=\begin{bmatrix} f_x & f_y & f_z & m_x & m_y & m_z \end{bmatrix}^{\mathrm{T}}$$

其中，$\boldsymbol{F}$ 为广义力矢量；$[f_x, f_y, f_z]$为静力；$[m_x, m_y, m_z]$为静力矩。

3.2.3 机器人杆件设计

（1）杆件参数确定原则

杆件包括机器人的肩、臂、肘及腕等。杆件是机器人的重要组成部分，也是机器人机械设计的关键之一。

一般来说杆件模块结构的刚度比强度更为重要，若模块结构轻、刚度大，则机器人重复定位精度高，因此提高模块刚度非常重要。例如，手臂模块的悬臂尽量短，拉伸压缩轴用实心轴，扭转轴用空心轴，并控制其连接间隙；采用矩形截面的小臂结构设计，保障了更高的抗拉、抗扭、抗弯曲性能。

① 挠度变形计算。该项计算涉及的参数有负载、定位单元长度、材料弹性模量、材料截面惯性矩及挠度形变。应注意的是在计算静态形变的挠度形变时，梁的自重产生的变形不能忽视，梁的自重按均布载荷计算。

实际应用中，因为机器人一直处于变速运动状态，还必须考虑由加速、减速产生的惯性力所产生的形变，因为这种形变也直接影响机器人的运行精度。

② 扭转形变计算。当一根梁的一端固定，另一端施加一个绕轴扭矩后，将产生扭曲变形。实际中产生该形变的原因一般是负载偏心或有绕轴加速旋转的物体存在。

杆件设计的要求可以归纳如下：

① 实现运动的要求。机器人应当具有实现转动和平移运动的能力且要求能够灵活转向，末端件具备特定的运动和工作空间。

② 承载能力的要求。机器人的杆件能够在运动过程中支撑机体及载荷的质量，必须具备与整机质量相适应的刚性和承载能力。

③ 结构实现和方便控制的要求。从结构设计的要求看，机器人的杆件不能过于复杂，杆件过多会导致结构庞大和传动困难[21]。各关节可以分别由电动机、减速器和齿轮机构共同驱动，以便用简单的结构获得较大的工作空间和灵活度。

（2）杆件驱动系统设计

杆件驱动系统在机器人中的作用相当于生物的肌肉。例如，它可以通过转动关节来改变机器人的姿态。驱动系统必须拥有足够的功率对关节进行运动控制并带动负载，而且自身必须轻便、经济、精确、灵敏、可靠且便于维护[22]。杆件驱动系统设计内容包括电动机选择、传动设计、轴承选择及杆件其他部分的设计。

① 电动机选择。电动机尤其是伺服电动机已成为机器人最常用的驱动器。电动机控制性能好，且有较高的柔性和可靠性，适于高精度、高性能机器人。由于电动机类型众多，选择电动机作为驱动器时应综合考虑各影响因素。因此，为了满足机器人作业的各项要求，其驱动电动机的选择至关重要，它与机器人运动功能的实现、控制硬件的配置、电源能量的消耗、系统控制的效果都有很大关系。首先必须考虑电动机能够提供负载所需的瞬时转矩和转速，从注重系统安全的角度出发，还要求电动机具备能够克服峰值负载所需的功率。主要因素有以下几点：

a. 质量和体积。在初拟设计方案时，机器人的总质量往往是预先设定的，而在机器人的总系统中，电动机及其附件的质量和体积所占比重较为突出，因而选择体积小、质量轻的电动机，能够有效达到减轻系统总质量、缩小系统总体积的目的。

b. 驱动功率。机器人在不同工况条件下工作时，各杆件的姿态不同，所需的驱动力矩也不同，需要具体问题具体分析、不同问题不同处理。因此，电动机的确定必须综合考虑系统的传动效率、安全系数以及所需最大驱动力矩等多项要求。

c. 转速。工业机器人的运动速度在一定范围内，且多数关节的转速都是由高速转动的电动机轴经过减速得到的，因此电动机必须有足够的转速调节范围。

不同环境下机器人的受力状况变化大且复杂，需要对其进行仔细分析和科学研究才能为机器人驱动器性能指标的合理确定提供依据，通过对机器人进行静力学分析来初步估算机器人杆件稳定工作条件下的受力情况，并得到一些有价值的结论。从保证机器人机械结构设计的合理性出发，需要知道机器人在运动过程中杆件处于何种姿态时承受的负载力最大，每一个关节所需的驱动力矩有多少，需要多大的关节驱动力矩才能够满足机器人在复杂环境中的运动。

经分析与比较之后，选用电动机、减速器以及相应配套使用的编码器和制动器。

② 传动设计。机器人第一关节的驱动装置为电动机连接的减速器，第一关节的转动由减速器主轴的旋转运动予以实现，而肩、臂、肘及腕关节的驱动装置中除采用电动机连接减速器外还需要增加齿轮传动等传动装置，即将经减速器主轴传出的旋转运动改变运动大小或方向，最终使运动输出到杆件或机构上。根据机器人预期运动目标，对减速器和传动比进行设计或选择，以实现机器人特性参数的要求。

③ 轴承选择。机器人的运动是依赖于关节的正常工作来实现的，因此运动副的摩擦性能对机器人的工作性能影响很大。采用什么样的轴承，提供什么样的润滑，如何保持良好的工作条件，这些都对机器人的正常运动起着非常重要的作用。不同结构的轴承具有不同的工作特性，不同使用场合和安装部位对轴承结构和性能也有不同的要求。选择轴承时，通常都是从轴承的有效空间、承载能力、速度特性、摩擦特性、调心性质、运转精度和疲劳寿命等方面进行综合考虑。

轴承选择时需重视下列因素：首先，由于机器人系统能量有限，如电动机连续转矩的扭矩所限，在选取轴承时应考虑摩擦力矩、系统能耗对机器人工作效率的影响[23]。其次，机器人控制除了需要完成预定运动以外，还要求达到规定的定位精度，但加工、制造、安装及使用过程存在的种种偏差都会影响机器人各控制任务的精确执行。

影响机器人运动和姿态精度的主要因素有：机器人的结构参数误差，即各构件的尺寸误差；关节磨损后出现间隙等引起的动态误差；构件的弹性变形与热变形；关节伺服定位误差[24]。常用的误差分析方法往往对关节轴承间隙、构件弹性变形等重视不足，经常会把构件抽象为刚体，把各种误差都折算为结构误差再进行总体补偿，但这与机器人的实际情况差别较大。另外，轴承的旋转精度不仅要由各个相关零件本身而定，而且也由其运行的间隙而定。如果在轴承内圈与轴或轴承外圈与座孔之间存在过量间隙，即使高精度轴承也不能保证位置精度。因此，选取轴承时除了轴承本身的结构外，摩擦力矩和旋转精度是主要的衡量标准。

④ 杆件其他部分的设计。通过联轴器连接电动机和齿轮传动时，两连接部件之间的间隙可以减小外力对电动机轴的轴向冲击。通过安装接触传感器，可以在近距离内获取末端和对象物体空间相对关系的信息，并检测目标的位置和姿态，为机器人作业提供信息[25]。

3.2.4 机器人结构优化

由于机器人机械结构复杂、关节多，因此需要对机器人结构进行优化。首先是对机器人进行架构设计，它是机器人主要作业及实现功能的前提。在机器人架构设计之后，对机器人机体及杆件本身进行结构优化，机体及杆件是实现机器人整体结构优化的基础。其次是限定条件，如扩展末端的工作空间及增加杆件的灵活性等，这些是机器人整体结构优化的保障，由此形成了科学结构和尺度优化的两个方面。这两个方面为机器人的总体设计和运动规划提供相对准确数据及理论依据。但是，限定条件越多，机器人结构优化的难度越大。

机器人结构优化方法很多，常用的有经验优选法、实验优选法及数学优选法等。经验优选法即人工优选，是设计人员凭着多年设计经验对方案进行优选，该方法适用于处理简单的方案。实验优选法是通过实验来得到相应数据，再推导出最优解，随之而来的是成本的升高。数学优选法则是用数学方法进行模型推理、分析、计算，得到一些定量的评价参数，方法本身比较复杂，但是使用起来却最为方便，并且易于计算机表达。例如层次分析法，这种数学方法常用来对模块化工业机器人的架构设计进行方案优选。

目前国内外也根据机器人的机构学、运动学特性，利用数值分析方法和虚拟样机技术等，对机器人的结构进行优化。

（1）架构设计

对于产品设计，尤其是复杂产品的设计，它的架构设计是产品生命周期中比较早期的活动，而此时难以取得关于需求及约束等方面的精确信息。架构设计本身也较为复杂，需要结合不同方面及不同类型的知识，如性能、成本、环境、效率、数学、物理及经验等。因此对于复杂的产品，必须采用恰当的模型来准确、有效地表达不同方面和类型的知识，更全面反映产品设计信息，排除不合理方案，提高设计的效率。通常是通过机器功能、机器行为和机械载体这三方面来描述一个机械产品架构。所谓机器功能是指用户能接触了解到的机械产品的用途，即使用该产品的目的。机器行为是指机械产品要实现它的功能需要经历的状态。机械载体则指的是完成该机器行为的产品的直接零部件。

实现计算机架构设计的基础是建立产品的形式化模型，为了适当地描述设计的方案、功能以及它们之间的复杂联系，必须选用合适的形式化语言。在架构设计阶段，通常是采用图和树的形式对产品的属性、功能、行为、需求、结构和约束等进行描述，它们都是借助几何图形，通过功能方法树、功能结构图、域结构模型等来表达。由于计算机建模和人脑建模不同，计算机建模偏重于图形和符号的处理以及计算推理过程，而人脑主要通过感官和视觉来建模，因此人脑和计算机的建模方式侧重点是不同的。计算机在推理过程中会产生约束，由于作用对象不同也会导致约束类型不同。对于简单系统，这些约束可能是一种、几种或者不一定都存在，但是对于复杂系统有较多约束，这样鲜明的区分具有重要的意义，既能全面地反映产品的设计信息，提高设计效率，又能防止组合爆炸。

(2) 机构参数对机器人工作空间的影响

在进行工业机器人结构参数分析和优化设计时，可以把机器人视作是串联式多关节机械，这时，运动末端件可达范围即是机器人的工作空间，并作为衡量机器人运动能力的重要指标。由于机器人相当于串联式多关节机械结构，因而求解的工作空间即相当于求解机器人末端参考点所能达到的空间点的集合。该集合代表了机器人运动的活动范围，是机器人的优化设计和驱动控制需要考虑的重要方面。目前，机器人工作空间的求解方法主要有解析法、图解法以及数值法。

解析法是通过多次包络来确定工作空间边界，虽然可以把工作空间的边界用方程表示出来，但从工程的角度来说，其直观性不强，十分烦琐。

图解法可以用来求解机器人的工作空间边界，得到的往往是工作空间的各类剖截面或者截面线。这种方法直观性强，但是也受到自由度数的限制，当关节数较多时必须进行分组处理。

数值法是以极值理论和优化方法为基础对机器人工作空间进行计算。首先计算机器人工作空间边界曲面上的特征点，用这些点构成的线表示机器人的边界曲线，用这些边界曲线构成的面表示机器人的边界曲面。随着计算机的广泛应用，对机器人工作空间的分析越来越倾向于数值方法，在计算机上用数值法计算机器人的工作空间，实质上就是随机地选取尽可能多的独立的不同各关节变量组合，再利用机器人的正向运动学方程计算出机器人末端杆件端点的坐标值，这些坐标值就形成了机器人的工作空间。坐标值的数目越多，就越能反映机器人的实际工作空间，这种方法速度快、精度高、应用简便，且适用于任意形式的机器人结构，因而得到广泛应用。

(3) 机构参数对机器人灵活度的影响

机器人的灵活性是保证其在选定点以匀速运动时，机构能在工作空间中自由地、大幅度地改变位姿。机器人灵活性可用灵活度作为评价目标，即采用机器人的灵活度作为目标函数，进行机器人灵活性分析和结构优化性验证。

机器人机构参数的优化可以采用运动学正解法或虚拟样机技术。运用机器人运动学正解法进行机器人机构参数优化，其过程非常复杂。虚拟样机技术是建立机构模型进行运动仿真，能够使分析过程简便易行，国际上已出现多种虚拟样机技术的商业软件。

3.3 机器人总体结构类型

工业机器人按结构形式进行分类的方法很多。当按照工业机器人操作机的机械结构形式分类时，最常用的有直角坐标机器人、圆柱坐标机器人、球坐标机器人及关节型机器人等。

3.3.1 直角坐标机器人结构

直角坐标机器人的空间运动是通过三个相互垂直的直线运动实现的，直角坐标由三个相互正交的平移坐标轴组成，各个坐标轴运动独立，如图 3.1 所示。由于直线运动易于实现全闭环的位置控制，所以直角坐标机器人有可能达到很高的位置精度。但是，直角坐标机器人的运动空间相对机器人的结构尺寸来讲是比较小的[7,26]。因此，为了实现一定的运动空间，直角坐标机器人的结构尺寸要比其他类型的机器人的结构尺寸大得多。直角坐标机器人的工作空间为一空间长方体，该型式机器人主要有悬臂式、龙门式、天车式三种结构，主要用于装配作业及搬运作业。

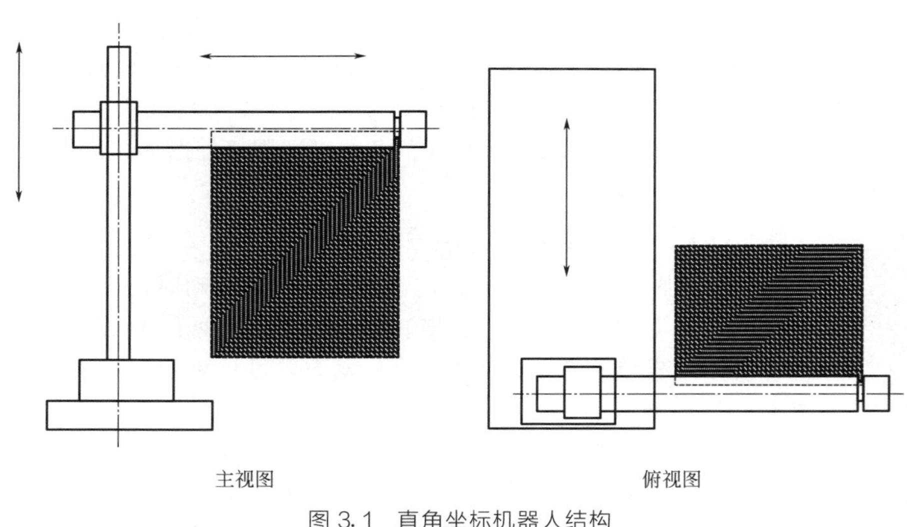

图 3.1 直角坐标机器人结构

例如，笛卡儿操作臂属于直角坐标机器人结构。笛卡儿操作臂很容易通过计算机控制实现，并容易达到高精度。但是有妨碍工作的可能性，且占地面积大，运动速度低，密封性不好。

笛卡儿操作臂的应用：

① 焊接、搬运、上下料、包装、码垛、拆垛、检测、探伤、分类、装配、贴标、喷码、打码、喷涂、目标跟随及排爆等一系列工作[27-30]。

② 特别适用于多品种、变批量的柔性化作业，对稳定提高产品质量，提高劳动生产率，改善劳动条件和产品的快速更新换代有着十分重要的作用。

3.3.2 圆柱坐标机器人结构

圆柱坐标机器人的空间运动是通过一个回转运动及两个直线运动实现的，如图3.2所示，其工作空间是一个圆柱状的空间。圆柱坐标机器人可以看作由立柱和一个安装在立柱上的水平臂组成，其立柱安装在回转机座上，水平臂可以自由伸缩，并可沿立柱上下移动，即该类机器人具有一个旋转轴和两个平移轴。这种机器人构造比较简单，精度较高，常用于搬运作业。

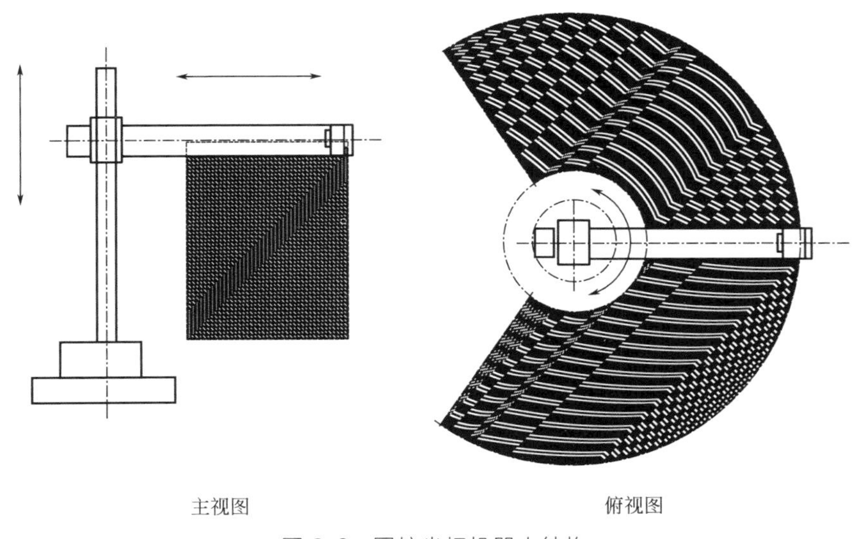

图3.2 圆柱坐标机器人结构

例如圆柱面坐标型操作臂。该操作臂的结构设计和计算均较简单，其直线运动部分可采用液压驱动，可以输出较大的动力，能够伸入型腔式机器内部。但是，其手臂可以到达的空间受限制，例如，不能到达近立柱或近地面的空间，直线驱动结构部分较难密封、需要防尘，工作时手臂的后端有碰到工作范围内其他物体的可能。

3.3.3 球坐标机器人结构

球坐标机器人结构的空间运动是由两个回转运动和一个直线运动实现的，其工作空间是一个类球形的空间，如图 3.3 所示。这种机器人结构简单、成本较低，但精度不很高，主要应用于搬运作业。

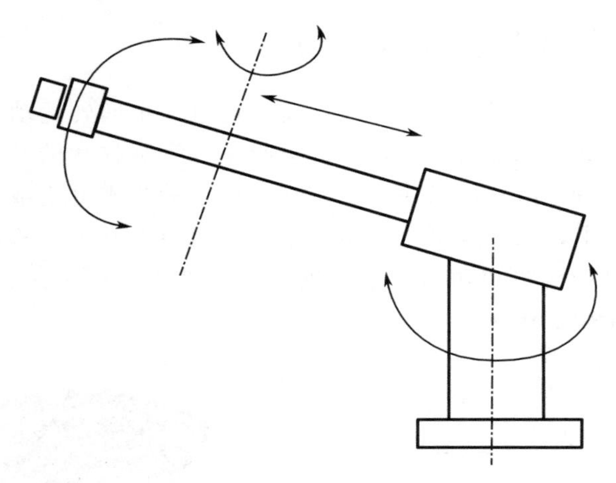

图 3.3 球坐标机器人结构

例如球面坐标型操作臂。该操作机手臂具有两个旋转运动和一个直线运动关节，按球坐标形式动作。该操作臂的中心支架附近工作范围大，两个转动驱动装置容易密封，覆盖工作空间较大。但是该坐标复杂，难以控制，且直线驱动装置存在密封难的问题。

3.3.4 关节型机器人结构

关节即运动副，指允许机器人手臂各零件之间发生相对运动的机构。

关节型机器人结构的空间运动是由三个回转运动实现的，如图 3.4 所示。关节型机器人结构，有水平关节型和垂直关节型两种。关节型机器人动作灵活，结构紧凑，占地面积小。相对机器人本体尺寸，关节型机器人的工作空间比较大。此种机器人的工业应用十分广泛，如焊接、喷漆、搬运及装配等作业都广泛采用这种类型的机器人。

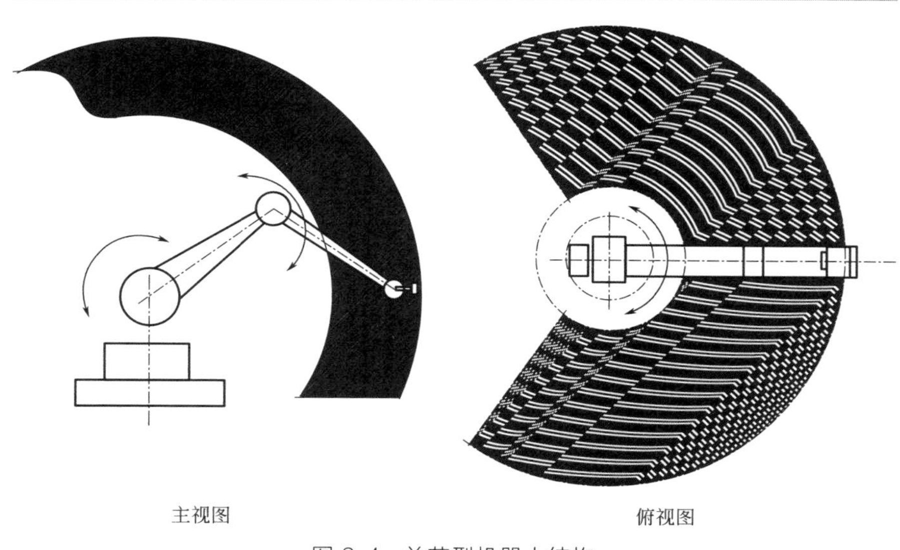

图 3.4 关节型机器人结构

例如铰链型操作臂。该机器人关节全都是旋转的，类似于人的手臂，是工业机器人中最常见的结构。铰链型操作臂的工作范围较为复杂，常应用在多个领域：

① 汽车零配件、模具、钣金件、塑料制品、运动器材、玻璃制品、陶瓷、航空等的快速检测及产品开发。

② 车身装配、通用机械装配等制造质量控制等的三坐标测量及误差检测。

③ 古董、艺术品、雕塑、卡通人物造型、人像制品等的快速原型制作。

④ 汽车整车现场测量和检测。

⑤ 人体形状测量、骨骼等医疗器材制作、人体外形制作、医学整容等。

3.3.5 其他结构

(1) 冗余机构

冗余机构通常用于增加结构的可靠性。空间定位需要六个自由度，七个自由度即冗余机构利用附加的关节帮助机构避开奇异位形。如图 3.5 所示为双臂机器人样机。

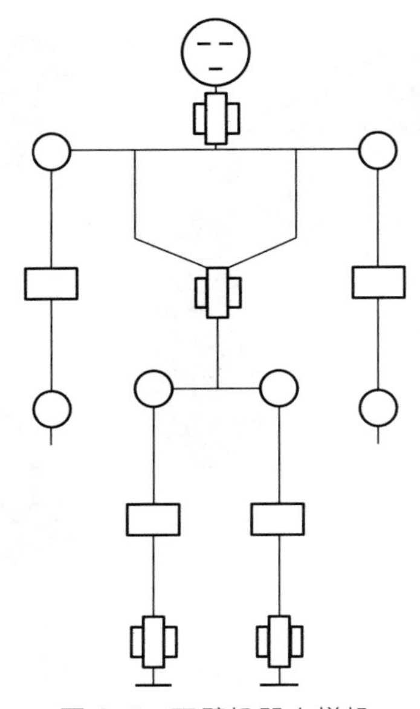

图 3.5 双臂机器人样机

○—三个自由度；□— 一个自由度

双臂机器人总共有 30 个自由度，其中单机械臂 7 个自由度，单腿 6 个自由度，腰关节 2 个自由度，头部 2 个自由度。

在自由度配置时，采用 7 自由度冗余机械臂以增加双臂机器人运动可靠性和灵活性，提高回避空间奇异位形和避障能力，双臂机器人的两手臂协调操作可扩展操作空间以及提高手臂抓取能力。手臂 7 个自由度均为旋转自由度，采用串联形式连接且相邻两个自由度相互垂直。每个旋转关节包含直流电动机、编码器和电动机驱动器等，此外，对于需要提供较高驱动力矩的关节采用谐波减速器、行星减速器和同步带进行二级或三级减速传动以增大关节驱动力矩。

（2）闭环结构

闭环结构常用于提高机构刚度，但会减小关节的运动范围，使工作空间减小。闭环结构可以用于下面情况：

① 运动模拟器。

② 并联机床。

③ 微操作机器人。

④ 力传感器。

⑤ 生物医学工程中的细胞操作机器人、可实现细胞的注射和分割。

⑥ 微外科手术机器人。

⑦ 大型射电天文望远镜的姿态调整装置。

⑧ 混联装备等。

3.4 机器人基本配置

机器人的分类或种类非常多，这与机器人基本配置密切相关。机器人配置主要是指机器人的末端件相对于机体的位置、方向及传动方式的安排。对于许多机器人专家或制造机器人的人来说，较为精确地定义机器人时的依据往往是基本配置。

通常，机器人的基本配置是以现有基本模块和元件及其相互组合为基础。使用这些基本模块和元件，机器人专家有多种方法可以将这些元素组合起来，从而制造出无限复杂的机器人。工业机器人也可以通过自制组装、添加人工智能元器件等得到应用。

从本质上讲，机器人是由人类制造的“动物”，它们是模仿人类和动物行为的机器，也可以看作是模仿人类或动物器官的集成，动物器官便是动物的基本配置。从这一角度看，典型的机器人应该有一套可移动的身体结构、一部类似于电动机的装置、一套传感系统、一个电源和一个用来控制所有这些要素的计算机“大脑”。

3.4.1 工业机器人组合

这里仅就模块化工业机器人的组合方法及组合模块构成原则等方面内容进行介绍。

(1) 模块化工业机器人的组合方法

模块化的方法和机器人技术结合在一起会产生另一个问题，即对于不同的任务会有不同组合装配设计，且需要在所有可行的设计中选出优选排序[31,32]。目前，模块化工业机器人的组合方法主要有面向任务构型法和图论法等。

① 面向任务构型法。面向任务的构型法主要是指基于机器人作业要求进行构型设计或组合。该方法对于作业要求少的情况，机器人构型方便。但当作业要求较多时，模块化机器人的构型空间大、难以针对任务具体构型设计且构型复杂，此时采用遗传算法和迭代算法对机器人构型进行搜索并优化设计较为适宜。遗传算法的优点是可以满足工作空间的

可达性、环境避障、线性误差及角度误差等要求。在遗传算法后，再运用迭代算法对构型进行运动学逆解求解，计算出空间工作点的可达性适应度。

② 图论法。图论本身是应用数学的一部分，历史上图论曾经被好多位数学家各自独立地建立过。例如，基于图论，用关联矩阵表达模块机器人的装配关系，由这种对称关系和图形结合建立等价关系，并产生异构装配的算法。以图论为基础，在重构设计中，把动力学和力学分析整合到设计过程里统筹考虑，增加了模块化机器人的优化程度，提高了设计效率。在图论基础上分析模块化机器人的装配并生成树图，得到模块化机器人的详细图集。也有学者采用组合数学理论对模块化机器人组合装配特性进行分析，他们把机器人的模块化单元划分为三类，分别是摆动单元、旋转单元及辅助单元，将这三类单元和组合数学理论结合在一起表达。

在现有的模块化机器人的设计组合方法中，面向任务法、图论法或者其他的数学组合的方法，在研究中多偏重于机器人的运动学及力学性能分析，多侧重于对机械臂等结构详细构成的研究[33,34]。从面对不同的环境、任务指令能够简单地得出所需的机器人模型这一方面来说，优秀的构型只是一个功能实现的基础。从宏观角度来看，虽然已经显露已有方法存在片面性，但是对于整个机器人产品生命周期这一条主线，快速的组合制造加工会使设计效率更高[35]。

(2) 工业机器人组合模块构成原则

在工业机器人设计中，采用组合模块化设计思路可以很好地解决产品品种、规格与设计制造周期和生产成本之间的矛盾。工业机器人的组合模块化设计为机器人产品快速更新换代，提高产品质量，维修方便及增强竞争力提供了条件[36,37]。随着敏捷制造时代的到来，模块化设计会越来越显示出其独到的优越性。

工业机器人组合模块构成原则主要包括两个方面。首先，组合模块在功能上和构造上是独立单元；其次，必须满足工业机器人每一个模块结构的基本要求。

1) 组合模块具有独立单元结构　组合模块在功能上和构造上是独立单元，意指该模块可以单独或者与其他模块组合使用，以构成具有特定技术性能和控制方式的工业机器人。独立单元模块在结构上可以分为机械模块、信息检测模块和控制模块。

① 机械模块。机械模块的功能是保证工业机器人具有一个或多个运动自由度的基本模块。机械模块一般包括操作机结构元件、配套传动及

驱动装置等，它们通常是构成机械模块的最小元件和零部件，并可以接通能源、信息和控制的外部联系。

② 信息检测模块。信息检测模块通常由驱动机构、转换机构、传感器及与控制系统联系的各种配套组合装置构成。该模块通常用于构成系统的闭环回路。

③ 控制模块。控制模块通常指在满足模块组合原则基础上构成的，用于不同等级控制的系统硬件及软件变形的控制。

2）工业机器人模块结构的基本要求　基本要求包括：

① 保证结构上和功能上的独立性。

② 保证设计的静态和动态特性。

③ 具有在不同位置和组合下与其他模块构成的可能性。

④ 模块可以连接具有标准化特征的各元件、管线及配套件。

⑤ 模块组装单元的标准化，包括单独单元、相近规格尺寸的组装及不同类型组件之间的组装等。

工业机器人组合模块构成原则的制定，对于专用工业机器人设计及构建柔性自动化工艺系统等具有重要的意义。依据组合模块构成原则，可以正确地组织工业机器人构成，确定操作机运动的自由度数目及传动类型，选择合适的传感器及控制系统，以便于确保该工业机器人能够顺利完成特定的工艺功能。另外，依据该原则易于建立基于该机器人的技术综合体，即柔性自动化工艺系统的柔性生产模块。还可以用来建造柔性辅助系统及搬运子系统，该方式便于实现自动化的管理，方便重新调整基本装备及完成毛坯、零件及工具流的起重运输及装卸工作等。

3.4.2 工业机器人主要组合模块

工业机器人组合模块设计时，其重要步骤是研制标准化的结构模块和配套件。这方面的工作量很大并且任务繁杂，只有当标准化结构模块和配套件具有一定规模和数量以后，工业机器人组合模块设计才会显现出特有的优势。其中，标准化结构模块包括机械模块、信息检测模块、控制模块及其他通用模块等。配套件包括驱动装置配件、传感器配件、程序控制装置配件、其他附属配件及夹具配件等。下面仅分别介绍几种典型工业机器人的相关模块。

图 3.6 给出了工业机器人主要结构的组合模块。

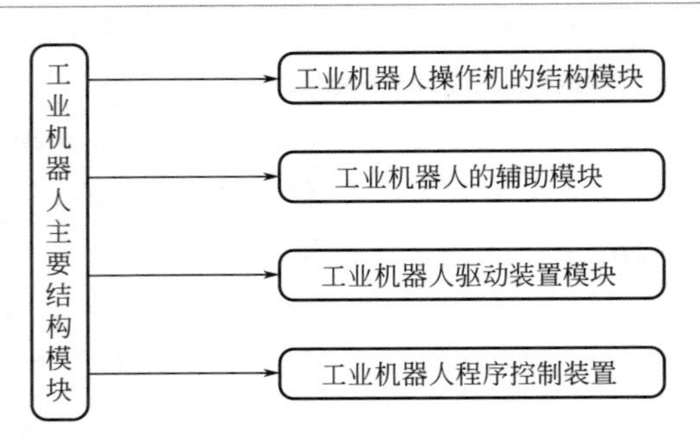

图 3.6 工业机器人主要结构的组合模块

图 3.6 中包括工业机器人操作机的结构模块、工业机器人的辅助模块、工业机器人驱动装置模块及工业机器人程序控制装置等。

图 3.7 给出了工业机器人操作机的主要结构模块。

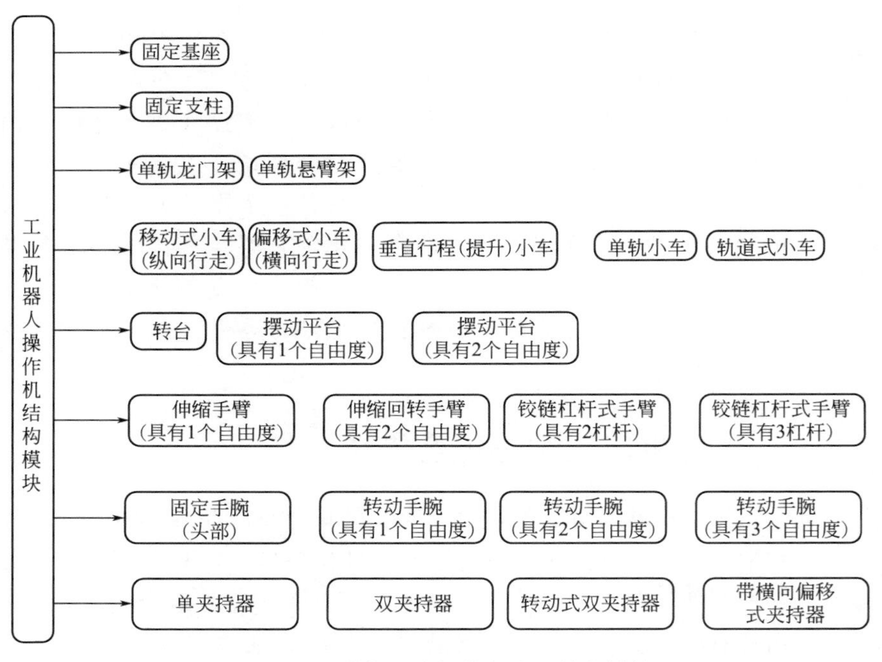

图 3.7 工业机器人操作机主要结构模块

图 3.7 中包括固定基座、固定支柱、单轨龙门架及单轨悬臂架；还包括多种小车、转台、手臂、手腕及夹持器等[38,39]。

图 3.8 给出了工业机器人的辅助模块。

图 3.8 中包括循环式工作台（加载的）、可换夹持器库、可换夹持器夹紧装置及手臂回转补偿机构等。

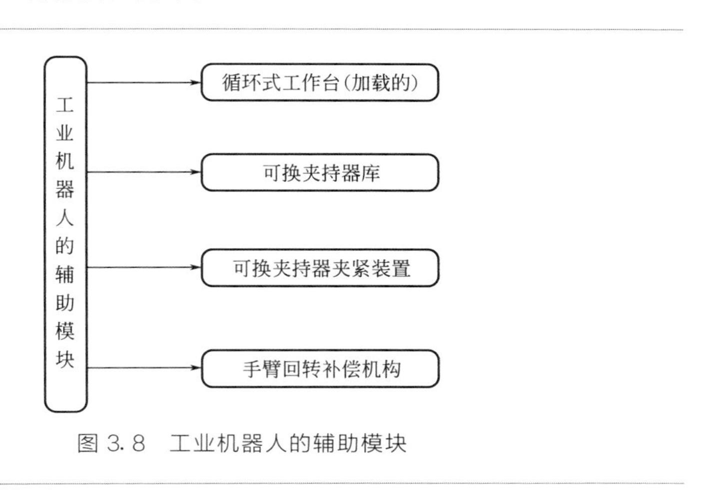

图 3.8 工业机器人的辅助模块

图 3.9 给出了工业机器人驱动装置模块。

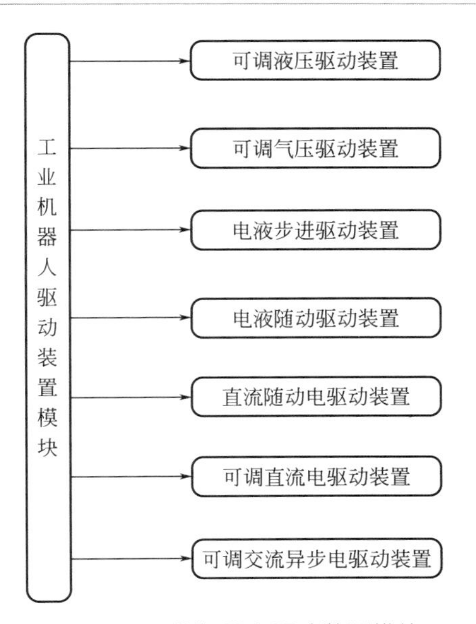

图 3.9 工业机器人驱动装置模块

图 3.9 中包括可调液压驱动装置、可调气压驱动装置、电液步进驱动装置、电液随动驱动装置、直流随动电驱动装置、可调直流电驱动装置及可调交流异步电驱动装置等。

图 3.10 给出了工业机器人程序控制装置。

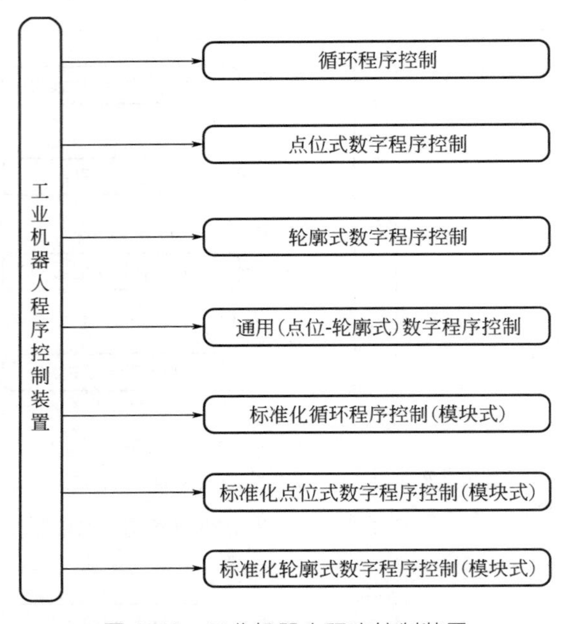

图 3.10 工业机器人程序控制装置

图 3.10 中包括循环程序控制、点位式数字程序控制、轮廓式数字程序控制、通用（点位-轮廓式）数字程序控制、标准化循环程序控制（模块式）、标准化点位式数字程序控制（模块式）及标准化轮廓式数字程序控制（模块式）等。

3.4.3 工业机器人配置方案

当工业机器人的基本技术参数明确后，依据标准化或现有的组合模块便可以实施其配置方案。最常用的配置形式是根据机器人操作机中所采用的关节种类、数量、布置方式等基本要求进行分类，可以分为直角坐标机器人、圆柱坐标机器人及极坐标机器人等。

下面仅以门架轨道式专用工业机器人为例讨论其配置方案问题。

门架轨道式专用工业机器人是工业机器人常用的形式。在门架轨道式机器人的配置方案中，除标准化夹持装置外，均可以由机械模块、驱动装置、程序控制装置及信息检测模块进行配置。

机械模块形式较多，应用方便[40-42]。它们是：托架、伸缩手臂、回转手臂、杠杆式双连杆手臂、杠杆式三连杆手臂、托架位移驱动装置、手臂伸缩驱动装置、肩回转驱动装置、手臂回转驱动装置、肘回转驱动装置、手臂摆动机构、手腕（头）伸缩机构、手臂杆件回转补偿机构、手腕回转机构、无调头装置的单夹持器头、带180°调头的单夹持器头、带90°和180°调头的双夹持器头、带180°调头的双夹持器头、带自动更换的夹持器并带90°和180°调头的单夹持器头。

（1）工业机器人直角平面式配置

直角平面式配置如图3.11(a)～(d)所示，该配置具有操作机结构和驱动装置机构简单的特点。

图3.11(a)中包含两个平移运动。配置模块包括：托架、伸缩手臂、托架位移驱动装置、手臂伸缩驱动装置及无调头装置的单夹持器头等。

图3.11(b)中包含三个平移运动，对比图3.11(a)，多了一套手臂及驱动装置。

图3.11(c)中包含三个平移运动及一个转动。配置模块包括：托架、手臂摆动机构、无调头装置的单夹持器头、伸缩手臂、托架位移驱动装置、手臂伸缩驱动装置。

图3.11(d)中包含三个平移运动。配置模块包括：托架、无调头装置的单夹持器头、伸缩手臂（2个）、托架位移驱动装置、手臂伸缩驱动装置（2个）。

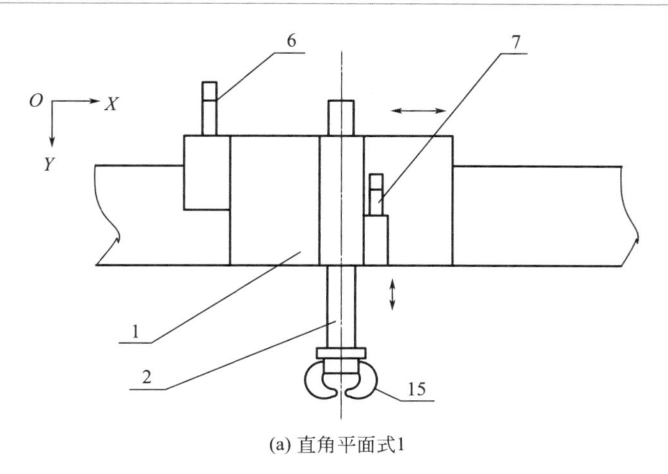

(a) 直角平面式1

1—托架；2—伸缩手臂；6—托架位移驱动装置；7—手臂伸缩驱动装置；
15—无调头装置的单夹持器头

图3.11

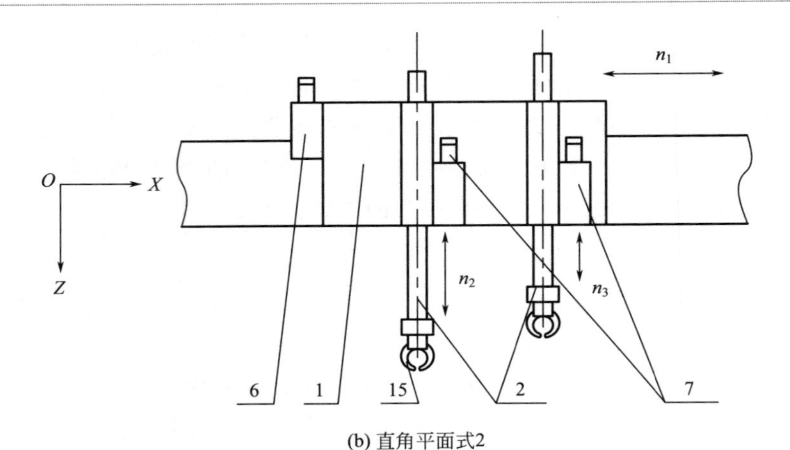

(b) 直角平面式2

1—托架；2—伸缩手臂（2个）；6—托架位移驱动装置；7—手臂伸缩驱动装置；
15—无调头装置的单夹持器头

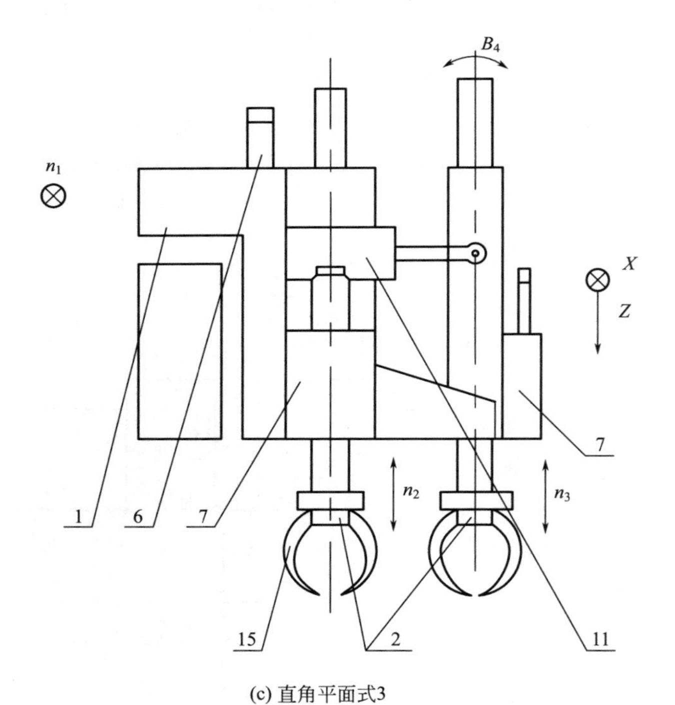

(c) 直角平面式3

1—托架；2—伸缩手臂；6—托架位移驱动装置；7—手臂伸缩驱动装置；
11—手臂摆动机构；15—无调头装置的单夹持器头

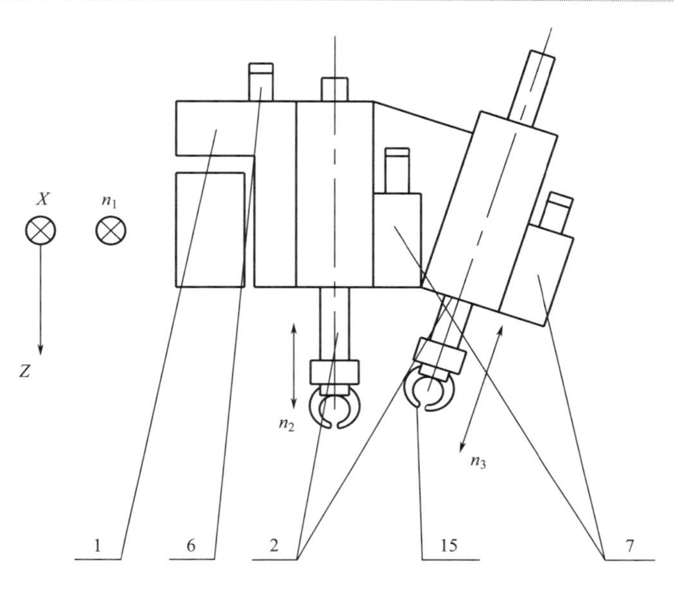

(d) 直角平面式4

1—托架；2—伸缩手臂；6—托架位移驱动装置；7—手臂伸缩驱动装置；
15—无调头装置的单夹持器头

图 3.11 工业机器人直角平面式配置

(2) 工业机器人极坐标圆柱式配置

极坐标圆柱式配置如图 3.12(a) ～(d) 所示，该配置可保证机械手臂有较高的机动灵活性，并能从工艺装备上方和侧方进行工作。

图 3.12(a) 中的配置包括包含两个平移运动及两个转动。包括：托架、托架位移驱动装置、肩回转驱动装置、手臂伸缩驱动装置、伸缩手臂、无调头装置的单夹持器头。

图 3.12(b) 中的配置包括两个移动及一个转动。包括：托架、回转手臂、托架位移驱动装置、手臂伸缩驱动装置、手臂回转驱动装置。

图 3.12(c) 中的配置包括：托架、托架位移驱动装置、手臂伸缩驱动装置、手臂回转驱动装置、回转手臂、手腕（头）伸缩机构、无调头装置的单夹持器头。

图 3.12(d) 中的配置包括：托架、托架位移驱动装置、手臂伸缩驱动装置、手臂回转驱动装置、回转手臂、手腕（头）伸缩机构、带 180°调头的单夹持器头。

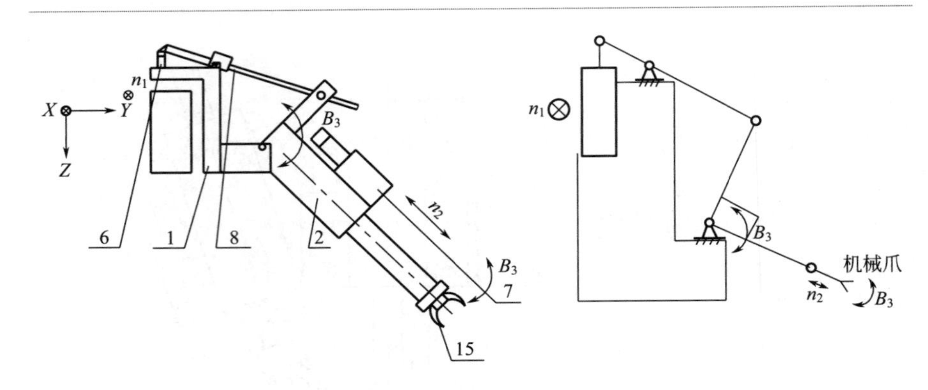

(a) 极坐标圆柱式1

1—托架；2—伸缩手臂；6—托架位移驱动装置；7—手臂伸缩驱动装置；
8—肩回转驱动装置；15—无调头装置的单夹持器头

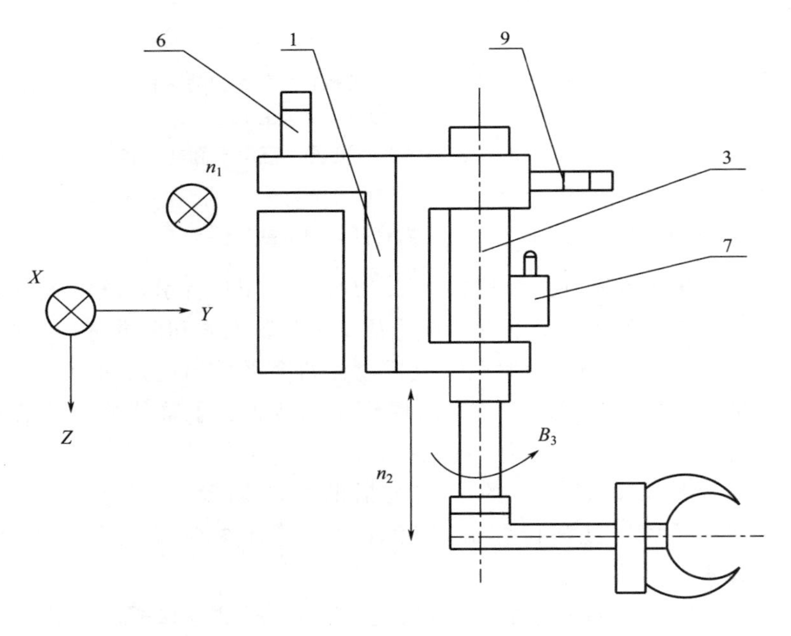

(b) 极坐标圆柱式2

1—托架；3—回转手臂；6—托架位移驱动装置；7—手臂伸缩驱动装置；
9—手臂回转驱动装置

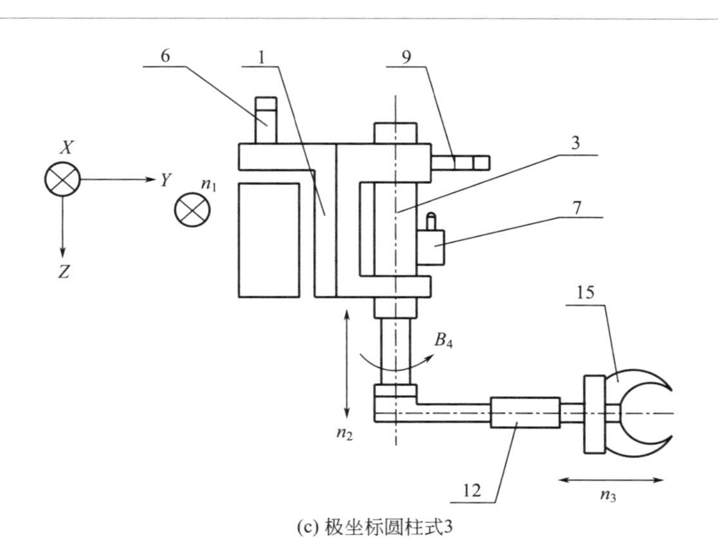

(c) 极坐标圆柱式3

1—托架；3—回转手臂；6—托架位移驱动装置；7—手臂伸缩驱动装置；9—手臂回转驱动装置；12—手腕（头）伸缩机构；15—无调头装置的单夹持器头

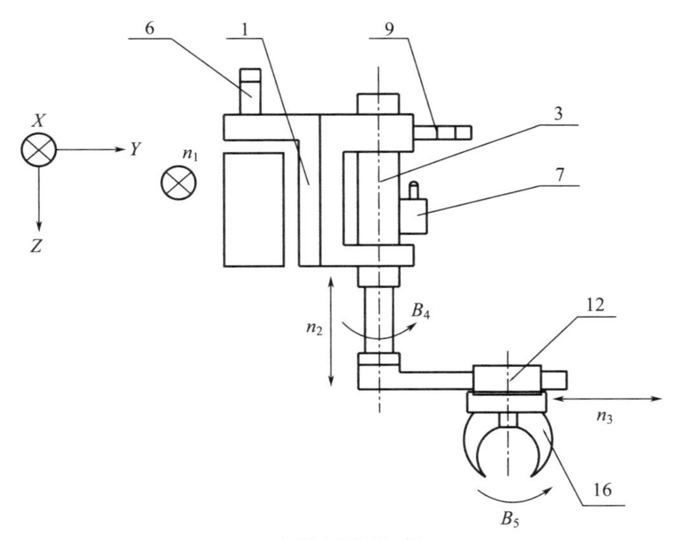

(d) 极坐标圆柱式4

1—托架；3—回转手臂；6—托架位移驱动装置；7—手臂伸缩驱动装置；9—手臂回转驱动装置；12—手腕（头）伸缩机构；16—带 180° 调头的单夹持器头

图 3.12 工业机器人极坐标圆柱式配置

(3) 工业机器人极坐标复杂式配置

极坐标复杂式配置如图 3.13(a)～(d) 所示，该配置具有最大的机动灵活性。由于有手臂杆件回转角补偿平移机构，能保证夹持器头（手腕）稳定的角位置，这种配置与直角平面式、极坐标圆柱式相比较为复杂，它们通常用在要求具有综合作业能力的机器人中。

图 3.13(a) 中的配置包括：托架、托架位移驱动装置、肩回转驱动装置、肘回转驱动装置、杠杆式双连杆手臂、带 180°调头的单夹持器头。

图 3.13(b) 中的配置包括：托架、托架位移驱动装置、肩回转驱动装置、肘回转驱动装置、杠杆式双连杆手臂、带 180°调头的单夹持器头、手腕（头）伸缩机构。

图 3.13(c) 中的配置包括：托架、托架位移驱动装置、肩回转驱动装置、肘回转驱动装置、杠杆式三连杆手臂、带 180°调头的单夹持器头、手臂杆件回转补偿机构、手腕回转机构。

图 3.13(d) 中的配置包括：托架、托架位移驱动装置、肩回转驱动装置、肘回转驱动装置、杠杆式三连杆手臂、带 180°调头的单夹持器头、手腕（头）伸缩机构、手臂杆件回转补偿机构、手腕回转机构。

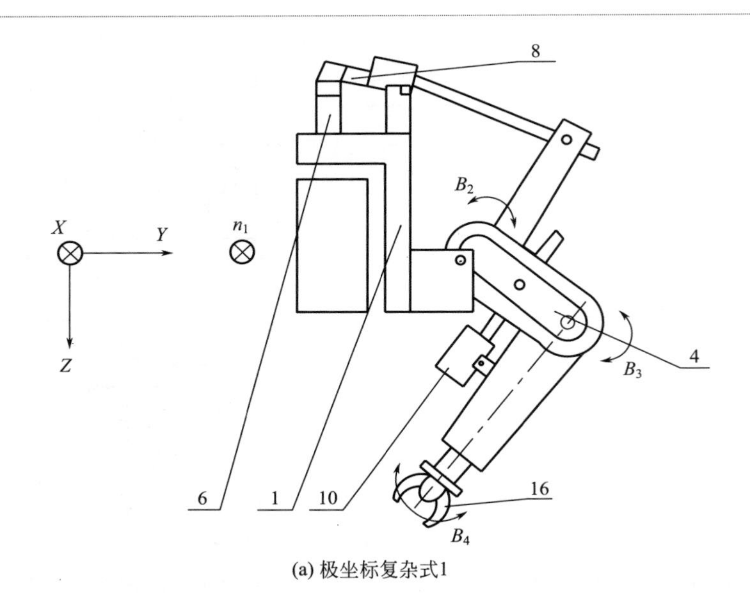

(a) 极坐标复杂式1

1—托架；4—杠杆式双连杆手臂；6—托架位移驱动装置；8—肩回转驱动装置；
10—肘回转驱动装置；16—带 180° 调头的单夹持器头

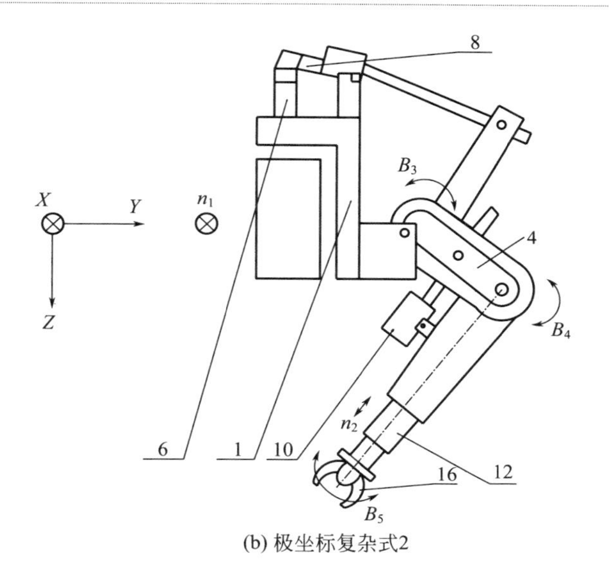

(b) 极坐标复杂式2

1—托架；4—杠杆式双连杆手臂；6—托架位移驱动装置；8—肩回转驱动装置；
10—肘回转驱动装置；12—手腕（头）伸缩机构；16—带 180° 调头的单夹持器头

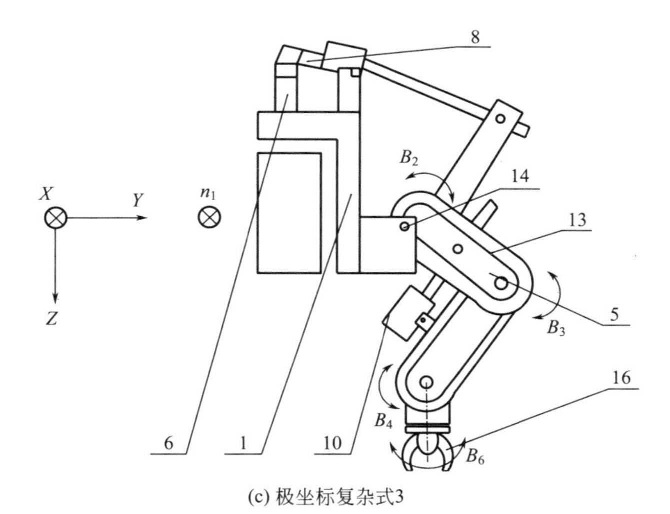

(c) 极坐标复杂式3

1—托架；5—杠杆式三连杆手臂；6—托架位移驱动装置；8—肩回转驱动装置；
10—肘回转驱动装置；13—手臂杆件回转补偿机构；14—手腕回转机构；
16—带 180° 调头的单夹持器头

图 3.13

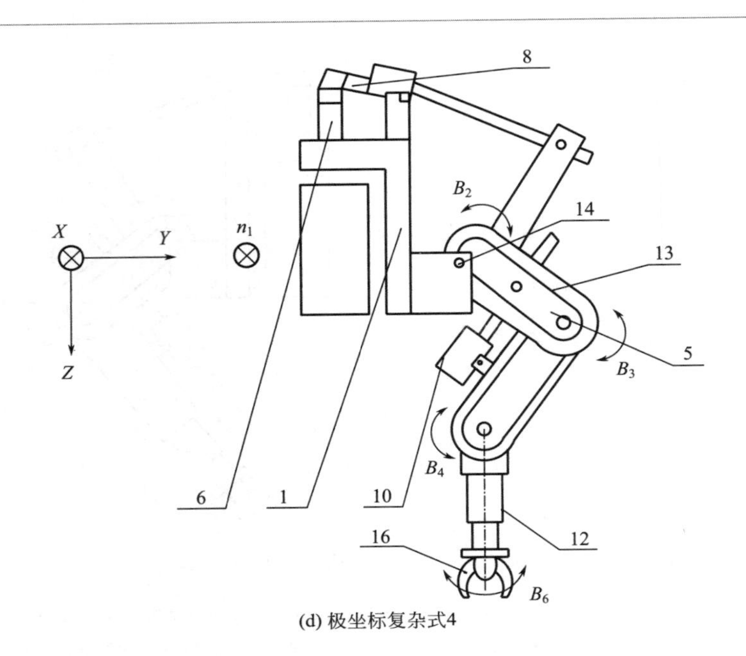

(d) 极坐标复杂式4

1—托架；5—杠杆式三连杆手臂；6—托架位移驱动装置；8—肩回转驱动装置；10—肘回转驱动装置；12—手腕（头）伸缩机构；13—手臂杆件回转补偿机构；14—手腕回转机构；16—带 180° 调头的单夹持器头

图 3. 13　工业机器人极坐标复杂式配置

3.5 机器人系统配套及成套装置

3.5.1 工业机器人操作机配套装置

要使机器人运行起来，必须给各个关节即每个运动自由度安置配套装置或传动装置。配套装置可以提供机器人各部位、各关节动作的原动力等。

当工业机器人操作机配套装置作为驱动系统时，可以是液压传动、气动传动、电动传动或者把它们结合起来应用的综合系统，也可以是直接驱动或者是通过同步带、链条、轮系、谐波齿轮等机械传动机构进行的间接驱动。不同驱动装置具有不同的特点。

（1）电驱动装置

电动驱动装置的能源简单，速度变化范围大，效率高，速度和位置精度都很高。但它们多与减速装置相连，直接驱动比较困难。

工业机器人的电驱动装置按技术特性来说有多种形式，它与所采用的电动机有关，可分为直流伺服电动机驱动、交流伺服电动机驱动、步进电动机驱动、谐波减速器电动机驱动及电磁线性电动机驱动等。直流伺服电动机电刷易磨损，且易形成火花，因此无刷直流电动机得到了越来越广泛的应用。步进电动机驱动多为开环控制，控制简单但功率不大，多用于低精度小功率机器人系统。谐波减速器电动机结构简单、体积小、重量轻、传动比范围大、承载能力大、运动精度高、运动平稳、齿侧间隙可以调整、传动效率高、同轴性好，可向密闭空间传递运动及动力，并实现高增速运动及差速传动等。

电驱动装置在上电运行前要作如下检查：

① 电源电压是否合适（例如，过压很可能造成驱动模块的损坏）；对于直流输入的正负极一定不能接错；驱动控制器上的电动机型号或电流设定值是否合适，例如，开始时不要太大。

② 控制信号线接牢靠，工业现场最好要考虑屏蔽问题，例如，采用双绞线。

③ 开始时只连成最基本的系统，不要把需要的线全部接上，只有当运行良好时，再逐步连接。

④ 一定要搞清楚接地方式或采用浮空不接。

⑤ 开始运行的半小时内要密切观察电动机的状态，如运动是否正常，声音和温升情况等，发现问题立即停机调整。

（2）液压驱动装置

液压驱动是通过高精度的缸体和活塞来完成，通过缸体和活塞杆的相对运动实现直线运动。特点是功率大，可省去减速装置直接与被驱动的杆件相连，结构紧凑，刚度好，响应快，其伺服驱动具有较高的精度。但是，液压驱动装置需要独立的液压源（泵站）、管道及油源冷却装置，并且价格贵、笨重，漏油及调整工作成本高等，不适合高、低温的场合。液压系统的工作温度一般控制在30～80℃为宜，故液压驱动多用于特大功率的机器人系统。

液压驱动装置具有良好的静态、动态特性及较高的效率，因此具有液压、电液调节及随动调节驱动装置的工业机器人得到了广泛的应用，此类工业机器人能在自身尺寸小、重量轻的情况下输出较大的扭矩。

(3) 气压驱动装置

气压的工作介质是压缩空气。气压驱动系统通常由气缸、气阀、气罐和空压机组成，其特点是气源方便、动作迅速、结构简单、造价较低及维修方便。但是，气压不可以太高，抓举能力较弱，难以进行速度控制。在易燃、易爆场合下可采用气动逻辑元件组成控制装置，多用于实现两位式的或有限点位控制的中小机器人中。

气压驱动装置的特点是：控制简单、成本低、可靠、没有污染，有防爆及防火性能。当在不需要大扭矩或大推力的情况下，工业机器人可以采用气压驱动装置。但是，工业机器人气压驱动装置静刚度不高，难以保持预定速度及实现精确定位，并且必须有专用储气罐及防锈蚀的润滑装置。

目前，工业机器人广泛应用的是成套电液驱动装置。因为成套电液驱动装置在恒定转矩的情况下，具有调速范围宽的特点，可以实现较大范围的回转及直线运动。

(1) 带谐波齿轮减速器的电驱动装置

在工业机器人中广泛应用的是带谐波齿轮减速器电驱动装置、直流成套可调及直流随动电驱动装置。电驱动装置的部件包括电动机、变换器、变换器控制装置、电源电力变压器、电枢电路的扼流线圈、内装测速发电机、位移传感器、谐波齿轮减速器及电磁制动器等。

① 手臂回转用电驱动装置。以 P-40 型工业机器人操作机手臂回转用电驱动装置机构为例。该装置为带谐波齿轮减速器的成套电动机构，可以用于操作机的手臂杆件的回转，如图 3.14 所示。

图 3.14 中包括：电动机、测速发电机、位置传感器及驱动装置、波发生器、齿形带传动、联轴器、箱体、轴承、罩、柔轮、刚轮、齿轮、挡块、偏心轮及行程开关等。

图 3.14 给出了 P-40 型工业机器人操作机手臂回转用电驱动装置机构。在谐波齿轮减速器箱体上另外安装附加箱体，该附加箱体上固定着电动机、测速发电机及电位器式位置传感器驱动装置等。

在电动机的轴上安装带轮，通过齿形带与齿形带轮的组件相连，而齿形带轮固定在谐波减速器输入轴上。其中，齿形带轮组件的一个带轮通过传感器齿形带与传感器的齿形带轮相连，该齿形带轮安装在传感器驱动装置输入轴上。在齿形带轮的一端固定测速输出轴，通过该测速输出轴使带轮附加支承在相应的轴承上。

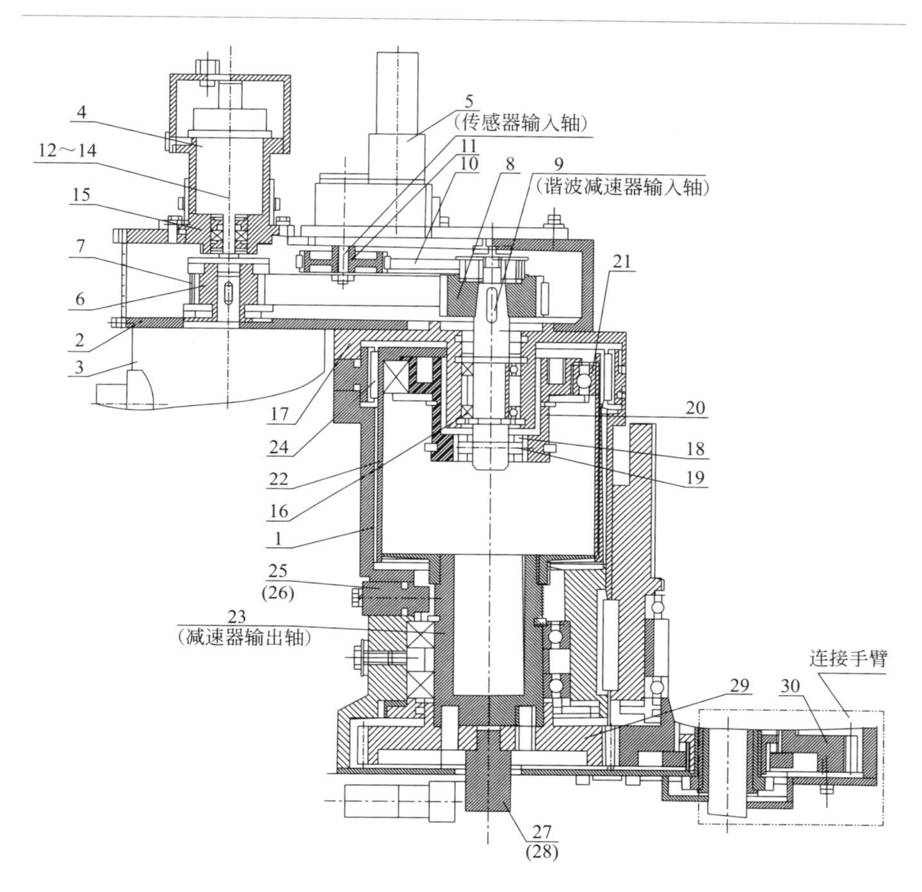

图 3.14 P-40型操作机手臂回转用电驱动装置机构

1—谐波齿轮减速器箱体；2—附加箱体；3—电动机；4—测速发电机；5—位置传感器驱动装置；6—带轮；7—齿形带；8—齿形带轮；9—谐波减速器输入轴；10—传感器齿形带；11—传感器的齿形带轮；12—测速输出轴；13—轴承；14—联轴器；15—套筒；16—谐波齿轮减速器轴承；17—罩；18—环；19—销钉；20—波发生器；21—柔性轴承；22—柔轮；23—减速器输出轴；24—刚轮；25—可动挡块；26—固定挡块；27—偏心轮；28—行程开关；29—减速器输出轴的齿轮；30—手臂套筒的齿轮

通过联轴器将测速输出轴与测速发电机的轴相连，测速发电机的壳体装在套筒中，而该套筒由法兰固定在附加箱体的机体上。

谐波减速器输入轴安装在自身机体的轴承上，该轴承覆盖在罩内，波发生器通过环和销钉与谐波减速器输入轴相连。波发生器做成椭圆形，在其外表面固定柔性轴承，当谐波减速器轴旋转时，柔性轴承沿着柔轮的内表面滚动。该柔轮做成薄壁筒形，用法兰与减速器的输出轴刚性连接，柔轮通过波发生器的作用，在其最大径向变形范围内与固定刚轮相啮合。

用可动挡块、固定挡块来限定减速器输出轴的转角。

在减速器输出轴的一端固定有齿轮，并与固装在操作机手臂套筒上的齿轮啮合。在减速器输出轴的自由端装有偏心轮，该偏心轮用以控制行程开关。

② 手臂单自由度机电传动的驱动装置。以 P-4 型工业机器人操作机手臂驱动装置为例，如图 3.15 所示。该装置为单自由度机电传动的驱动装置。

图 3.15 中包括：电动机、谐波齿轮减速器、联轴器、位置编码器、柔性轴承、刚轮、托架、齿形带传动、轴、轴承、套筒、弹簧、凸轮及机体等。

图 3.15 中，驱动装置可以用于单自由度手臂的通用结构，该驱动装置包括电动机、装在机体中的谐波齿轮减速器、固定在托架上的角位置编码器和测速发电机。其中，测速发电机直接固定在电动机的罩上，并用联轴器与电动机转子相连。电动机的轴与谐波齿轮减速器空心轴刚性连接，该空心轴的附加支承在空心轴的轴承上，减速器输出轴在该轴承的内孔中。并且左端轴承内环压配在空心轴上，该轴与减速器输出轴同时实现滚珠联轴器的功能，将扭矩传到附加支承轴承及谐波齿轮减速器输入轴上。为了能传递扭矩，可以在谐波齿轮减速器输入轴的轴端部开槽，在其槽中放置左端轴承的滚珠。左端轴承的外环安装在沿轴运动的套筒中，靠弹簧将外环始终压向滚珠，以保证左端轴承中的张紧力。

在具有径向间隙的谐波齿轮减速器输入轴上固定有波发生器的专用成形凸轮，补偿凸轮联轴器与谐波齿轮减速器输入轴相连，用该补偿凸轮联轴器保证波发生器在工作过程中自动调整。在专用成形凸轮上安装的柔性轴承与柔轮相互作用，该柔轮为从动柔轮。为了使柔轮与机体中固定刚轮在两个最大径向变形区内啮合，从动柔轮需要与减速器输出轴相连，该输出轴装在轴承上。

该机构中也采用了齿形带传动进行减速运动，齿形带传动的零部件包括：装在减速器输入轴上的带轮、传感器轴上的带轮和齿形带等。

（2）液压与气动式手臂回转装置

以 MS5-R 型组合模块工业机器人操作机手臂回转传动装置为例，如图 3.16 所示。该装置为液压与气动驱动手臂回转装置。

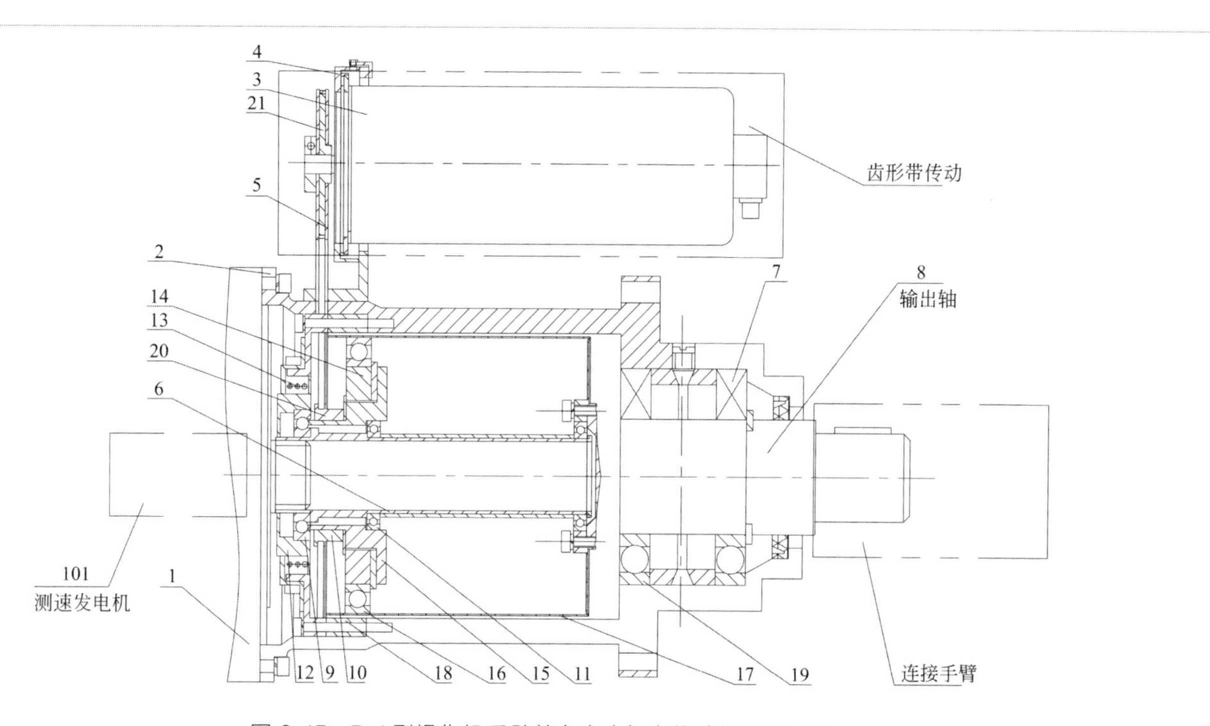

图 3.15 P-4型操作机手臂单自由度机电传动的驱动装置

1—电动机；2—机体；3—角位置编码器；4—托架；5—齿形带；6—谐波齿轮减速器空心轴；7—空心轴的轴承；8—减速器输出轴；9—左端轴承；10—谐波齿轮减速器输入轴；11—附加支承轴承；12—套筒；13—弹簧；14—专用成形凸轮；15—补偿凸轮联轴器；16—柔性轴承；17—动柔轮；18—固定刚轮；19—输出端轴承；20—减速器输入轴端的带轮；21—传感器轴上的带轮；101—测速发电机

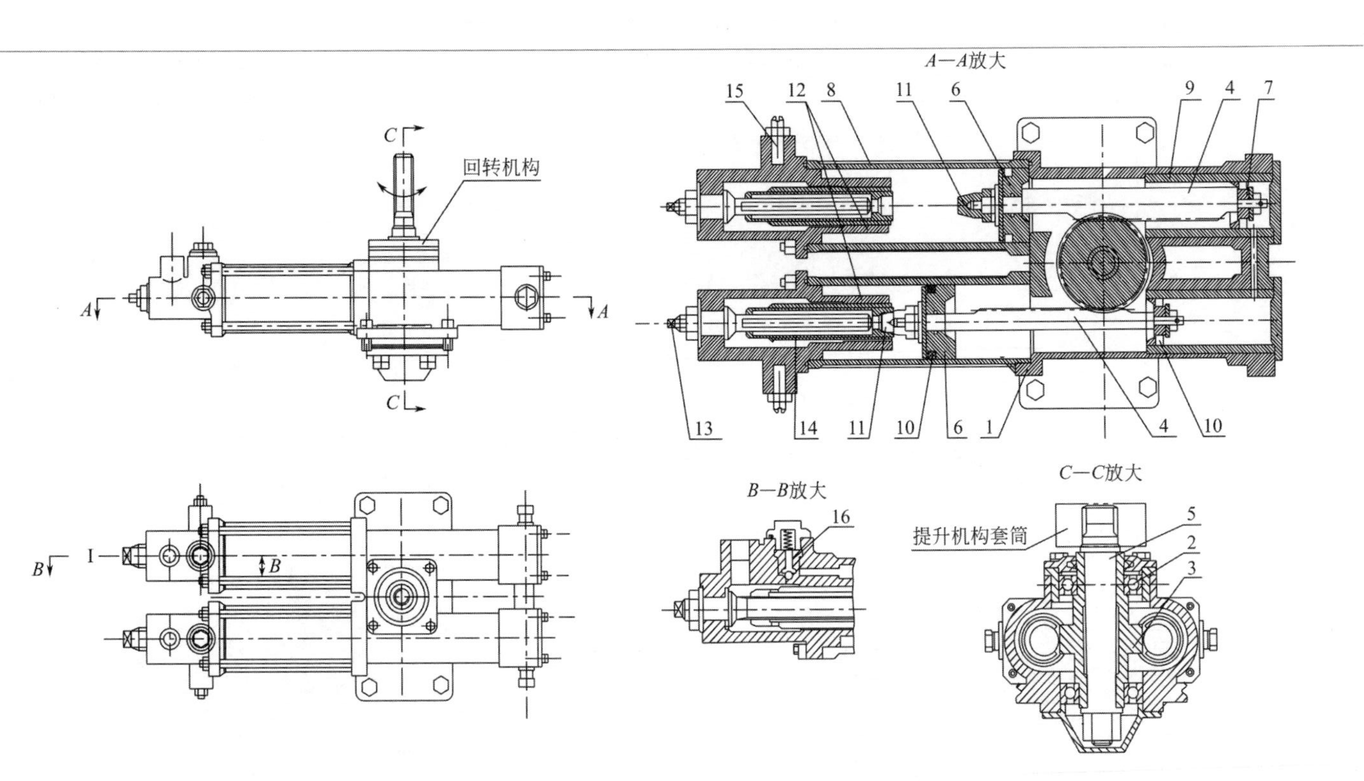

图 3.16　MS5-R 型液压与气动式手臂回转驱动装置

1—机体；2—滚动轴承；3—齿轮轴；4—齿条；5—花键轴；6—液压缸活塞；7—气缸活塞；8—液压缸；9—气缸；10—U 形密封圈；11—液压缓冲器；12—缸体端盖；13—方柄小轴；14—衬套；15—节流阀；16—单向阀

图 3.16 中包括：机体、滚动轴承、齿轮轴、齿条、花键轴、活塞、液压缸、气缸、U 形密封圈、液压缓冲器、缸体端盖、方柄小轴、衬套、节流阀及单向阀等。

图 3.16 中，该手臂回转装置安装在机体中，在滚动轴承上安装有带齿轮的轴，齿条与该齿轮轴的齿轮相啮合。在齿轮轴内部装有花键轴，该花键轴和提升机构的套筒相连接。在齿条上相应地安装着两个活塞，两个活塞分别对应在液压缸及气缸的内部。液压缸活塞、活塞杆及缸套的连接是由 U 形密封圈沿带液压缓冲器的液压缸活塞工作表面的方向加以密封的。

在缸体端盖上安装有做扳手用的方柄小轴，该方柄小轴的花键部分嵌入衬套中，当方柄小轴旋转时，衬套就沿螺纹移动。该衬套上开有液压缓冲器用的槽。旋转方柄小轴可以改变套筒的位置，亦即改变液压缸活塞和气缸活塞的位移（或行程），同时亦能够改变操作机手臂的转动角。此外，在缸体端盖上装有节流阀，当制动时用该节流阀来改变速度。

单向阀用来控制液压缸的工作腔供油，该回转机构由气液转换器驱动。当向液压缸的工作腔中注入油时，此时向液压缸一个工作腔注入压力油，则液压缸另一个腔与排油端相连。在液压缸活塞之一产生压力时，液压缸活塞则由一端极限位置移动到另一端，同时实现花键轴的转动。此时，另一缸的液压缸活塞被强制推到挡块上进入衬套中。当液压缓冲器进入衬套的孔中时，便逐步遮住缝隙，从而实现整个机构的制动。当另一缸的工作腔注入油时，花键轴则进行换向转动。

当气缸活塞产生作用力时，气缸是用来在齿轮-齿条传动中自动选择间隙的。因此，气缸的工作腔及彼此之间与从管路来的空气存储器应该始终保持连接。

(3) 气动式手臂提升回转装置

以 P-1 型工业机器人操作机手臂装置为例，如图 3.17 所示。该装置为气动式手臂提升回转机构。

图 3.17 中包括：固定横梁、立柱、导向套、框架、压盖、气液变换器、可动横梁、轴承、中心活塞杆、平台、套筒、花键轴、气缸、制动缸、杠杆、托架及转动机构等。

图 3.17 中，该装置是由四个立柱及固定横梁组成的刚性支承结构。在固定横梁有中心孔，用以安装导向套。四个立柱分别用压盖刚性固定在框架上。在固定横梁上还装有两个气液变换器，该气液变换器为转动机构所用。可动横梁上有圆锥滚子轴承。在可动横梁的上方安装有平台，

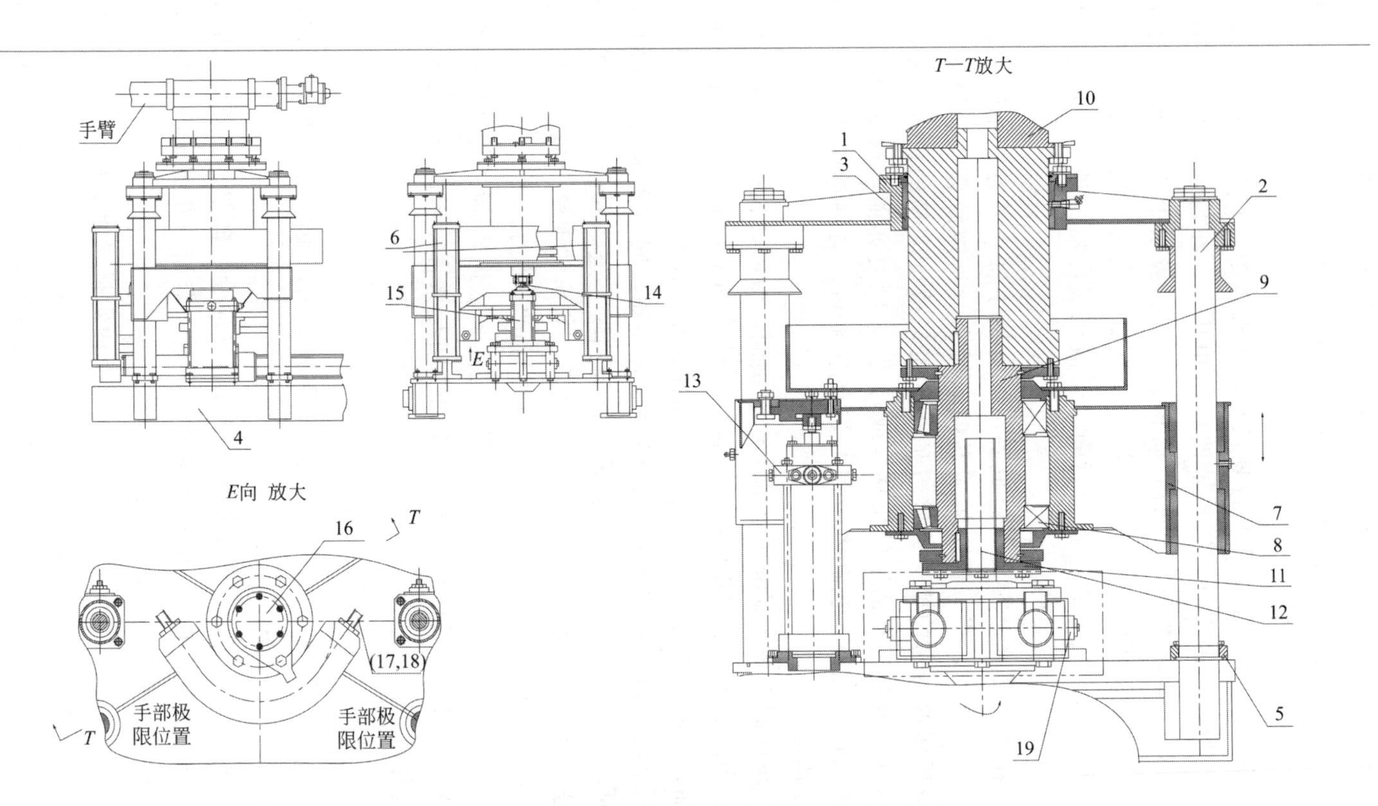

图 3.17 P-1型工业机器人气动式手臂提升回转装置

1—固定横梁；2—立柱；3—导向套；4—框架；5—压盖；6—气液变换器；7—可动横梁；8—圆锥滚子轴承；9—中心活塞杆；10—平台；11—套筒；12—花键轴；13—气缸；14—可调螺钉；15—制动缸；16—杠杆；17—螺钉；18—托架；19—转动机构

该平台上可安装各种结构形式的手臂，在可动横梁下方则安装套筒，该套筒用以连接转动机构的花键轴。

可动横梁由两个气缸来驱动。当该可动横梁提升时，一旦到达气缸的活塞杆行程终点便能实现自动制动。当可动横梁下降时，该横梁要与制动缸的可调螺钉相碰，并与此制动缸的活塞杆一起向下运动，直到碰到压盖的挡块为止。

上方平台转动角的调节可按照以下方式进行：在中心活塞杆上固定着杠杆，通过杠杆可以使平台在设定的角度范围内转动。该杠杆由螺钉相对于托架来调节；当托架在导向槽内挪动后便用螺钉固定。

(4) 其他配置

要保证机器人的正常运行，除了对其动作进行原动力的配置外，还必须有支撑各个关节运行的其他配置。其他配置方式和结构多且杂[45,46]，在此仅对气电配置和减速器机构进行简单介绍。

① 气电配置模块。气电配置模块的作用是用于将电源传输到电动机和测速发电机，接通反馈传感器传输到信息通道等。气电配置模块也用于实现压缩空气、电能及信息通道的中转传输，通过中转传输到执行电动机，将机器人后续模块反馈到传感器等。

以 P25 型工业机器人转动模块的气电配置模块为例，如图 3.18 所示。

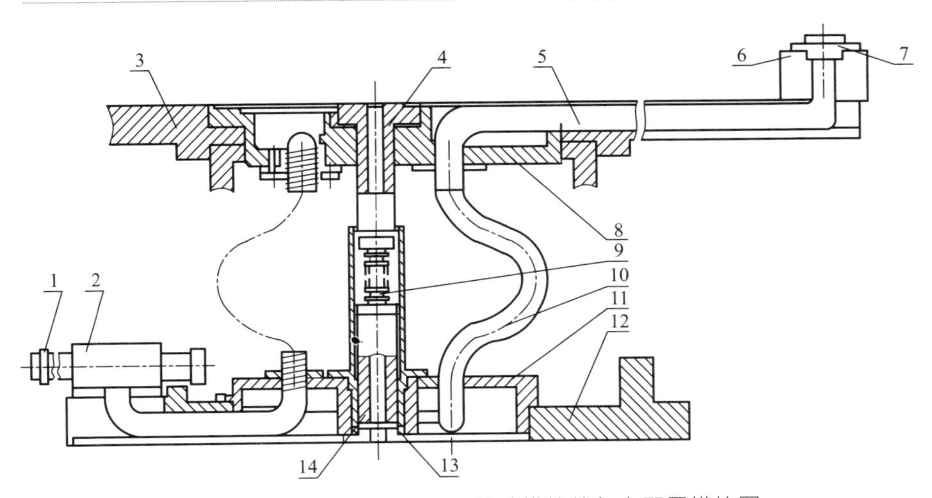

图 3.18 P25 型工业机器人转动模块的气电配置模块图

1—输入接头；2—安装箱；3—平台；4—导管；5—电缆；6—支架；7—输出接头；8—上盖；9—波纹管；10—软金属接头；11—下盖；12—转台机体；13—橡胶圈；14—环形体

图 3.18 中包括：安装箱、输入接头、软金属接头、平台、导管、支架、输出接头、上盖、下盖、波纹管、机体、橡胶圈及环形体等。

图 3.18 中，气电配置单元的基本部分是中继电缆单元。它包括若干个输入接头、输出接头、安装箱及若干根电缆等。其中，电缆用于模块固定部分与可动部分之间的能量和信息传输。输出接头固接在平台的支架上。模块固定部分和可动部分之间的联接是通过若干个软金属接头来实现的，其下法兰固定在下盖上，而上法兰则固定在上盖上。下盖装在转台机体上，上盖刚性固接在平台上。

在平台中间位置，由软金属接头组成回路，该回路允许转动平台在一定范围内旋转。

由模块固定部分输送压缩空气到转动部件是靠空气导管来实现的，其上法兰固定在上盖上。空气导管下部用橡胶圈密封与环形体旋转连接，空气导管上、下部分的气密连接用波纹管来实现，它能补偿上盖和下盖连接孔的不同心度。

② 减速器机构。以 P25 型工业机器人转动模块的减速器机构为例，如图 3.19 所示。

图 3.19 中包括：蜗杆轴、蜗轮、联轴器、测速发电机及位置传感器等。

图 3.19 中，采用一定传动比的四头蜗杆传动，电动机连接蜗杆轴和蜗轮作为减速器的第一级传动。或者采用一定传动比的单头蜗杆，例如用于焊接机器人的减速器。从蜗轮到转台的转动是靠圆柱齿轮减速器来实现的。

减速器具有两个平行运动链：齿轮 3→齿轮 4→齿轮 5 和齿轮 3→齿轮 6→扭杆 7→齿轮 8。齿轮 5 和 8（这里相当于第 1 和第 2 能量流）与转台上的齿轮 9 联接。减速器中齿轮传动的传动比一定。齿轮减速器通过扭杆预紧的方法，实现一定的力矩来消除间隙。

由蜗杆轴通过联轴器带动速度传感器，该速度传感器安装在测速发电机上。在转台上安装的电位器式位置传感器与减速器相连是通过锥齿轮来实现的。

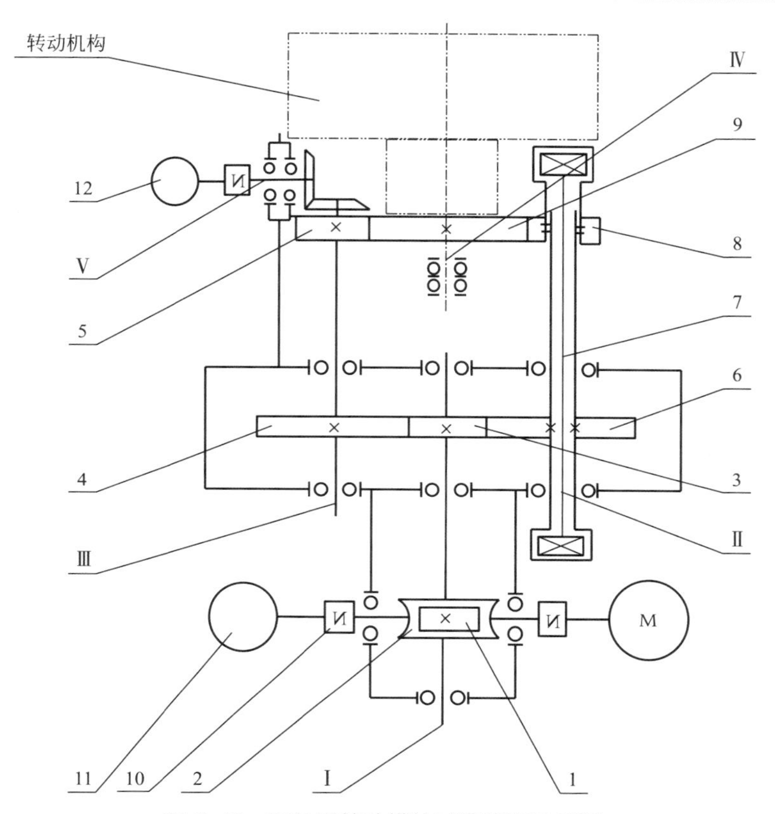

图 3.19 P25 型转动模块减速器运动原理

1—蜗杆轴；2—蜗轮；3~6，8，9—齿轮；7—扭杆；10—联轴器；
11—测速发电机；12—位置传感器

3.5.2 工业机器人操作机成套装置

工业机器人操作机成套设备意指生产机器人所用的联合装置。机器人成套设备种类多且包括面广，以下仅举例简单介绍。

（1）气压驱动手臂/手腕/夹持装置

以 P01 型工业机器人手臂/手腕/夹持装置为例，如图 3.20 所示。该装置是带气压缸驱动的，集手臂/手腕/夹持于一体的成套装置。

图 3.20 中包括：双作用气压缸、单作用气缸、管道、活塞、活塞杆、手腕、联轴器、拉杆、齿条、液压缓冲器、马达、马达转子、管接头、轴承、叶片、挡块、法兰、杠杆机构、钳口及波纹护板等。

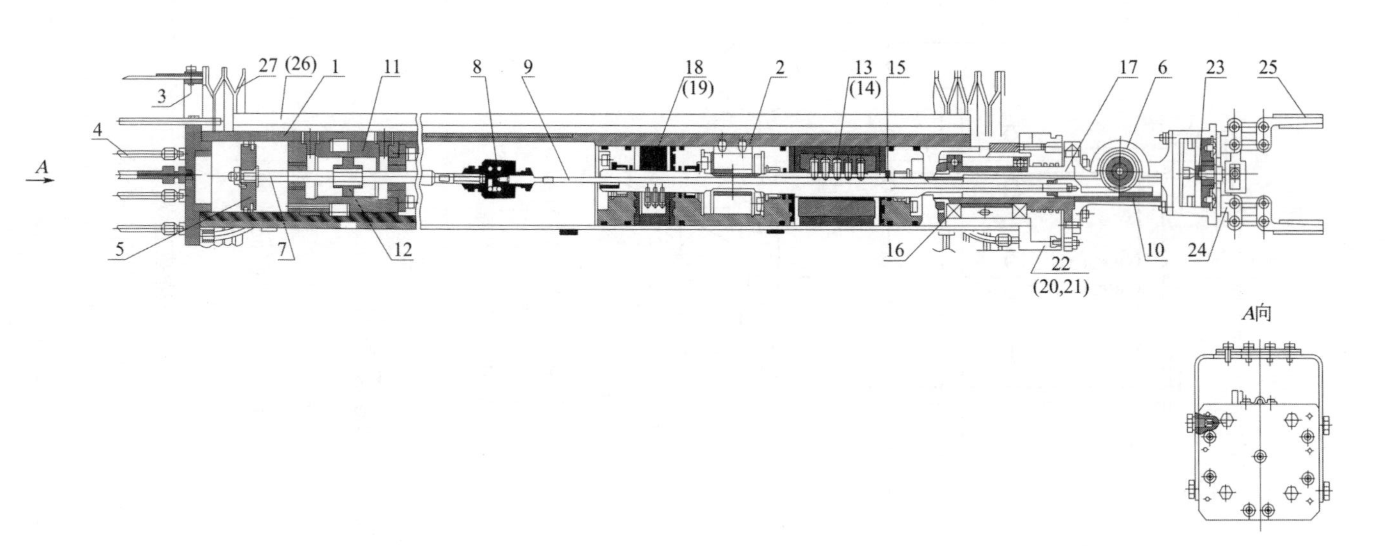

图 3.20　P01 型气压驱动手臂/手腕/夹持机构

1—双作用气压缸;2—单作用气缸；3,22—法兰；4—空气管道；5—双作用气压缸活塞；6—手腕；7—双作用气压缸的活塞杆；8—滚珠联轴器；9—拉杆；10—刚性齿条，即手腕摆动齿条；11—左液压缓冲器；12—左液压缓冲器活塞；13—摆动气动马达；14—管接头；15—马达转子；16—马达转子用轴承；17—带法兰主轴；18—中部液压缓冲器；19—叶片（液压缓冲器中）；20—挡块；21—滚珠；23—单作用气缸活塞杆；24—杠杆机构；25—钳口；26—手臂轴向移动机构的齿条；27—波纹护板

图 3.20 中，给出了 P01 型带直线及回转运动的气压驱动装置，该装置是包含手臂、手腕及夹持器的综合结构。手臂机体是由双作用气压缸和单作用气压缸串联而成。在双作用气压缸体后端的法兰上连接着多机构的空气管道，该管道为夹持器、手腕及手臂气压驱动装置的空气管道。在手腕的垂直平面上可以使双作用气压缸活塞作摆动运动，该活塞通过滚珠联轴器与活塞杆相连，此滚珠联轴器的套环连着双作用气压缸活塞杆；滚珠联轴器可使活塞杆的力沿轴向传到右边拉杆上，此时拉杆与手腕一起绕自身轴线转动。

拉杆与齿条刚性连接，该齿条刚性连接在手腕摆动的齿轮-齿条机构中。手腕摆动方向要根据压缩空气传入双作用气压缸的具体腔来决定。在双作用气压缸的活塞杆腔内装有液压缓冲器，因此，该气压缸是双作用气压缸活塞杆与左液压缓冲器活塞一起运动的双作用气压缸。将油注入液压缸的两腔中，当活塞运动时，油则通过左液压缓冲器活塞中的精密孔由一个腔流入另一个腔，以此来缓冲活塞杆的振动。

手腕相对于纵轴的转动由摆动气动马达来实现，该摆动气动马达安装在单作用气缸的内孔中。压缩空气通过管接头注入其中一个工作腔。气动马达转子用渐开线花键与带法兰主轴相连，在轴承内安装着该主轴，手腕拧在此法兰上。在马达转子的另一端用花键与中部液压缓冲器的转子相连。中部液压缓冲器是摆动式液压马达，油通过叶片中的精密孔由马达的一腔流入另一腔。手腕回转运动由挡块来限定。在法兰的圆形槽中排放一定数量的滚珠，滚珠作用在挡块上。

在手腕前面的法兰上固接着单作用气缸，该单作用气缸为夹持机构的驱动装置，单作用气缸的活塞杆通过杠杆机构与夹持器的钳口相连。

在双作用气压缸和单作用气缸的上部固定着手臂轴向移动机构的齿条。该操作机的手臂机构采用波纹护板来防尘。

(2) 手臂气压平衡装置

以 M20 型工业机器人操作机手臂平衡装置为例，如图 3.21 所示。该装置采用气压平衡方式，可以用来减小作用在提升马达上的负载。如果减小该平衡机构的尺寸和质量，还可提高其启动频率。

图 3.21 中包括：平板、气缸、安全阀、消声器、活塞杆、铰链及手臂伸缩机构机体等。

该手臂平衡装置被固定在手臂垂直移动机构上，即手臂提升机构上，手臂平衡装置通过平板与手臂提升机构连接。图 3.21 中内装消声器的安全阀，消声器被安装在气缸的无活塞杆腔中。气缸的活塞杆通过铰链与手臂伸缩机构机体的前部分相连。

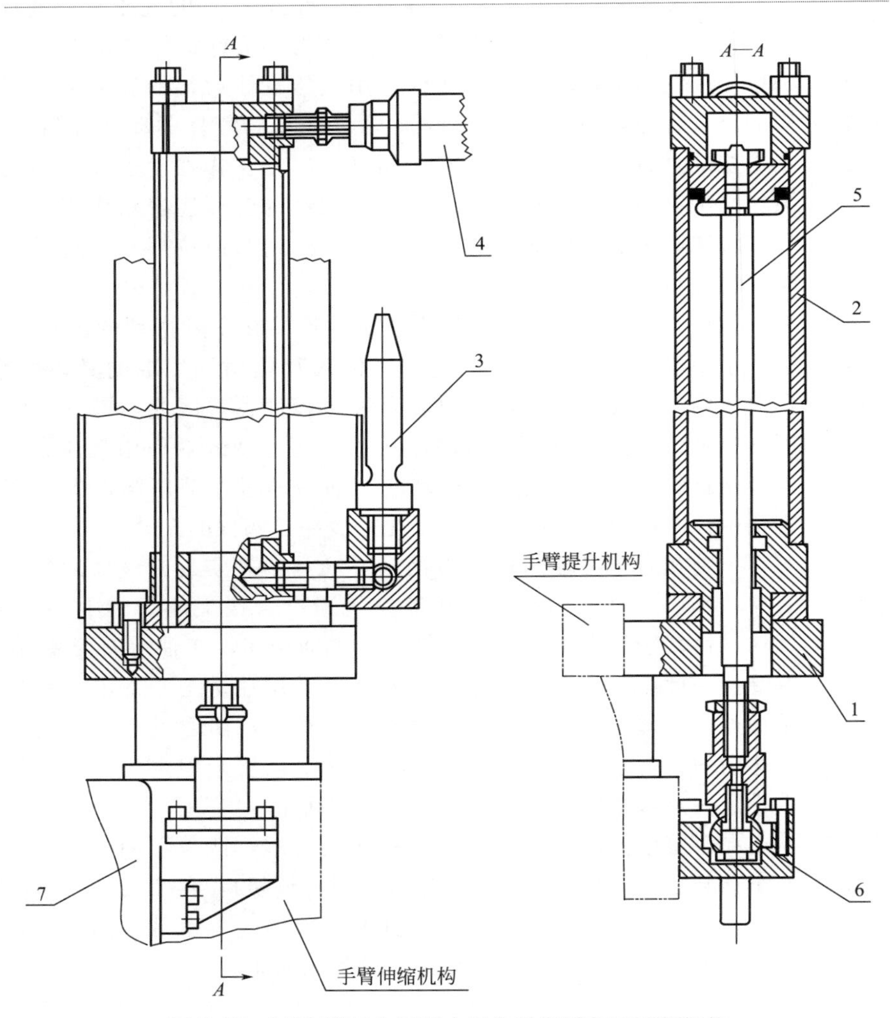

图 3.21 M20 型工业机器人操作机手臂气压平衡机构

1—平板；2—气缸；3—安全阀；4—消声器；5—活塞杆；6—铰链；7—手臂伸缩机构机体

当手臂向上运动时，压缩空气压力充满气缸，以保证滚珠螺旋副和提升机构的电动机能够从手臂伸缩机构的重量下卸载。当手臂向下运动时，压缩空气由气缸通过内装消声器的安全阀排出。消声器如同空气过滤器一样工作，用于净化充满在气缸无活塞杆腔的空气。

(3) 带电液步进电动机的传动装置

下面三个案例均为带电液步进电动机的成套驱动装置，其制动装置分别为机液式制动和电磁式制动。

图 3.22 所示结构形式 1 及图 3.23 所示结构形式 2，均给出了带电液步进电动机的液压驱动装置。两种结构均可以用于操作机杆件的直线运动，并为机液式制动装置。

图 3.22 和图 3.23 所示两种结构中均包括：成套电液步进电动机、减速器箱体、齿轮、滚珠丝杠、丝杠螺母、柱塞、柱塞弹簧、杠杆、球轴承、机体及非接触式传感器等。

图 3.22 和图 3.23 所示两种结构形式的区别在于电液步进电动机的配置不同，分别为右置和左置。小齿轮以其端面与制动装置相互作用。机液式制动装置由两个不同大小的柱塞组成，大、小柱塞均作用在杠杆上，该杠杆在相对于自身轴线转动时进入小齿轮端面的齿槽中。当推动制动装置大柱塞时，在柱塞弹簧的作用下，迫使杠杆转动，此时刹住小齿轮。当将压力油注入制动装置小柱塞的工作腔时，杠杆处于中间位置，此时小齿轮处于自由状态。

图 3.22 和图 3.23 所示两种结构中的传动丝杠安装在带预紧力的一对角接触球轴承上，以保证机构有较高的轴向刚度。滚珠丝杠螺母由两个半螺母组成，该滚珠螺母带有预紧力，也装在该传动丝杠上。传动丝杠的初始角位置由非接触式传感器来检测。机体是安装在操作机运动杆件的固定机体上，滚珠丝杠螺母安装在机体中，操作机杆件的直线运动由传动丝杠带动机体实现。

图 3.24 给出了带电液步进电动机的液压驱动装置，该结构用于操作机杆件的直线运动，采用电磁制动形式。

图 3.24 中包括：成套电液步进电动机、减速器箱体、齿轮、滚珠丝杠、丝杠螺母、壳体、柱塞弹簧、法兰、球轴承、机体及非接触式传感器等。

图 3.24 中的成套电液步进电动机由法兰固定在齿轮减速器箱体上，小齿轮直接安装在马达转子上，而大齿轮则安装在传动丝杠的轴颈上。小齿轮以其端面与制动装置相互作用，该制动装置的结构形式为电磁铁式。

图 3.24 中的电磁制动器采用摩擦联轴器，其壳体固定在小齿轮的端面上，而线圈与摩擦片用法兰与减速器箱体刚性连接。当绕组断电时，摩擦片在弹簧的作用下相压，从而刹住小齿轮；当绕组通电时，摩擦片在电磁场作用下松开，压缩弹簧，小齿轮解除制动。

图 3.24 中的传动丝杠安装在带预紧力的角接触球轴承上，滚珠丝杠螺母由两半螺母组成，装在该传动丝杠上。螺母安装在直线运动机体中。传动丝杠的初始角位置由非接触式传感器来检测。

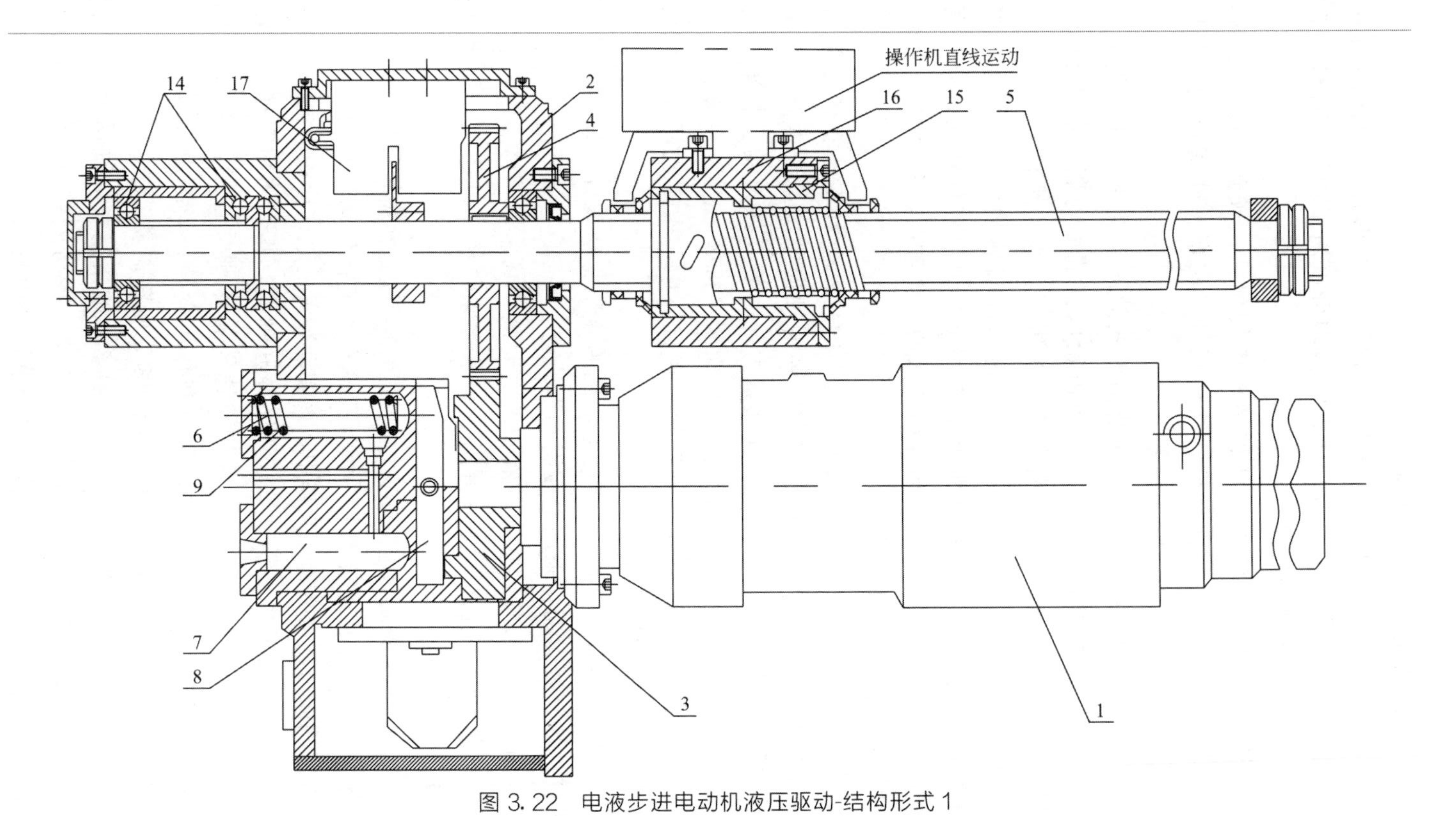

图 3. 22　电液步进电动机液压驱动-结构形式 1

1—成套电液步进电动机；2—减速器箱体；3—小齿轮；4—齿轮；5—传动丝杠；6—制动装置大柱塞；7—制动装置小柱塞；8—制动装置杠杆；9—柱塞弹簧；14—球轴承；15—滚珠丝杠螺母；16—机体；17—非接触式传感器

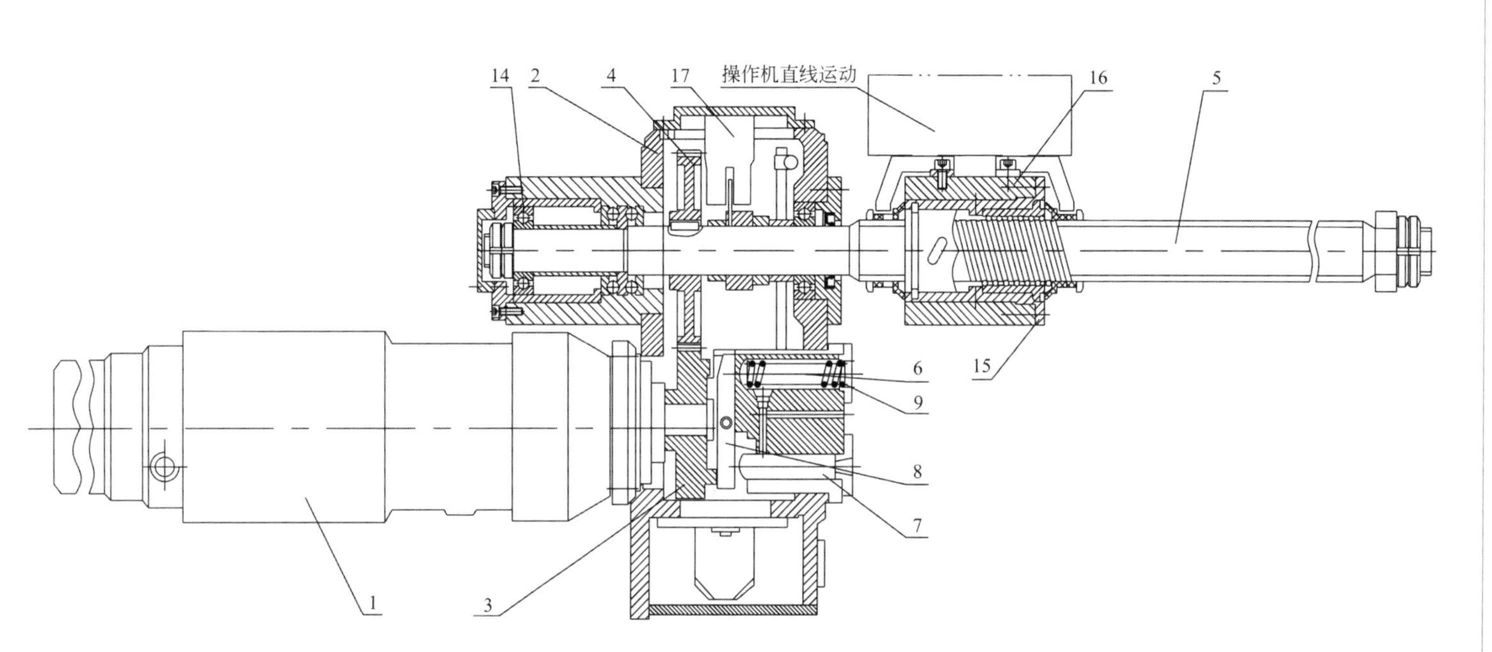

图 3.23　电液步进电动机液压驱动-结构形式 2

1—成套电液步进电动机；2—减速器箱体；3—小齿轮；4—齿轮；5—传动丝杠；6—制动装置大柱塞；7—制动装置小柱塞；8—制动装置杠杆；9—柱塞弹簧；14—球轴承；15—滚珠丝杠螺母；16—机体；17—非接触式传感器

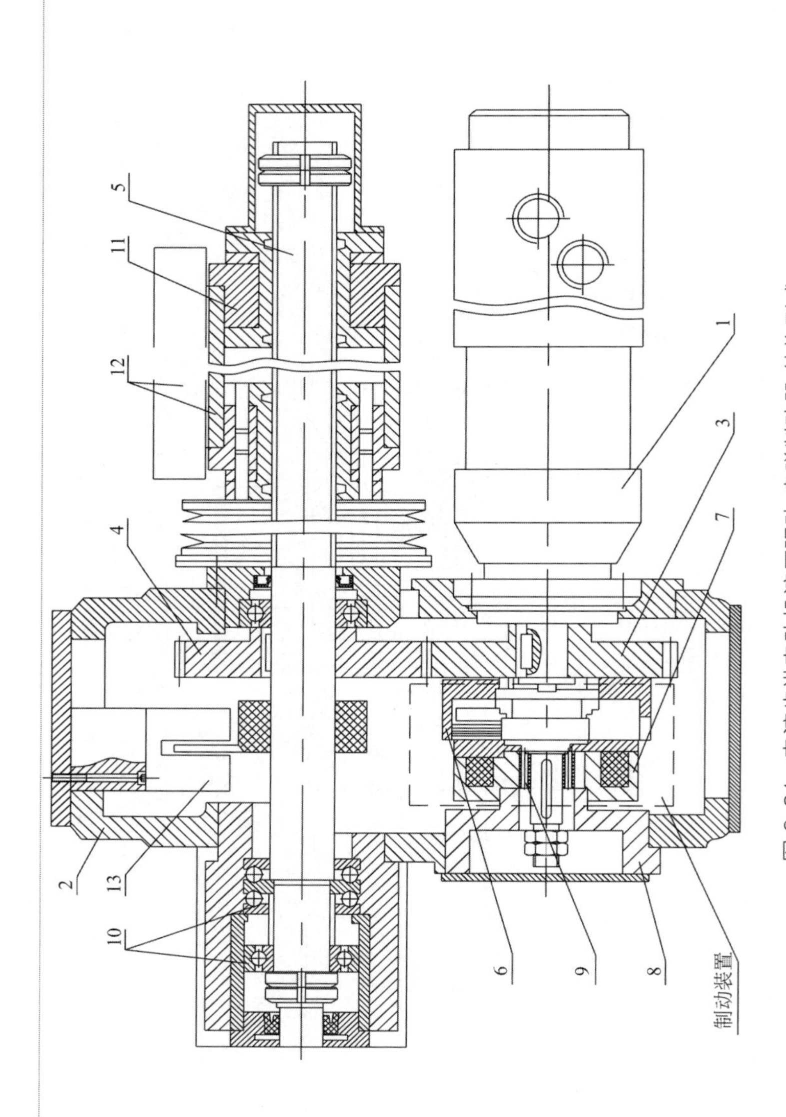

图 3.24 电液步进电动机液压驱动-电磁制动器-结构形式

1—成套电液步进电动机；2—减速器箱体；3—小齿轮；4—大齿轮；5—传动丝杠；6—壳体；7—线圈；8—法兰；9—弹簧；
10—角接触球轴承；11—滚珠丝杠螺母；12—直线运动机体；13—非接触式传感器

以上三个案例均可以为步进电动机的通用装置，均用于不同操作机杆件的直线运动。

3.6 机器人集成系统控制

机器人集成系统控制对实现机器人作业起着重要的作用[47]。当把工业机器人视为一个被控系统时，其主要部件由驱动器、传感器、控制器、处理器及软件等组成。

(1) 驱动器

驱动器是机械手的“肌肉”。常见的驱动器有伺服电动机、步进电动机、气缸及液压缸等，也有用于某些特殊场合的新型驱动器。驱动器受控制器的制约，在前面“机器人系统配套及成套装置”中曾涉及到驱动器。

(2) 传感器

传感器用来收集机器人的内部状态信息或用来与外部环境进行通信。机器人控制器需要知道每个连杆的位置才能知道机器人的总体构型。例如，人即使在完全黑暗中也会知道胳膊和腿在哪里，这是因为肌腱内的中枢神经系统中的神经传感器将信息反馈给了大脑，大脑利用这些信息来测定肌肉伸缩程度进而确定胳膊和腿的状态。对于机器人，集成在机器人内的传感器将每一个关节和连杆的信息发送给控制器，于是控制器就能决定机器人的构型和作业状况。机器人常配有许多外部传感器，例如视觉系统、触觉传感器、语言合成器等，以使机器人能与外界进行通信。在前面章节中曾不同程度使用到传感器。

(3) 控制器

机器人控制器从计算机获取数据、控制驱动器的动作，并与传感器反馈信息一起协调机器人的运动。假如要机器人从箱柜里取出一个零件，它的第一个关节角度必须为确定的角度，如果第一关节尚未达到这一角度，控制器就会发出一个信号到驱动器（例如，输送电流到电动机），使驱动器运动，然后通过关节上的反馈传感器（例如，电位器或编码器等），测量关节角度的变化，当关节达到预定角度时，停止发送控制信号。对于更复杂的机器人，机器人的运动速度和力同样也是由控制器控制。在前面章节中曾不同程度使用到控制器。

（4）处理器

处理器是机器人的大脑，用来计算机器人关节的运动，确定每个关节应移动多少、多远才能达到预定的速度和位置，并且监督控制器与传感器协调动作。处理器通常是一台专用计算机，该计算机也需要拥有操作系统，程序和像监视器那样的外部设备等。

（5）软件

用于机器人的软件大致有三类。第一类是操作系统，用来操作计算机。第二类是机器人软件，该软件根据机器人运动方程计算每一个关节的动作，然后将这些信息传送到控制器，这种软件有多种级别，从机器语言到现代机器人使用的高级语言等。第三类是例行程序集合和应用程序，这些软件是为了使用机器人外部设备而开发的，例如视觉通用程序，或者是为了执行特定任务而开发的程序。

目前，先进机器人的作业及状况是通过建立平台实现的。通过平台对工业机器人操作机实施控制，以完成特定的工作任务。例如，针对开放式控制系统的特点，以工业平板电脑和 PMAC（Programmable multiple-axis controller）为基础，构建开放式硬件控制系统，基于 Visual C++6.0 进行上位机控制系统软件开发。控制系统可以采用分级控制方式和模块化结构软件设计，上位机负责信息处理、路径规划、人机交互，下位机实现对各个关节的位置伺服控制，模块化软件设计便于增减机器人功能，并使系统具有良好的开放性和扩展性。

通过软件平台可以针对模块化机器人开发全新的控制系统，提高模块间识别和通信可靠性并增加模块的串联供电功能等，为模块化机器人整体协调运动提供可靠的硬件平台，通过虚拟仿真机器人与实际机器人的步态映射机制和同步控制的实现，建立完善的机器人实验系统。

通过为验证机器人运动规划及其自动生成的运动结果提供便捷的平台，可以对多种构型的运动进行实验研究，并分析仿真与实验结果，验证规划和运动能力进化的有效性。

机器人集成系统控制的最终目的是按照任务要求实现机器人关键零部件的运动和末端件的作业。其平台体现具体工作，如规格控制、确定机器人行程、元件尺寸和选择、硬件架构、软件开发、用户界面设计和性能评估等，以下分别予以简单介绍。

3.6.1 规格

对整个机器人开发而言，需要对机器人相关规格或参数进行一些制定或假设，对可获得的工作精度进行粗略的评估。当初定机器人规格或技术参数以后，用表格的形式示出具体数值，便于规格控制。

为了整合传感器、执行器和控制平台等元件，还要求控制系统必须具有信号通信协议和标准。

3.6.2 选择驱动及检测装置

合理选择电动机、驱动器及编码器等装置是构建机器人系统的重要方面[48,49]。例如，当机器人要求直线运动且定位精度高时可以选择线性电动机。此类电动机要求运行期电动机力矩的有效值必须小于连续力矩，符合线性电动机峰值力，满足最大加速度要求等。为简单起见也可以直接选用机器人系统配套装置。

在选择编码器前，应广泛了解各类编码器的特性及应用，以便于正确合理地进行选择。例如，为了控制成本可以选择光学编码器而非激光干涉仪。

3.6.3 控制平台

选择支撑平台时可以依据快速控制原型、自动生成生产代码和回路硬件测试设备三个主要特点来进行。

快速控制原型意味着可以直接和迅速地开发，并可通过常用软件中的设计工具和丰富的功能块使实际系统最优化。控制器可以直接而生动地以功能块图的形式设计。

自动生成生产代码是指实时代码可以通过功能模块自动生成和实现。

回路硬件测试设备是指回路硬件设备允许使用具有可靠性强、成本低的虚拟环境或方法进行系统测试。外设部件可用已经证明有效的数学模型取代，而把要进行评估的实际物理部件系统地插入回路。除了节省时间和成本，相关回路的模块化和可再生性硬件的仿真将极大地简化整个开发和测试过程。

目前，有多种商品化的软件符合上述选择支撑平台的条件，因此可以借助它来构建用户平台。在选择控制系统硬件和软件进行开发时，其关键因素是灵活性、质量及功能。

有关用于构建控制平台的商品化软件在市场中可以根据需要购买，在现有的其他相关软件的书籍中也有详细介绍，在此不再赘述。

（1）硬件结构设计

整个系统硬件结构应包括控制计算机、示教盒、操作面板、数字和模拟量输入输出、传感器接口、轴控制器、辅助设备控制、通信接口及网络接口等。

对于机器人控制系统，主流的机器人架构主要有以控制卡为核心的控制架构和基于总线模式的控制架构。对采用控制卡为控制核心的控制架构，其控制系统的开发受制于控制卡系统内部的算法，严重制约着该种架构的机器人系统开发。采用基于高速总线控制架构系统，分层控制的模式可实现复杂算法的计算，而且底层的控制接口设计简单，可以实现控制系统的模块化，易于实现后期电控系统调试等作业。

机器人在运行时会受到其周围电气系统或设备产生的电磁等信号干扰。为了消除信号干扰，硬件系统设计时，可以在电源主回路与负载之间安装滤波器。例如，某工业机器人的驱动电动机选用交流伺服电动机，运动控制模式为位置控制等。此系统使用限位光隔板对限位、回零等标志信号增加光耦隔离，使用光隔接口板控制电磁阀的通断电状态，以此来控制手爪的开合。

当系统使用示教方式时，示教盒需要完成示教工作轨迹和参数设定以及所有人机交互操作。操作面板由各种操作按键、状态指示灯构成，仅完成基本功能操作。传感器接口用于信息的自动检测。轴控制器完成机器人各关节位置、速度和加速度控制。辅助设备控制用于和机器人配合的辅助设备控制，如手爪变位器等。通信接口实现机器人和其他设备的信息交换，一般有串行接口、并行接口等。

配置的控制平台能满足最小速度和最大速度要求。

（2）软件开发平台

仿真软件是研究机器人运动必不可少的工具。在机器人运动仿真时，针对已经确定构型的机器人有相对成熟的仿真技术和仿真工具，例如商业的 Adams 多体动力学仿真软件，通过模型导入、关节运动配置及其环境模型设定可以研究机器人在环境中的动力学运动效果，但是由于模块化机器人构型多变，对关节配置的繁杂操作费时费力[50,51]。

为了适应机器人多变的构型，往往不采用 Adams 等以鼠标操作为主的软件，而是选用支持脚本或者高级程序语言创建机器人构型的运动仿真软件。常见的该类商业机器人仿真软件有 Webots，MSRS（Microsoft Robotics Studio），V-REP（Virtual Robot Experimentation Platform）等。Webots 是一款用于移动机器人建模、编程和仿真的开发环境软件。在 Webots 中，用户可以设计各种复杂的结构，不管是单机器人还是群机器人，相似的或者是不同的机器人都可以很好地交互；也可以对每个对象属性如形状、颜色、纹理、质量等进行自主选择。除了可以在软件中对每个机器人选择大量的虚拟传感器和驱动器，也可以在这种集成的环境或者是第三方的开发环境对机器人的控制器进行编程。机器人的行为完全可以在现实环境中进行验证，同时控制器的代码也可以实现商业化机器人的移植。Webots 目前已经在全世界多所大学及科研院所中使用，为全世界的使用者节省了大量的开发时间。MSRS 为一个小规模团队秘密研发的机器人开发平台，目前针对教育学习者免费。V-REP 是全球领先的机器人及模拟自动化软件平台，V-REP 让使用者可以模拟整个机器人系统或其子系统（如感测器或机械结构），通过详尽的应用程序接口（API），可以轻易地整合机器人的各项功能。V-REP 可以被使用在远程监控、硬件控制、快速原型验证、控制算法开发与参数调整、安全性检查、机器人教学、工厂自动化模拟及产品展示等各种领域。

物理学引擎是 Webots、MSRS 及 V-REP 软件的核心，即基于牛顿力学计算各个物体间的动力学和运动学效果的软件开发包。Webots 采用 ODE（Open Dynamics Engine）物理引擎，ODE 是一个免费的，具有工业品质的刚体动力学的库，是一款优秀的开源物理引擎，它能很好地仿真现实环境中的可移动物体，它是快速、强健和可移植的。MSRS 使用 PhysX 物理引擎实现动力学建模与解算，PhysX 是世界三大物理运算引擎之一（另外两种是 Havok 和 Bullet），PhysX 物理引擎可以在包括 Windows、Linux、Mac、Android 等的全平台上运行。V-REP 使用 ODE 和 Bullet 物理引擎，广泛应用于游戏开发和电影制作中。

这几个商业软件更适合模块化机器人协调运动研究，可以使用基本模块的模型进行任意构型机器人的动态创建。但是，MSRS 自从 R4 版本后不再更新和支持，并且缺乏详细的文档。V-REP 和 Webots 的部分高级功能均需收费，而且有些功能缺乏可定制性，例如难以实现高效率的机器人运动离线优化。一般而言，采用实际机器人进行运动优化（即在线优化）会耗费很长时间，其不确定性运动容易导致样机的致命损坏，因此多数研究者倾向于采用基于运动仿真评价的运动能力进化方案。由于商业软件具有一定的局限性，又缺乏高度可定制的程序接口（API），很多模块化机器人研究机构开发了面向自开发样机模块或者知名模块模型的仿真环境，用来进行动力学运动仿真、适应性运动控制器开发和验证以及复杂环境下的运动学习等研究。

近几年出现的仿真平台还有 Robot3D 和 ReMod3D。Robot3D 具有群机器人运动、模块对接及机器人个体运动仿真等功能，其物理计算引擎采用 ODE。ReMod3D 是针对模块化机器人的高效运动仿真软件，该软件采用 PhysX 物理引擎做物理计算，除 Robot3D 具有的功能外还增加了运动学解算和轮式小车等附加功能。因为 PhysX 引擎支持仿真计算的多核多线程自动加速，所以相对于 ODE 来说，更容易实现高效的运动仿真平台开发。

由于受到机械、传感及执行部件的可靠性以及能源限制，完全硬件化的机器人运动进化实现难度很大。因此，软件化的虚拟进化仿真是当前进化机器人研究的主要手段，应开发适用于并行进化计算的模块化机器人专用高效运动计算平台。

开发软件有多种。目前软件开发多采用流行的 MATLAB，它为经典控制和现代控制两类控制算法的标准和模块化设计功能提供了丰富的集合[52,53]。应用 MATLAB/Simulink 软件开发时，可以实现的功能包括：

① 控制和自动调整。

② 几何误差校正和补偿。

③ 安全功能，如紧急停车和限位开关等。

这些功能基本能够满足常用工业机器人的需要。

(3) 用户界面

用户界面应该帮助设计或使用人员直观地管理使用设备，设置必要的接口，并自动进行试验和操作。用户界面设计应该简单易操作。用户界面视具体应用的需要可以相应地增加和减少。

参考文献

[1] 刘涛，王淑灵，詹乃军. 多机器人路径规划的安全性验证[J]. 软件学报，2017，28（5）：1118-1127.

[2] 叶艳辉. 小型移动焊接机器人系统设计及优化[D]. 南昌：南昌大学，2015.

[3] 王殿君，彭文祥，高锦宏，等. 六自由度轻载搬运机器人控制系统设计[J]. 机床与液压，2017，45（3）：14-18.

[4] M Guillo，L Dubourg. Impact & improvement of tool deviation in friction stir welding：Weld quality & real-time compensation on an industrial robot[J]. Robotics and Computer-Integrated Manufacturing，2016，39（5）：22-31.

[5] 周会成，任正军. 六轴机器人设计及动力学分析[J]. 机床与液压，2014，（9）：1-5.

[6] 管贻生，邓休，李怀珠，等. 工业机器人的结构分析与优化[J]. 华南理工大学学报（自然科学版），2013，41（9）：126-131.

[7] 赵景山，冯之敬，褚福磊. 机器人机构自由度分析理论[M]. 北京：科学出版社，2009.

[8] 李永泉，宋肇经，郭菲，等. 多能域过约束并

联机器人系统动力学建模方法[J]. 机械工程学报，2016，52(21)：17-25.

[9] 潘祥生，沈惠平，李露，等. 基于关节阻尼的6自由度工业机器人优化分析[J]. 机械设计，2013，30(9)：15-18.

[10] 孙中波. 动态双足机器人有限时间稳定性分析与步态优化控制研究[D]. 长春：吉林大学，2016.

[11] [法]J.-P. 梅莱著，黄远灿译. 并联机器人[M]. 北京：机械工业出版社，2014，6.

[12] 陈正升. 高速轻型并联机器人集成优化设计与控制[D]. 哈尔滨：哈尔滨工业大学，2015.

[13] 宫赤坤，余国鹰，熊吉光，等. 六自由度机器人设计分析与实现[J]. 现代制造工程，2014，(11)：60-63.

[14] 余志龙，赵利军，田建涛. 基于simulink的单钢轮压路机机架减振参数的分析[J]. 建筑机械，2014，(8)：57-62.

[15] 郝昕玉，姬长英. 农业机器人导航系统故障检测模块的设计[J]. 安徽农业科学，2015，43(34)：334-336.

[16] 王航，祁行行，姚建涛，等. 工业机器人动力学建模与联合仿真[J]. 制造业自动化，2014，(17)：73-76.

[17] 孙祥溪，罗庆生，苏晓东. 工业码垛机器人运动学仿真[J]. 计算机仿真，2013，30(3)：303-306.

[18] 杨丽红，秦绪祥，蔡锦达，等. 工业机器人定位精度标定技术的研究[J]. 控制工程，2013，20(4)：785-788.

[19] 周炜，廖文和，田威. 基于空间插值的工业机器人精度补偿方法理论与试验[J]. 机械工程学报，2013，49(3)：42-48.

[20] A G Dunning，N Tolou，J L Herder. A compact low-stiffness six degrees of freedom compliant precision stage[J]. Precision Engineering，2013，37(2)：380-388.

[21] 吴应东. 六自由度工业机器人结构设计与运动仿真[J]. 现代电子技术，2014，37(2)：74-76.

[22] 彭娟. 基于Simulink的电动机驱动系统仿真[J]. 现代制造技术与装备，2014，(5)：59-60.

[23] M Pellicciari，G Berselli，F Leali，et al. A method for reducing the energy consumption of pick-and-place industrial robots[J]. Mechatronics，2013，23(3)：326-334.

[24] 沈丹峰，张华，叶国铭，等. 基于灵活度考虑的棉花异纤分拣机器人结构参数优化设计[J]. 纺织学报，2013，34(2)：151-156.

[25] M Bdiwi. Integrated sensors system for human safety during cooperating with industrial robots for handing-over and assembling tasks[J]. Procedia Cirp，2014，23：65-70.

[26] 谭民，徐德，侯增广，等. 先进机器人控制[M]. 北京：高等教育出版社，2007.

[27] 郑泽钿，陈银清，文强，等. 工业机器人上下料技术及数控车床加工技术组合应用研究[J]. 组合机床与自动化加工技术，2013，(7)：105-109.

[28] I W Muzan，T Faisal，H M A A Al-Assadi，et al. Implementation of Industrial Robot for Painting Applications[J]. Procedia Engineering，2012，41：1329-1335.

[29] 张明，何庆中，郭帅. 酒箱码垛机器人的机构设计与运动仿真分析[J]. 包装工程，2013，(1)：91-95.

[30] 孙浩，赵玉刚，姜文革，等. 码垛机器人结构设计与运动分析[J]. 新技术新工艺，2014，(8)：71-73.

[31] M R Pedersen，L Nalpantidis，RS Andersen，et al. Robot skills for manufacturing：From concept to industrial deployment[J]. Robotics and Computer-Integrated Manufacturing，2015，37：282-291.

[32] 白阳. 重心自调整的全方位运动轮椅机器人技术研究[D]. 北京：北京理工大学，2016.

[33] 李桢. 猕猴桃采摘机器人机械臂运动学仿真与设计[D]. 咸阳：西北农林科技大学，2015.

[34] 王化 . 双机器人协作运动学分析与仿真研

究[D]. 青岛：青岛科技大学，2014.

[35] 王才东，吴健荣，王新杰，等. 六自由度串连机器人构型设计与性能分析[J]. 机械设计与研究，2013，29（3）：9-13.

[36] ［俄］索罗门采夫主编. 工业机器人图册[M]. 干东英，安永辰，译. 北京：机械工业出版社，1993.

[37] 赵军. 小型多关节工业机器人设计[J]. 金属加工冷加工，2013，（20）：28-30.

[38] 李世站，李静. 两轴转台控制方法研究及simulink 仿真[J]. 计算机与数字工程，2014，42（1）：22-23.

[39] 聂小东. 单轨约束条件下多机器人柔性制造单元的建模与调度方法研究[D]. 广州：广东工业大学，2016.

[40] 王晓露. 模块化机器人协调运动规划与运动能力进化研究[D]. 哈尔滨：哈尔滨工业大学，2016.

[41] 罗逸浩. 模块化组合工业机器人的架构设计建模[D]. 广州：广东工业大学，2016.

[42] 周冬冬，王国栋，肖聚亮，等. 新型模块化可重构机器人设计与运动学分析[J]. 工程设计学报，2016，23（1）：74-81.

[43] 吴潮华. 多工业机器人基座标系标定及协同作业研究与实现[D]. 杭州：浙江大学，2015.

[44] 安鑫. 多机器人恒力研抛控制系统的研究[D]. 长春：长春理工大学，2014.

[45] 熊根良. 具有柔性关节的轻型机械臂控制系统研究[D]. 哈尔滨：哈尔滨工业大学，2010.

[46] 吕川. 基于 PLC 的全向移动机器人控制系统设计[D]. 合肥：合肥工业大学，2015.

[47] ［新加坡］陈国强，李崇兴，黄书南著. 精密运动控制：设计与实现[M]. 韩兵，宣安，韩德彰译. 北京：机械工业出版社，2011.

[48] 刘川，刘景林. 基于 Simulink 仿真的步进电机闭环控制系统分析[J]. 测控技术，2009，28（1）：44-49.

[49] 周建新，付传秀，刘爱平. 二阶电路的 SIMULINK 仿真及封装[J]. 佳木斯大学学报（自然科学版），2007，25（6）：732-734.

[50] 朱华炳，张娟，宋孝炳. 基于 ADAMS 的工业机器人运动学分析和仿真[J]. 机械设计与制造，2013，（5）：204-206.

[51] 魏武，戴伟力. 基于 Adams 的六足爬壁机器人的步态规划与仿真[J]. 计算机工程与设计，2013，34（1）：268-272.

[52] 扶宇阳，葛阿萍. 基于 MATLAB 的工业机器人运动学仿真研究[J]. 机械工程与自动化，2013，（3）：40-42.

[53] 王晓强，王帅军，刘建亭. 基于 MATLAB 的 IRB2400 工业机器人运动学分析[J]. 机床与液压，2014，（3）：54-57.

第4章

工业机器人本体模块化

工业机器人本体模块化是通过对机器人组成机构分析，重点是机器人机构速度分析和机器人机构静力分析等，将各功能单元模块化。

对多种机器人本体模块化及运动原理进行分析，以理解机器人的基本动作和基本运动形式，通过工业机器人组合模块结构，明确组合模块结构形式及组合模块机器人整机组成。例如，模块化自重构机器人是由具有一定运动和感知能力的基本模块组成，可以通过模块间的连接和断开形成丰富多样的构型或形态，从而能够更好地适应环境特征与任务要求。可以采用蛇形或者毛虫构型穿越狭小的孔洞，采用四足构型越过崎岖的地面，在平面环境下采用环形构型实现高速滚动等。另外，机器人模块可以自带运动关节，使得组成的构型具有超冗余自由度，因此，模块化机器人具有构型多样性和运动超冗余度的特点。对于模块化机器人，通过整体协调运动探寻一种有效的、可应用于任意构型的协调运动规划与自动生成理论与技术是急需解决的难题之一[1,2]。

工业机器人本体模块化的开放性是有待研究的问题，对于没有或者难以用运动控制器模型建立的机器人构型，自动生成机器人运动模式是困难的，目前主要采用控制器参数离线优化的方法。例如，采用运动仿真与进化算法相结合的机器人控制器参数离线优化方案，首先设定典型构型的控制器表达式与优化变量，然后以仿真评价得出的适应度值为判据来引导控制器参数向量的变化趋势，从而在有限的时间内得出满意的运动结果。

为了发掘模块化机器人的多模式运动，可以采用粒子群搜索算法。将机器人运动行为空间稀疏度作为自然进化选择标准（适应度）的粒子群搜索算法，放弃运动搜索目标，在实现可搜索出高运动速度、运动步态的同时，还可发掘机器人丰富运动模式的计算框架，针对不同模块数量的毛虫构型、蛇形构型、十字构型及四足构型等典型构型进行仿真研究，验证算法的有效性。

基于控制参数搜索的运动能力进化，仍然需要人工设定机器人运动控制器表达式。这种方式需要对机器人构型及其几何特征有一定程度的了解，并将任意构型、控制器表达式及其参数的自动生成等视为一个重要的研究问题。通过提出控制器表达式自动生成与控制参数进化相结合的自建模运动能力进化方法，将机器人构型拓扑解析、功能子结构的控制器表达式自动生成、同构子结构运动关系约束以及参数优化搜索结合在一起，以实现任意机器人构型协调运动能力的一键式自动生成功能，可以快速找到规则的运动步态，从而在机器人构型改变情况下使机器人拥有快速适应环境的能力。

通过对多用途工业机器人、电镀用自动操作机及定位循环操作工业机器人等典型工业机器人的机构（结构）组成分析，可以理解其模块化工作原理及结构布局并提出设计建议。

通过对特定工业机器人系统的分析充分阐述模块化原理，把其中含有相同或相似的功能单元分离出来，并用标准化方式进行统一、归并和简化，再以通用单元的形式独立存在，为从源头上理解模块化设计提供了充分的理论依据。

4.1 工业机器人组合模块构成

机器人模块是机器人组合模块构成的基本单元。机器人模块化是把机器人系统分解成一些规模较小、功能较简单的模块，这些模块具有相对独立性。其明显的优点在于：①简化了结构，兼顾了使用上的专用性和设计上的通用性。便于实现标准化、系列化和组织专业生产。②缩短了研制周期。能适应工厂用户的急需，在尽可能短的时间内，快速制造出功能实用且满足用户要求的机器人产品。③提高了性价比。采用优质功能部件集成的方式，有利于保证机器人的质量和降低成本。④具备了充分的柔性。

工业机器人组合模块机构为通用模块与专用模块的合理组合，从开发的角度理解时，工业机器人新系统等于不变部分与变动部分的合理组合。能否实现其合理组合，首先需要对单元和机构进行分析，其次进行机构运动原理设计，最后才形成组合模块结构工业机器人。

4.1.1 机器人组成机构分析

机器人组成机构是机器人的整机骨架，也是构造组合模块的理论基础。

由于串联机器人结构简单，并在工业中得到了广泛的应用，在此以串联机构为例对机器人机构运动及力进行分析，其他复杂结构机器人可以通过在此基础上进一步分析得到。

（1）机器人机构速度分析

设串联机器人末端执行器的自由度数为 m （$1\leqslant m\leqslant 6$），运动链中各关节自由度的总和为 n （$n\geqslant m$），各关节的广义速度（包括角速度和线速度）的大小用列向量来表示，如式(4-1) 所示。

$$\dot{\theta}=[\dot{\theta}_1,\dot{\theta}_2,\cdots,\dot{\theta}_n]^{\mathrm{T}}\in R^{n\times 1} \tag{4-1}$$

其末端执行器的速度螺旋可以表示为式(4-2)。

$$V_E=J\dot{\theta} \tag{4-2}$$

式中，$J=[\$_1,\$_2,\cdots,\$_n]$，$J$ 为 $6\times n$ 的雅可比矩阵，是由该机器人机构各关节自由度的运动螺旋构成的；$\$_i(i=1,2,\cdots,n)$ 为第 i 个单位运动螺旋在固定坐标系下的 Plücker 列向量；$\dot{\theta}_i$ 是对应于 $\$_i$ 的广义速度。

式(4-2) 表明，一个由 n 个广义转动副串联连接而成的机器人机构末端执行器的速度螺旋可以在固定坐标系下表示成该运动链的运动螺旋系的线性组合。如果所有的运动螺旋都是单位螺旋的话，各线性系数则描述了该运动链中各广义角速度的大小。展开式(4-2) 得：

$$V_E=\dot{\theta}_1\$_1+\dot{\theta}_2\$_2+\cdots+\dot{\theta}_n\$_n \tag{4-3}$$

如果 $n=m$，那么机器人末端执行器的雅可比矩阵将为列满秩的，也就是说，$\$_i(i=1,2,\cdots,n)$ 是线性无关的。

设 J_s 是由 $\{\$_1 \quad \$_2 \quad \cdots \quad \$_n\}$ 生成的 n 维子空间，即

$$J_s=\mathrm{span}\{\$_1 \quad \$_2 \quad \cdots \quad \$_n\} \tag{4-4}$$

由式(4-3) 和式(4-4) 可知，向量 V_E 一定属于线性空间 J_s，即

$$V_E\in J_s \tag{4-5}$$

因此，这里称 J_s 为串联机器人机构末端执行器的可行性运动空间。

由于通常情况下，雅可比矩阵不是方阵，因此，机器人机构的速度逆解问题变得相对困难一些[11,12]。用伪逆的方法可以求得这类问题的解，式(4-2) 的两边分别左乘 J^{T} 可得：

$$J^{\mathrm{T}}V_E=J^{\mathrm{T}}J\dot{\theta} \tag{4-6}$$

在 $n=m$ 即 J 列满秩的情况下，$J^{\mathrm{T}}J$ 一定为 $m\times n$ 的满秩方阵。因此，式(4-6) 两边分别左乘 $(J^{\mathrm{T}}J)^{-1}$ 可得到该串联机器人机构的运动学逆解。

$$\dot{\theta}=(J^{\mathrm{T}}J)^{-1}J^{\mathrm{T}}V_E \tag{4-7}$$

式中，$(J^{\mathrm{T}}J)^{-1}J^{\mathrm{T}}$ 称为 J 的伪逆，用 E 表示；V_E 为末端执行器的速度螺旋。

在 $n=m$ 的情况下，解 $\dot{\theta}$ 是唯一的。

当 $n>m$ 时，其解不唯一，这一问题不再展开，具体可以参考相关文献[3]。

根据相关理论，为了实现串联机器人机构末端执行器的速度 V_E，第

j（$j=1, 2, \cdots, n$）个关节的角速度可以由以下方程求出。

$$\dot{\theta}_j=\frac{(\$_{J_j}^r)^{\mathrm{T}}EV_E}{(\$_{J_j}^r)^{\mathrm{T}}E\$_j} \tag{4-8}$$

其中，$(\$_{J_j}^r)^{\mathrm{T}}E\$_j \neq 0$。

这样，为了实现串联机器人机构末端执行器的速度 V_E，各关节的角速度以矩阵的形式表示。

$$\dot{\theta}=Dr^{\mathrm{T}}EV_E \tag{4-9}$$

式中，$D=\mathrm{diag}\left[\frac{1}{(\$_{J_1}^r)^{\mathrm{T}}E\$_1} \quad \frac{1}{(\$_{J_2}^r)^{\mathrm{T}}E\$_2} \quad \cdots \quad \frac{1}{(\$_{J_n}^r)^{\mathrm{T}}E\$_n}\right]$

$r=[\$_{J_1}^r \quad \$_{J_2}^r \quad \cdots \quad \$_{J_n}^r]$

根据 $\$_{J_j}^r$ 的构造过程，可以证明 $\mathrm{rank}(r)=n$。将式(4-9) 代入式(4-2) 并整理得：

$$(JDr^{\mathrm{T}}E-\mathrm{I})V_E=0 \tag{4-10}$$

式中，I 表示 6×6 的单位矩阵。

这就是说，机器人机构末端执行器的所有可行性运动 V_E 都必须满足式(4-10)。换言之，所有不满足式(4-10) 的运动都是不可行的。因此，式(4-10) 动态界定了机器人机构在任意位姿下末端执行器的速度范围。

在实际应用中，式(4-10) 可以作为机器人末端执行器轨迹规划的一个关联约束方程直接使用。

(2) 机器人机构静力分析

已知串联机器人机构末端执行器的载荷，如何对各关节的驱动力或力矩进行求解，这是串联机器人静力分析要解决的一个基本问题。

设串联机器人机构末端执行器在力螺旋 w_E 的作用下，要保持该机器人机构的平衡，各关节的驱动力矩为 τ_i（$i=1, 2, \cdots, n$），引入关节驱动力矩向量，即：

$$\tau=[\tau_1 \quad \tau_2 \quad \cdots \quad \tau_n]^{\mathrm{T}} \tag{4-11}$$

根据相关理论，在任意瞬时末端执行器的载荷所耗用的功率为：

$$P_L=V_E^{\mathrm{T}}Ew_E \tag{4-12}$$

将式(4-2) 代入式(4-12) 可得：

$$P_L=\dot{\theta}^{\mathrm{T}}J^{\mathrm{T}}Ew_E \tag{4-13}$$

在该瞬时，机器人机构各关节驱动力所做的功率为：

$$P_D=\dot{\theta}^{\mathrm{T}}\tau \tag{4-14}$$

根据虚功率原理，为保持机器人机构的平衡，机器人机构各关节驱动力在任意瞬时的功率之和与末端执行器的载荷在该瞬时所耗用的功率相等，即

$$P_D = P_L \tag{4-15}$$

将式(4-13) 和式(4-14) 代入式(4-15) 并整理得：

$$\dot{\theta}^{\mathrm{T}}(\tau - J^{\mathrm{T}} E w_E) = 0 \tag{4-16}$$

考虑到 $\dot{\theta}$ 的任意性，方程 (4-16) 成立的充要条件是：

$$\tau = J^{\mathrm{T}} E w_E \tag{4-17}$$

根据式(4-17) 可以发现，各关节的转动力矩可以表示为：

$$\tau_i = \$_i^{\mathrm{T}} E w_E \tag{4-18}$$

式(4-17) 或式(4-18) 给出了串联机器人机构静力学逆解。根据相关理论，w_E 还可以表示成 $\$_{J_j}^r$ ($j=1, 2, \cdots, n$) 的线性组合，即：

$$w_E = a_1 \$_{J_1}^r + a_2 \$_{J_2}^r + \cdots + a_n \$_{Jn}^r \tag{4-19}$$

将式(4-19) 代入式(4-18) 得：

$$\tau_i = \$_i^{\mathrm{T}} E (a_1 \$_{J_1}^r + a_2 \$_{J_2}^r + \cdots + a_n \$_{J_n}^r) = a_i \$_i^{\mathrm{T}} E \$_{J_i}^r \tag{4-20}$$

因此可得：

$$a_i = \frac{\tau_i}{\$_i^{\mathrm{T}} E \$_{J_i}^r} \tag{4-21}$$

将式(4-21) 代入式(4-19) 得：

$$w_E = \sum_{i=1}^{n} \frac{\tau_i}{\$_i^{\mathrm{T}} E \$_{J_i}^r} \$_{J_i}^r \tag{4-22}$$

式(4-22) 用矩阵形式可以表示为：

$$w_E = rD\tau \tag{4-23}$$

式(4-23) 给出了串联机器人机构的静力学正解。将式(4-17) 代入式(4-23) 并整理得：

$$(rDJ^{\mathrm{T}} E - \mathrm{I}) w_E = 0 \tag{4-24}$$

这就是说，所有可控的载荷 w_E 都必须满足式(4-24)。换言之，所有不满足式(4-24) 的载荷都是不可控的，但这些不可控的载荷则完全由机构的刚性结构体本身来承担。

4.1.2 机器人运动原理

机器人的种类非常多，不同种类机器人运动原理不一样，但不管多么复杂的机器人，其运动都是由基本构件的运动所组成。从模块化观点

考虑时，模块可以被视为基本构件。工业机器人操作机可以看作是相对复杂的机器人，当模块被视为基本构件时，此时操作机结构可以视为由若干个典型模块连接而成。

当对常规坐标型配置方式的机器人进行运动分析时，通过典型模块可以执行以下动作或运动：

① 基本动作。可分解为体升降、臂伸缩、体旋转、臂旋转、腕旋转等。

② 基本运动形式。分为直线运动和旋转运动两类。

在设计机器人时，首先要针对机器人的组成机构进行研究，对机构的速度及静力进行分析，在此基础上可以充分利用能够实现直线运动和旋转运动的通用部件（如气、液、电等部件或装置）来进行功能组合，也就是说可以将经过合理选择的通用部件作为模块来进行集成。如此，不仅可以保证机构运动的可行性，而且可以大量节省设计时间。应用这些部件时既可以作为一个独立的基本模块，也可以将几个部件组合为一个复合模块。

下面对不同的工业机器人应用实例进行分析。

（1）数控机床用机器人运动原理

数控机床专用机器人通常用于使装备自动化。例如，数控机床专用NC-R机器人的技术特征包括：①额定负载；②自由度数；③沿垂直轴及沿水平轴的最大线位移；④沿垂直轴及沿水平轴的最大线速度范围；⑤手臂相对垂直轴、手腕相对纵轴及手腕相对横轴的角位移、速度范围；⑥最大定位精度；⑦夹持器夹紧力；⑧加紧-松开时间；⑨按外径表示的被夹持零件尺寸范围及除数控装置以外的重量等。

NC-R机器人运动原理如图4.1所示，图中包括若干个不同型号电动机，两个电磁制动器，谐波齿轮减速器及手臂，采用两种传动形式的传动组件等。

在带有数控装置的机床上工作时，该机器人可用于取下毛坯和零件、更换刀具及用作其他辅助操作。该机器人可以在机床上工作，并与堆垛及运输装置一起形成柔性生产加工的综合装置，可以在无操作者参与下进行长时间的工作。

工作时，机器人的手臂伸向机床→手臂夹持加工零件→手臂返回到原点→手臂伸向循环台面→放下零件→夹持下一个毛坯，将毛坯送向机床卡盘→将其在卡盘中夹紧→将毛坯松开→手臂返回到原点→开始在机床上的加工循环。

机器人的工作过程可以看作是在数控机床上更换毛坯的循环过程。

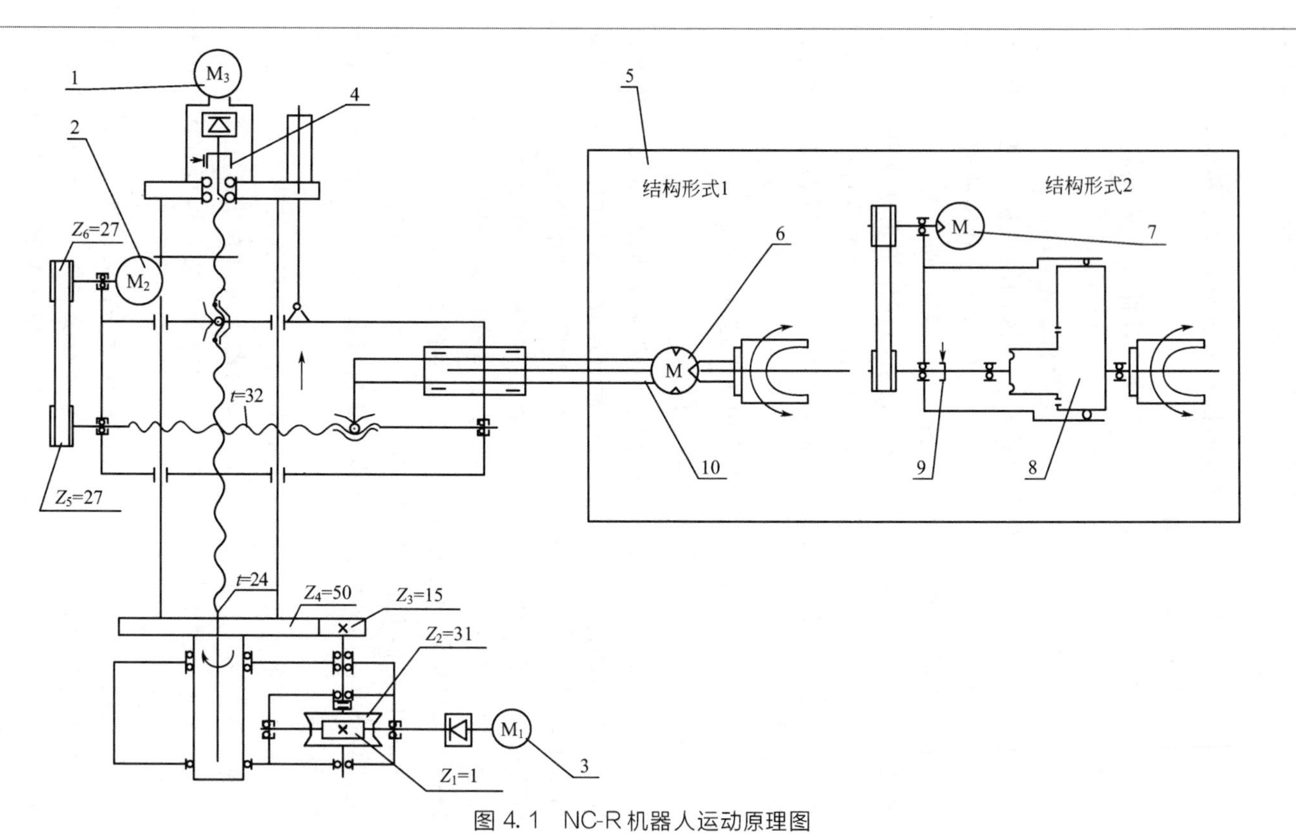

图 4.1 NC-R 机器人运动原理图

1～3，6，7—电动机；4—电磁制动器；5—传动组件；8—谐波齿轮减速器；9—电磁制动器；10—手臂

NC-R 机器人的结构是组合单元，即可以形成多种不同结构形式的运动和组合，主要具有以下特点：

① 转动机构在水平面内转动，可以做成单独组件的形式。

② 手臂升降机构也可以做成单独组件的形式。

③ 手腕在垂直面内转动，其转动可以依靠气动装备驱动组件来实现。

机器人工作时具有沿各坐标轴方向的最大位移量并同时被控制着。主要包括：

① 定位工作状态时（如转动电动机，手臂升降或伸出）的工作范围。

② 循环工作状态时（如手腕和夹持器转动组件的气动马达）的工作范围。

制定数控机床专用机器人的构成方案时，应该特别注意机器人的运动空间及参数（包括参与装置与附件）：

① 空间运动参数：如在水平面、垂直面上的行程数值及沿臂长方向的长度；工作范围的最远空间距离，如垂直升降方向“提升和下降机构”，在垂直升降方向的固定安装，可以通过马达的基座与直流电动机固定安装。

② 静态参数：如零部件的额定载荷及装置重量等，同时还应该注意机器人的力参数及误差参数[4]。如保证垂直精度，主要指“提升和下降机构”中滚珠丝杠副的装配，如滚珠丝杠的垂直度要求、滚珠丝杠双螺母的锁紧力大小及两端轴承的调整均应符合装配技术要求，且滚珠丝杠副的螺母应该紧固在手臂伸缩组件的机体上。还需要考虑的是夹持器的夹紧力，夹紧力允许误差参数及最大定位误差等。

③ 作业现场与环境有时是复杂多变的，且毛坯或工件的尺寸、形状也是不确定的。为了实现毛坯或工件的准确安放，要对毛坯或工件位姿进行检测。控制元件的应用，可以通过安装挡块来实现机器人的位置控制。使用行程开关碰撞挡块来控制位移速度，即控制“手臂伸缩机构”位移速度。通过橡胶缓冲器用以减缓手臂上下行程终端时的冲击。当作业环境、毛坯或工件发生变化时，机器人的检测系统需根据新的工艺设定系统参数。

（2）热冲压用机器人运动原理

在金属加工中比较常见的任务是热压加工，它要求在加热的炉窑、冲压床、车床或手摇钻床附近工作，这类工作有较大的危险。机器人能耐高温环境，编好了程序就可以防止与其他物体碰撞，这方面机器人具有独特的优势，可以胜任此类工作。

HS-R热冲压机器人用于热冲压力机上，可以实现热冲压操作自动化、炉子的装卸料等。该机器人的技术特征包括：①承载能力；②操作机自由度数；③位移范围（如手臂在水平面转动、手臂提升、手腕伸出及手腕相对纵轴转动）；④位移速度（如手臂转动、手臂提升、手腕伸出及手腕转动的速度）；⑤夹持器定位误差；⑥夹持力；⑦传动装置电动机总功率及重量（控制装置除外）等。该机器人的运动原理如图4.2所示，图中包括电动机、提升模块、转动模块及手臂模块等。其运动要求包括：

① 当操作机安置在预定位置时，控制板上的坐标定制器必须放在零点位置，这样才能实现定制器的位置与电位器式位置传感器相一致。

② 每一段控制程序均应包含下列信息：到装备上的工艺指令号；到操作机上的指令号；定位精度等级及完成给定指令的延续时间。

③ 在自动工作状态时，程序控制系统形成信号传送到驱动装置变换器上，它们给出必要的电压值和符号，再到操作机相应的运动自由度电动机上。当减速系统自动接通时，设定自由度驱动装置实现精确进给并到达定位点。在完成所有预定位移以后，在预定时间完成工艺指令，再自动进入到下一段控制程序。

HS-R机器人是一个综合体，由模块结构操作机、位置程序装置、电驱动装置组件等组成。为了保证操作的安全性，在操作空间周围设计有限位、保护装置。其主要特点是：

① 在手臂模块上装有手腕和夹持器。

② 设置基座接线盒，用以连接由控制装置引出的电缆及电线。

③ 提升模块接线盒主要用来将电缆连接到手臂提升和移动的驱动装置上。

④ 管接头用来连接由空气存贮装置引出的软管。

当制定热冲压用机器人的构成方案时，应该特别注意转动机构、操作机提升机构、操作机手臂机构及操作机手腕机构的运动空间及参数（包括参与装置与附件）。

1）转动机构。转动模块是用来在水平面内将手臂安装在预定角度的位置上，并且转动模块装在基座上。为使操作机有较大的稳定性，首先在基座的机体上设置铰链连接附加转动支承（如对称设置四个），之后进行调整使附加转动支承保持平衡，直到转动机构达到稳定性要求。

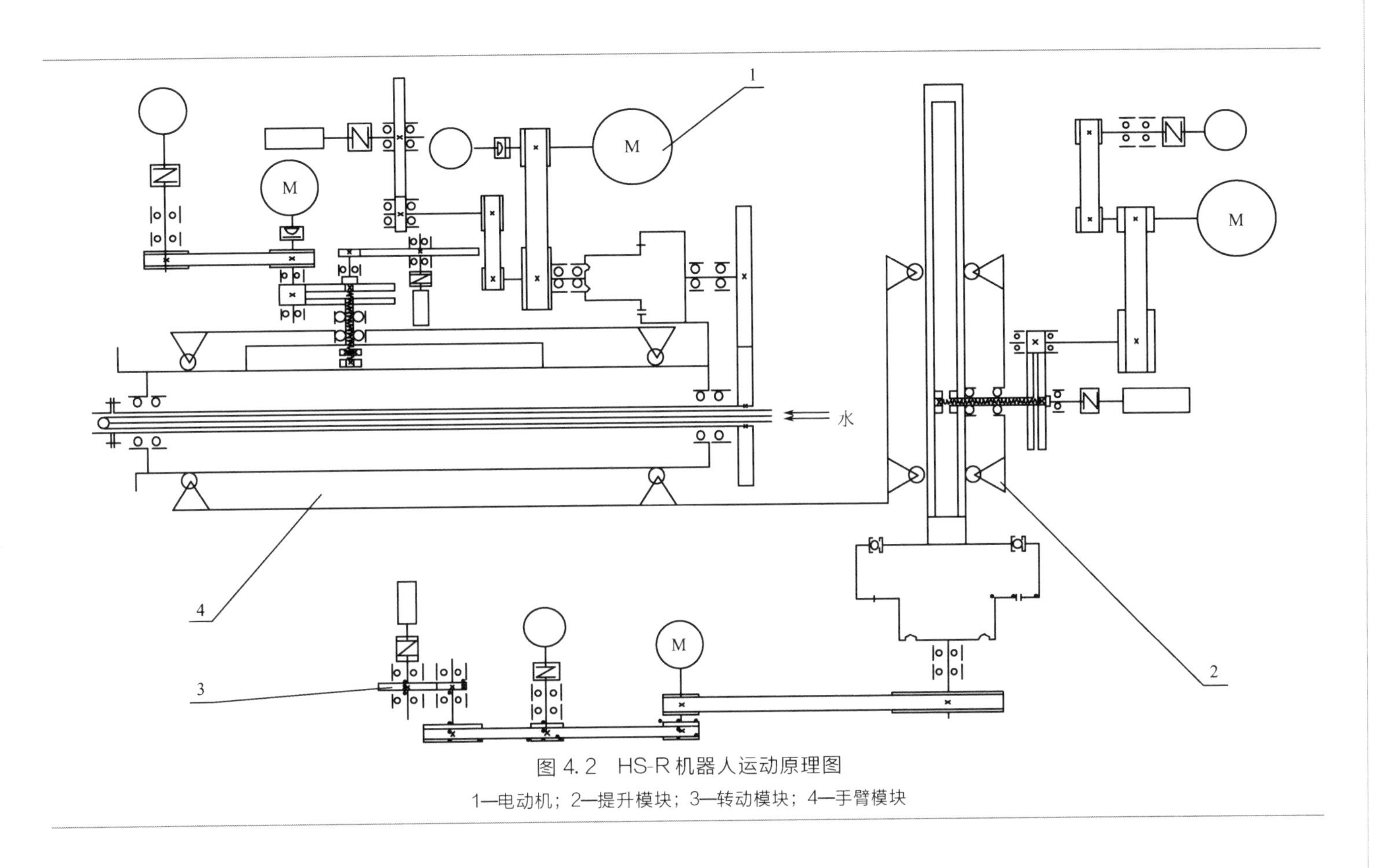

图 4.2 HS-R 机器人运动原理图

1—电动机；2—提升模块；3—转动模块；4—手臂模块

2）提升结构。提升模块用来实现手臂的垂直移动，并将其定位在预定程序的位置上。在此应注意：①在立柱上有系列横槽，用来把挡块安置在所需的高度，以限制小车的位移；②通过测速发电机与位置传感器的设置或连接，进行速度与位置的控制；③通过安装制动器，实现提升运动的停止控制；④通过安装滚轮与偏心轴，使其在垂直方向进行互动与配合，用来调整或消除提升运动时产生的间隙。

3）手臂机构。手臂模块应保证水平轴向运动及带夹持器手腕的转动，其设计应便于实现加工时毛坯的安装和定向，应考虑手臂的承载能力。手臂模块由以下结构元件组成：承载系统；带位置传感器及测速发电机驱动装置的直线移动机构；带谐波齿轮减速器的手腕传动机构及带夹持装置的手腕（手腕具有伸出运动）。

4）手腕机构。应考虑手腕伸缩、旋转时手腕机构的结构特点，研究手腕（或操作手）的动力、接触力及相互作用。

5）手腕与手臂连接处的结构。

（3）冷冲压用机器人运动原理

CS-R冷冲压型机器人既可用于中小规模生产条件下冷冲压过程的自动化，也可以用于机械、备料及其他车间工艺装备上的装料和卸料，还可以用于机床间和工序间的堆放等。该机器人的技术特征包括：①手数量；②单手承载能力；③最大工作范围半径 R_{max} 及最小工作范围半径 R_{min}；④手臂最大水平行程；⑤手臂轴离地面的最小及最大高度；⑥手臂最大垂直行程；⑦每只手相当于操作机纵轴（位置角的安装极限）；⑧夹持器绕纵轴的最大转角；⑨夹持器在手转动和移动时的定位精度；⑩单手臂、双手臂的操作机重量等。该机器人运动原理如图4.3所示，图中主要示出了手腕、夹持器的运动情况。

CS-R机器人由循环程序控制装置发出指令，运动要求主要包括：

① 当指令达到时，空气分配器的电磁铁 Y_1、Y_2、…、Y_{22} 按确定的顺序吸合；空气分配器使空气进入驱动装置机构的气缸中，从而使手臂完成运动。

② 当手臂放置在给定的位置时，终端开关 S_1、S_2、…、S_8 动作，控制相应的移动量，并给出下一步开始部分的允许量。

③ 手腕的转动、夹持器的夹紧、松开以及在所需点上安置的转动挡块等都不是按终点开关所给定的位移来控制的，而是按时间控制的。在完成这些动作时，需要给予一定的时间间隔，时间离散。

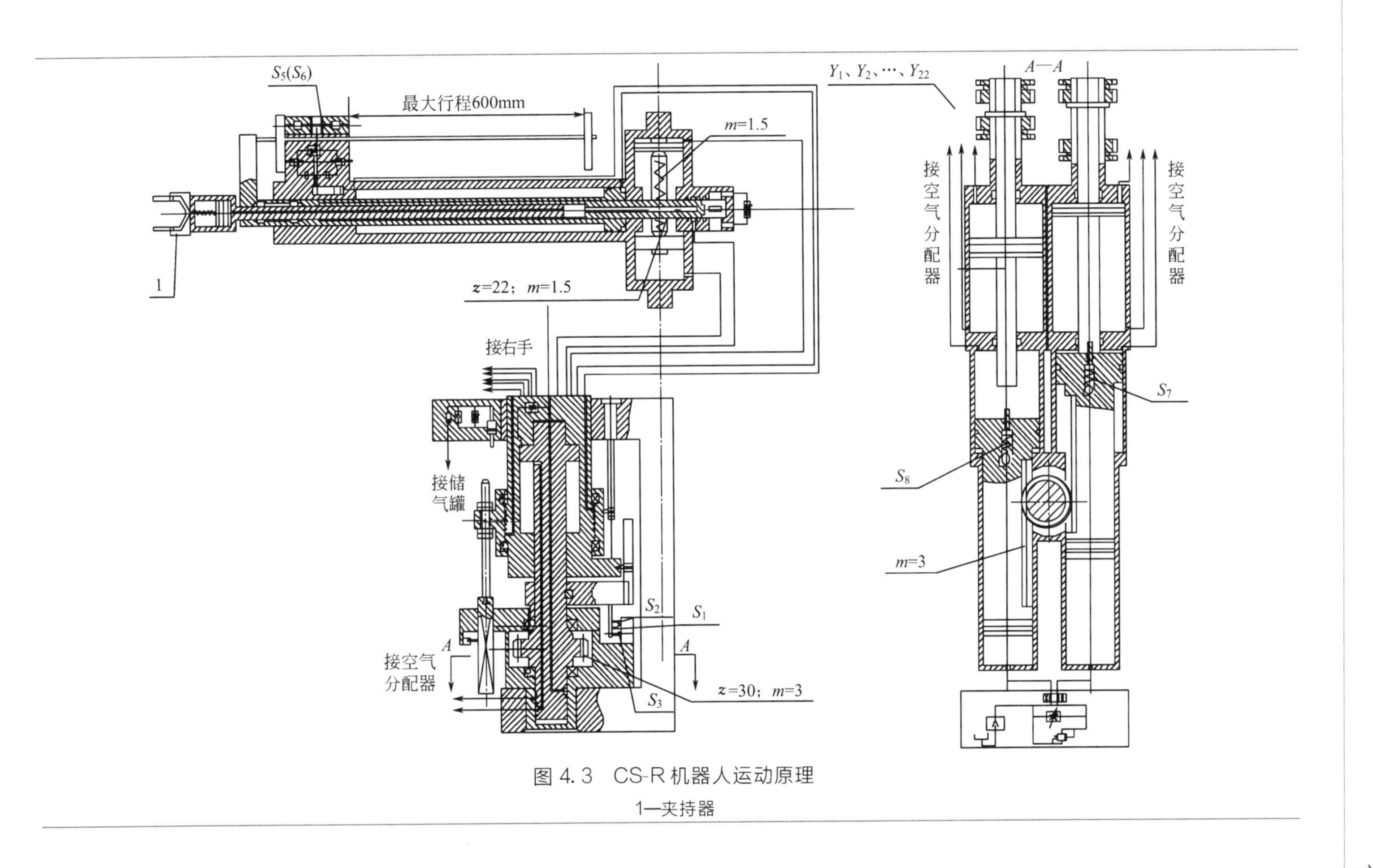

图 4.3 CS-R 机器人运动原理
1—夹持器

④ 机器人末端执行器安装在操作机械手腕部的前端，用来直接执行工作任务。根据机器人功能及操作对象的不同，末端执行器可以是各种夹持器或专用工具等，夹持器的夹紧与松开由压缩空气来实现。

⑤ 手臂伸缩驱动装置是在终端焊有法兰和管子组成的气缸。

⑥ 传感器发出伸缩机构动作信号传到控制系统中。

⑦ 活塞在活塞杆腔中的空气压力作用下开始运动。

CS-R 机器人可以通过备用移动模块，增加在水平方向的工作空间尺寸。其主要特点是：

① 操作机是工业机器人的执行机构，它可以有多种结构形式，其基本组成单元包括：两只手臂、手臂提升和转动机构及气动系统等。操作机可以安装在距离地面需要的高度上，该过程可以应用螺旋千斤顶来实现。

② 操作机的手臂机构做成标准化结构。用于一定重量毛坯、零件或工艺附件的夹持、握持及在空间的定向。为了实现这些动作，手臂机构必须包括手腕伸缩和转动驱动装置及带夹紧驱动装置的夹持装置。

③ 夹持钳口的尺寸和形状可能有各式各样的，应视零件的形状和重量而定，在必要时，允许更换整个夹持器。

④ 提升和转动机构用来实现手臂沿着操作机垂直轴的移动及手臂绕该轴的转动。

当制定冷冲压用机器人的构成方案时，应该特别注意机器人的运动空间及参数（包括参与装置与附件）。例如：手数量；单手承载能力；最大工作范围半径 R_{max} 及最小工作范围半径 R_{min}；手臂最大水平行程；手臂轴离地面的最小及最大高度；手臂最大垂直行程；每只手相当于操作机纵轴（位置角的安装极限）；夹持器绕纵轴的最大转角；夹持器在手转动和移动时的定位精度；单手臂、双手臂的操作机重量等。

1）手臂机构。①机器人操作臂可以看作是由运动副连接起来的一系列杆件的组合，通过连接两个杆件的关节，以约束它们之间的相对运动。操作对象的夹持和夹紧是由与机体铰接的钳口来完成的，应注意铰接处的装配，使夹持和夹紧可靠。

②钳口的尺寸和形状可能有各式各样的，应视零件的形状和重量而定，必要时，允许更换整个夹持器。

2）手臂伸缩。手臂伸缩驱动装置是由气缸控制的，要注意气缸的装配。为使手臂伸出，压缩空气进入该气缸的相反腔内。由于活塞的有效面积差，活塞杆开始向一个方向移动，实现手臂的伸出，直至位置传感器碰到挡块为止，此时传感器发出伸出机构动作信号传到控制系统中。为了使手臂缩回，应使活塞杆腔中的压力降低，活塞在活塞杆腔中空气压力作用下开始向后运动。

3）提升及转动机构。当操作机需要提升及转动操作时，可通过手臂提升和转动机构来实现手臂沿操作机垂直轴的移动和手臂绕该轴的转动。应用螺旋千斤顶，可以将操作机安装在距离地面所需的高度上。

（4）装配操作用机器人运动原理

装配操作用机器人对性能的要求，在不同的行业有所不同。如汽车工业与精密机械工业等是以调整装配、高速化及高精度等要求为主，而电机工业则以提高经济性要求为主。机器人运用到装配工序时最大的特点是减少装配工时，即减少装配工作时间在产品制造工序中的比例，降低产品的成本[5]；其次是提高产品质量的稳定性。

在此仅以AM-R装配操作用机器人为例进行阐述，该机器人的主要技术特征包括：①承载能力；②自由度数；③最大位移，包括小车沿水平轴移动、滑板沿垂直轴移动、手腕（头）相对于水平轴摆动及带夹持器头相对纵轴转动等；④最大位移速度，包括小车的移动、滑板的移动、手腕（头）的摆动及带夹持器头的转动等；⑤定位精度；⑥夹持器数；⑦换夹持器的时间；⑧所运送毛坯（如法兰盘）的最大尺寸［如直径、长度及重量（控制装置除外）］等。

AM-R装配操作用机器人工作时，流程分为姿态调整与位置调整，先进行姿态调整，再进行位置调整，最后把零件组装起来。因此，它需要具有如下功能：

① 零件的装卸，包括零件整列、判别、进给及握持。

② 定位（如两个零件相对位置的配合）。

③ 结合及装入（或插入、压入及拧紧螺钉等）。

AM-R机器人采用组合式结构，用于金属切屑机床及机床组成的柔性自动成套设备上，可加工旋转体（轴或有法兰的）零件，其运动原理如图4.4所示。图4.4中主要包括：手臂、手腕（头部）、小车、机体、滑板、驱动装置、平移机构、销钉、法兰、圆盘、可换夹持装置、芯轴、随动阀、齿条、靠模、活塞杆、液压缸及拉杆等。

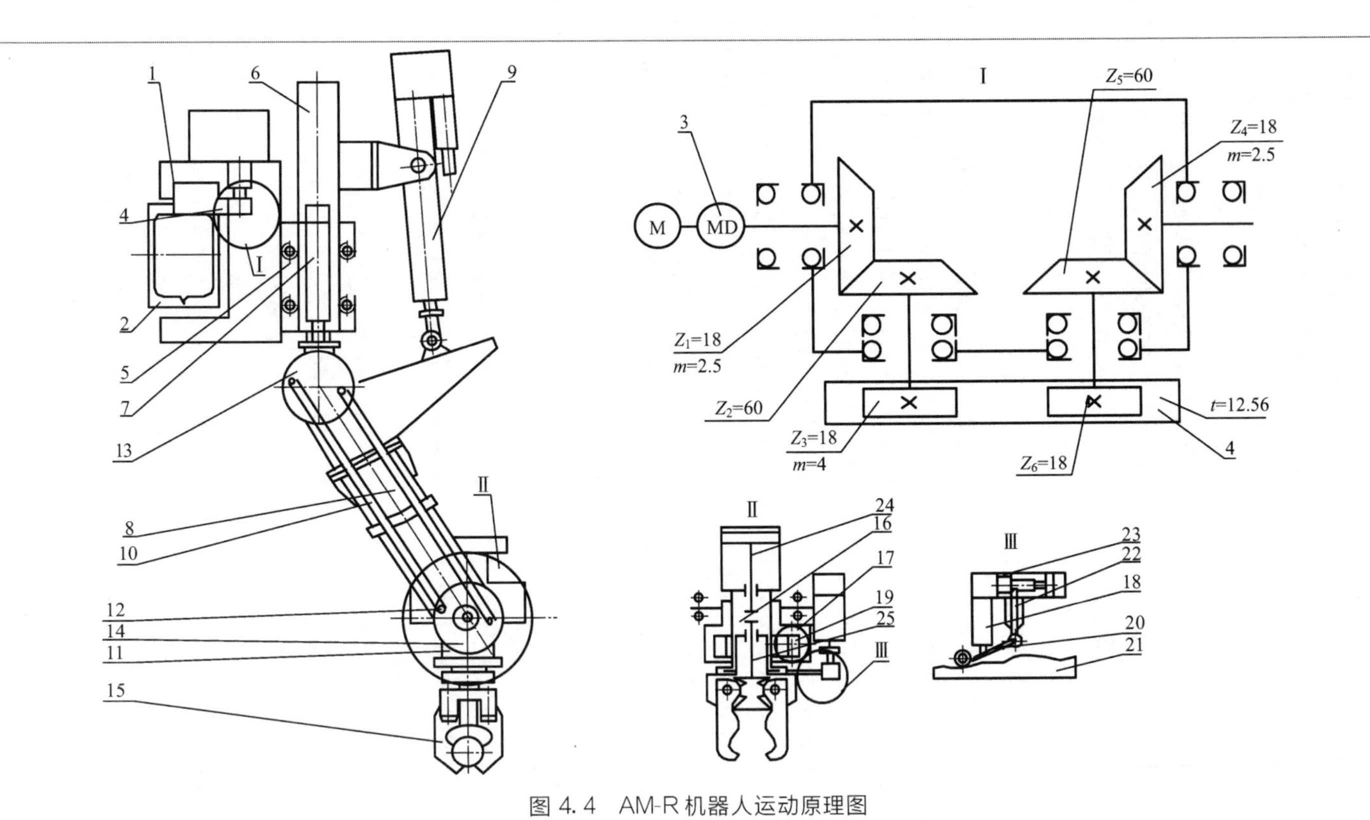

图 4.4　AM-R 机器人运动原理图

1—小车；2—导轨；3—扭矩放大器；4—齿条；5—机体；6—滑板；7，9—驱动装置；8—手臂；10—平移机构；11—手腕（头部）；12—销钉；13—法兰；14—圆盘；15—可换夹持装置；16—芯轴；17，24—液压缸；18—随动阀；19—齿条；20—杠杆；21—靠模；22，25—拉杆；23—活塞杆

AM-R机器人主要用于轴类零件或短法兰型零件的装配操作，是按照一定的精度标准和技术要求，将一组零散的零件按照合理的工艺流程，用各种必要的方式连接组合使之成为产品。AM-R机器人采用不同的形式连接形成了多种不同结构形式的运动和组合，其主要特点：

① 从贮存箱中抓取毛坯。

② 卸下在机床上加工好的零件。

③ 传输毛坯到机床上或贮存箱中。

④ 安装毛坯到机床上。实际安装中，常因其不确定因素产生的附加装配力而影响装配效果。自动装配中，可以采用主动反馈及多种装配策略来补偿外部扰动，减小装配力。

⑤ 安放零件到贮存箱的空箱中。毛坯和零件必须以定向的形式存放到贮存箱中。

当制定装配操作用机器人的构成方案时，应该特别注意机器人的运动空间及参数（包括参与装置与附件）。

① 根据组合式建造原则，组成符合工艺要求的机器人模块。机器人的末端位置和姿态是通过传感器检测的，其检测是实现运动的前提，也是保证装配精度的依据。位置和姿态检测的目的是得到待装配零件与已装配零件相对的正确位姿。

② 小车与导轨。AM-R机器人的小车沿固定在门架上的单轨移动[6]。小车驱动装置是电液步进式的，它包括步进电动机和带液压马达的液压扭矩放大器。小车运动通过锥齿轮齿条啮合来传动，为保证在齿轮齿条啮合中的拉紧力，使用附加平行工作的驱动装置。

③ 手臂与平移机构。该机器人手臂上固定着平移机构，平移机构由杠杆运动形成。

④ 手腕与夹持装置。手腕（头部）通常与可换夹持装置装配在一起，机器人手腕（头部）具有转动部分——芯轴，在芯轴上固定着可换夹持装置。

⑤ 手臂与手腕。该机器人的支撑系统安装在立柱上并沿门架导轨移动。采用弹性液压和电气管路可以将能量传递到液压驱动装置和工业机器人。专用液压驱动装置带动小车运动。在小车的侧面上装有滑板，滑板则由液压驱动装置驱动相对机体在垂直方向移动。滑板上安装有手臂机构，在手臂的下部安装手腕（头部），手腕（头部）可借助于专用平移机构在空间中保持一定姿态。在手臂的头部中安装有标准化支架，上面固定着可换夹持装置，可换夹持装置上装有专用电接触传感器，通过专

用电接触传感器确定毛坯或零件与夹持装置的接触力矩。

(5) 装卸用机器人运动原理

将零部件或物体从某一位置移到工作区的另一位置，是装卸用机器人最常见的用途之一，它通常包括“码放”和“卸货”两种作业形式。一些重要的零部件装卸时，还涉及拾取半成品或未完工的零部件，并将其送至机床以做最后的加工。这种类型作业对人类不安全，而机器人则可以轻松完成。

在此仅以 L-UNL 装卸用机器人为例进行阐述，L-UNL 装卸用机器人可以用于装卸工作的自动化，服务于多种工艺装备，在工序之间、机床之间输送加工对象及完成多种辅助作业。该机器人的主要技术特征包括：①承载能力；②自由度数；③绕多轴的最大位移；④手臂绕多轴的最大速度；⑤位置精度及重量等。

L-UNL 机器人的运动原理如图 4.5 所示。图 4.5 中示出了电动机、操作机手臂、转动机构、提升机构、手臂伸缩机构、手臂转动机构、夹持器、平台、压缩弹簧、支承滚柱、拉伸弹簧、导轨、位置传感器、液压缓冲器、手臂摆动气缸、手臂旋转气缸、压紧滚柱及夹持器气缸等。

L-UNL 机器人的结构是组合单元，即可以形成多种不同结构形式的运动和组合，其主要特点有：

① 手臂在操作机的球坐标系中有四个自由度。

② 操作机由以下机构来实现四个自由度：相对于轴Ⅱ—Ⅱ的转动；手臂沿轴Ⅲ—Ⅲ的伸缩运动；手臂相对于垂直轴Ⅰ—Ⅰ的回转；手臂沿轴Ⅰ—Ⅰ的上升。

③ 操作机的运动机构用护罩来防止灰尘和油污进入。

④ 夹持器机构的两个定向自由度形成手腕回转机构：相对于它的纵轴Ⅲ—Ⅲ和横轴Ⅳ—Ⅳ的旋转。

⑤ 调整手臂的位移是由机电式随动装置来实现的；手腕的定向运动和夹持器的夹松动作由气缸来实现。

当制定装卸用机器人的构成方案时，应该特别注意机器人的运动空间及参数。

1）操作机转动（回转）与提升机构。操作机的基本组件是回转机构，操作机提升机构装在回转机构圆盘上并采用液压驱动。

2）手臂回转机构。手臂回转机构是带有圆柱齿轮和蜗轮传动的减速器，安装在提升机构的上平台上，且相对于垂直轴Ⅱ—Ⅱ转动。手臂相对于其纵轴的伸缩机构，可以做成具有两级圆柱齿轮减速器及齿轮齿条的传动形式。

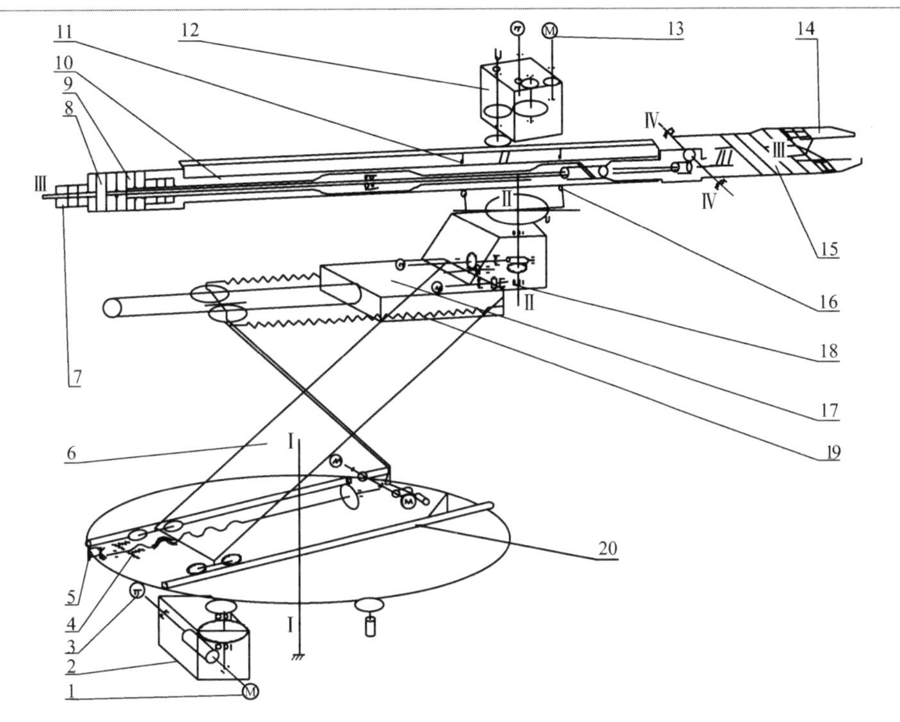

图 4.5 L-UNL 装卸用机器人运动原理图

1—电动机（3个）；2—转动机构；3—测速发电机（4个）；4—压缩弹簧（2个）；5—位置传感器；6—提升机构；7—液压缓冲器（2个）；8—手臂摆动气缸；9—手臂旋转气缸；10—操作机手臂；11—压紧滚柱（2个）；12—手臂伸缩机构；13—电动机（2个）；14—夹持器；15—夹持器气缸；16—支承滚柱（2个）；17—平台；18—手臂转动机构；19—拉伸弹簧（2个）；20—导轨（2个）

3）夹持器手臂及手腕机构。①操作机手臂机构中包含着带夹持器的手腕摆动回转机构；手臂机体做成套筒形，可以在其中安装手腕的摆动回转气缸；在手臂机体上固定着齿条及钢轨，钢轨安装在托架机体中用来支承滚柱，而托架装在手臂回转机构上。②手腕的摆动装置由气缸组成，用挡块进行轴齿轮的转动限位，调节挡块位置可以获得手腕的各种摆动角或完全锁住其运动。

（6）板压型机器人运动原理

板材冲压型机器人用于仪器制造业的板材冲压和机械装配生产工艺过程自动化中。

在此仅以PM-R板材冲压型工业机器人为例进行阐述，PM-R板材冲压型工业机器人的主要技术特征包括：①手臂数量；②手臂额定承载能力；③自由度数；④当手在单方向转动时，每只手相对于操作机纵轴角定位调整极限；⑤位移速度包括手臂提升与下降、手臂转动、手臂伸缩、横向移动及手腕转动等；⑥搬运物体沿各方向位移的定位精度及操作机重量（中央控制盘除外）。

板材冲压型机器人的操作机有多种结构形式，它们之间的主要区别在于手臂数量、自由度数和有无横移机构。

PM-R机器人可以由多个组装单元组成，如图4.6所示，它有A、B两种结构形式，结构形式A是具有二自由度手臂的操作结构，结构形式B是具有两只单自由度手臂的操作结构。该机器人包括自由度手臂、伸臂、偏移机构、转动及提升机构、小车、基座、调整移动机构等。

板材冲压型工业机器人可以是固定式的结构，也可以是移动式（如在小车上）的结构。其运动要求主要包括：

① 板压型操作机总自由度数为五，有提升运动、横向移动、手臂水平面中的转动、轴向移动和带夹持器的手腕相对于总纵轴的转动等。

② 操作机运动循环程序在控制台上给出。当循环程序控制装置给出指令时，相应的气体分配器电磁铁吸合，它们开启空气通路，使之进入执行机构的气缸，操作机完成给定的运动；当手臂的夹持器到达给定位置时，非接触式行程传感器形成电信号输入循环程序控制装置，它给出完成运动循环的步骤指令；手腕转动和夹持器夹紧松开指令完成时间，按循环程序控制组件中形成的给定时间延迟（如确定的间隔）终点来确定。

③ 在操作机运动循环各时间阶段，可以形成一定量的时间延迟。

当制定板材冲压型工业机器人的构成方案时，应该特别注意机器人的运动空间及参数（包括参与装置与附件）。

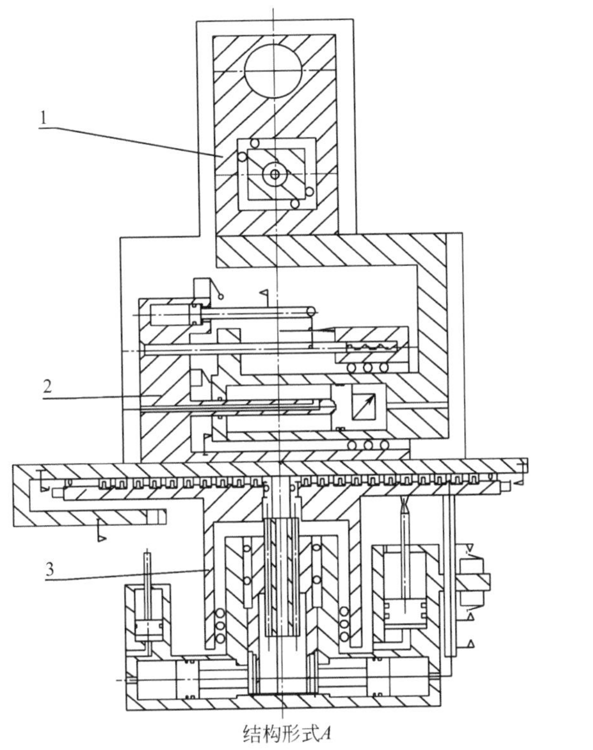

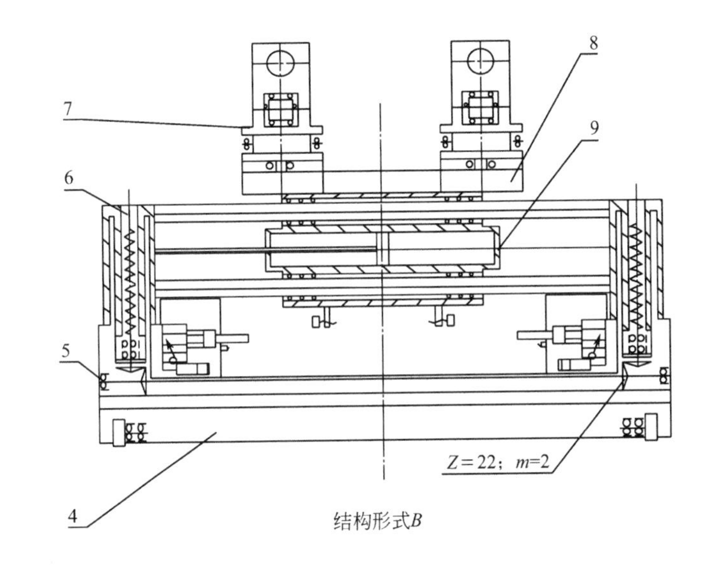

图 4.6　PM-R 工业机器人操作原理

1—二自由度手；2，9—偏移机构；3—转动及提升机构；4—小车；5—基座；6—调整移动机构；7—单自由度手；8—伸臂

1）**手臂机构**。操作机手臂机构整体装配时，应考虑手腕结构、夹持器机构、手臂的纵轴等的安装与调整。例如，具有两个自由度的机械手臂是由夹持器、手腕转动和伸出机构等组成的。还应注意手腕伸出结构、手臂伸出机构及手腕转动机构单元的组装与装配。

2）**夹持器**。夹持器可以是机械的或气动的。可以安置气动夹持器来代替工业机器人操作机的机械夹持装置，气动夹持器要装配在手腕的前面法兰上，并注意夹持器与手腕的固定。

3）**转动和提升机构**。提升机构中可以是带有引导锥形头和锥形孔的装配结构。被连接零件带有螺栓孔，装配时难以观察到其配合的情况，难以对准装入。若设计一个引导锥形头和锥形孔，装入螺纹孔中时有引导部分，安装方便、装配工艺性好。

4.1.3 组合模块结构工业机器人

组合模块结构工业机器人通常是以功能模块的有机集成为前提，包括转动模块或基础模块，垂直位移模块或立柱模块，手臂水平位移和转动模块，手腕摆动模块，夹持装置模块及循环程序控制装置等。

它将各功能模块有机集成到一个系统中去，完成功能模块的整体集成，最终形成组合式工业机器人系统。从系统工程角度研究其集成，组合模块结构工业机器人具有以下属性：

① **集合性**。组合式工业机器人系统由两个以上具有独立特性的模块构成。

② **相关性**。构成系统的模块之间相互联系，这意味着其中的一个模块发生变化，会对其他模块产生影响，因此要研究各模块的影响范围、影响方式和影响程度。

③ **整体性**。组合式工业机器人系统应是一个有机的整体，对内呈现各模块间的最优组合，使信息流畅、反馈敏捷，对外则呈现出整体特性，要研究系统内各模块发生变化时对整体特性的影响。

④ **目的性**。组合式工业机器人系统是为实现特定的目的而存在的，具有一定的功能。集成并不是简单地将各组成模块连接起来，而是模块间的有机组合。

⑤ **环境适应性**。一般情况下，系统与外部环境之间总有能量交换、物质交换和信息交换。环境对系统的作用为输入，系统对环境的作用为输出。

（1）组合模块结构形式

具有气液驱动装置的组合模块结构的工业机器人操作机结构方案有多种形式，图 4.7(a)～(c) 给出了几种组合模块结构形式。

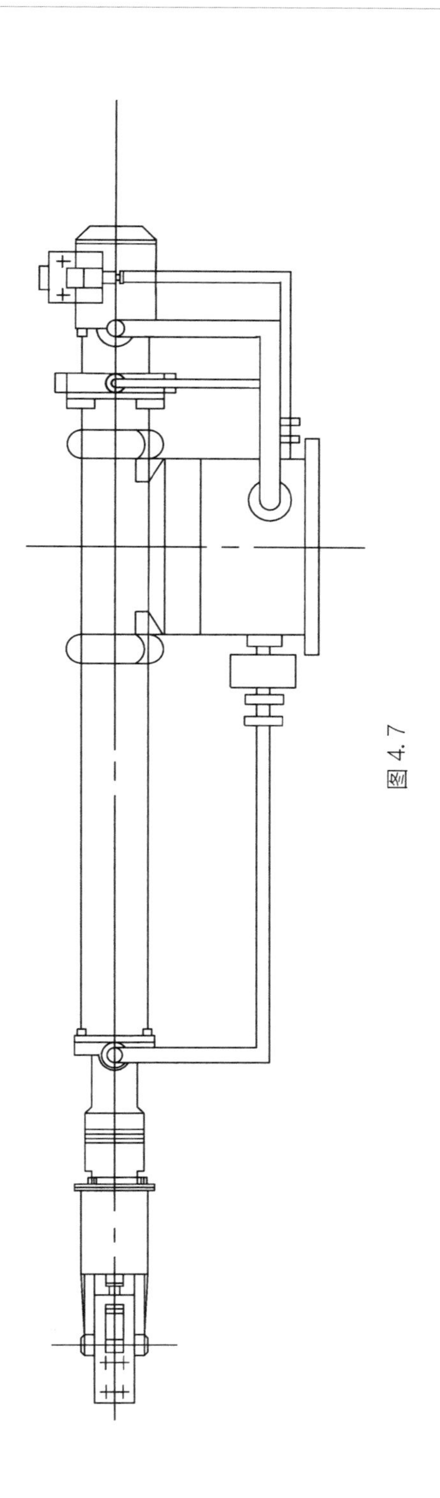

图 4.7

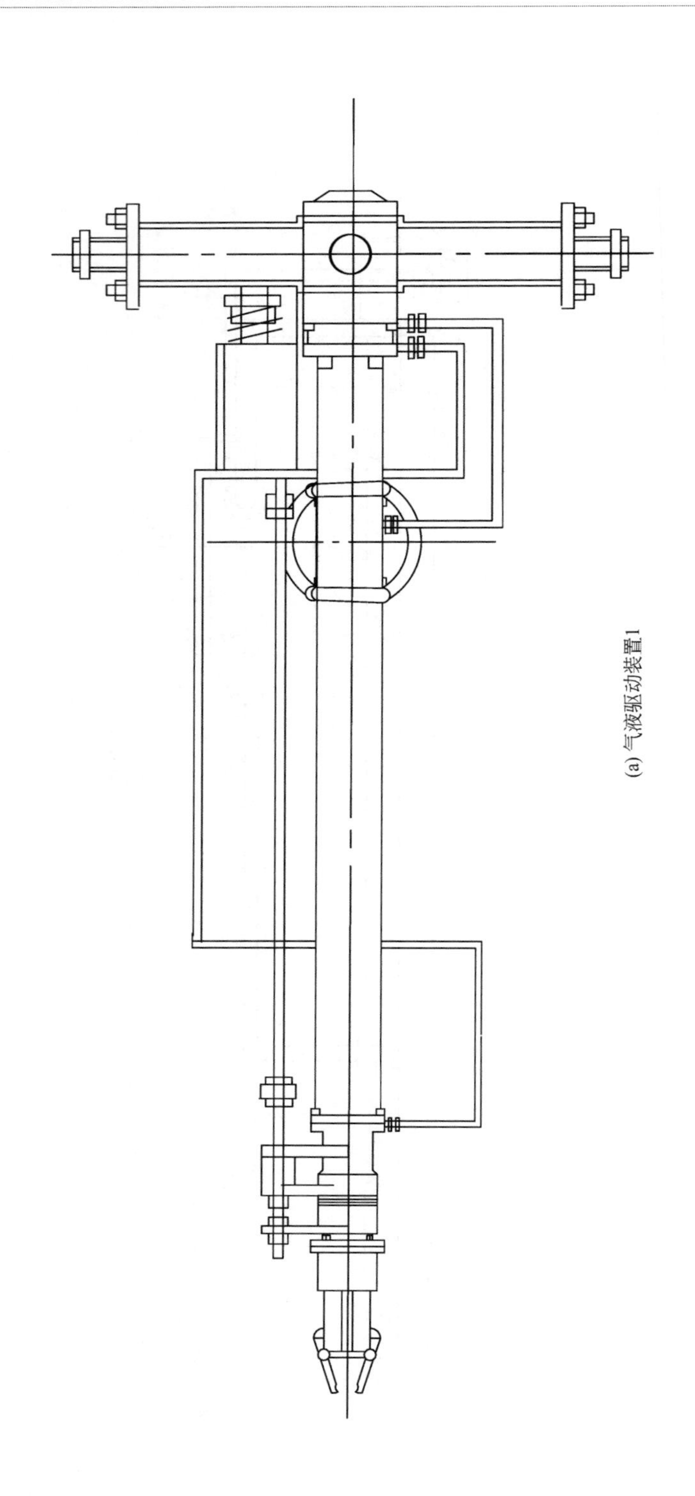

(a) 气液驱动装置1

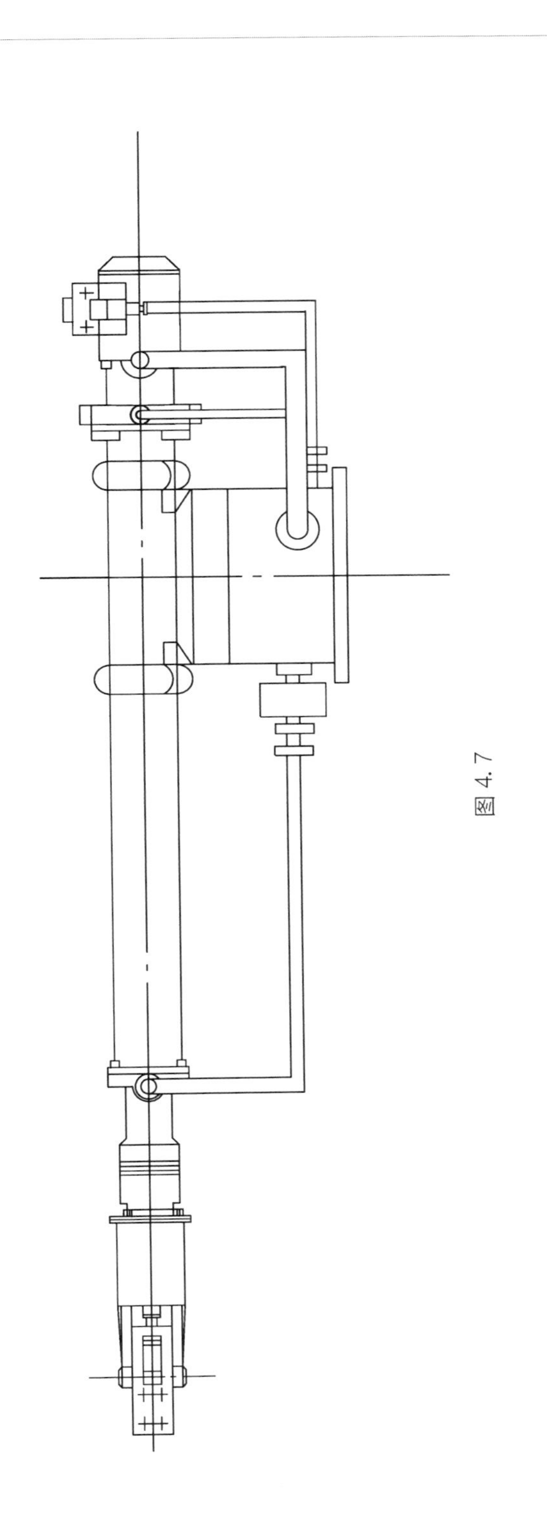

图 4.7

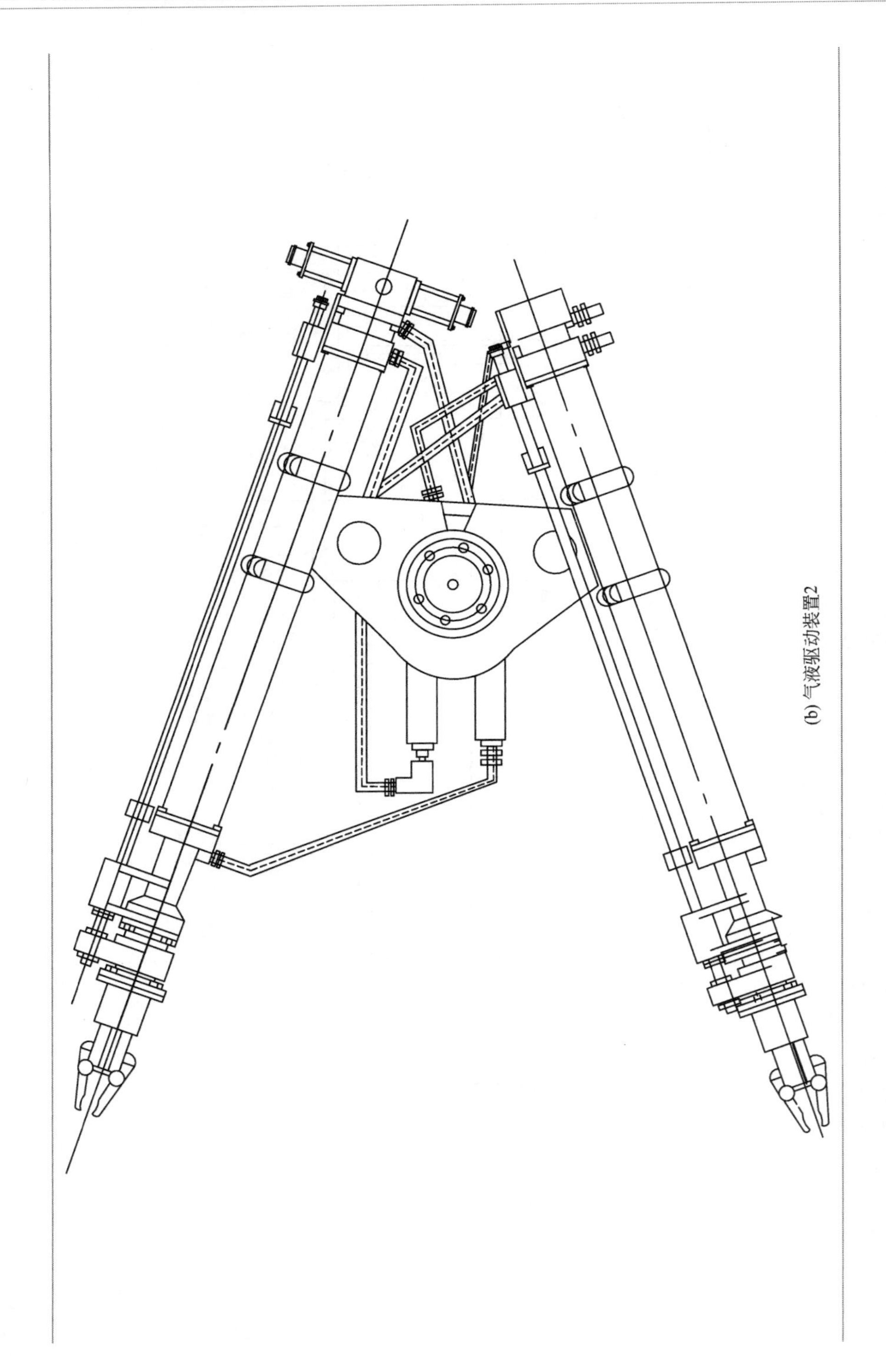

(b) 气液驱动装置2

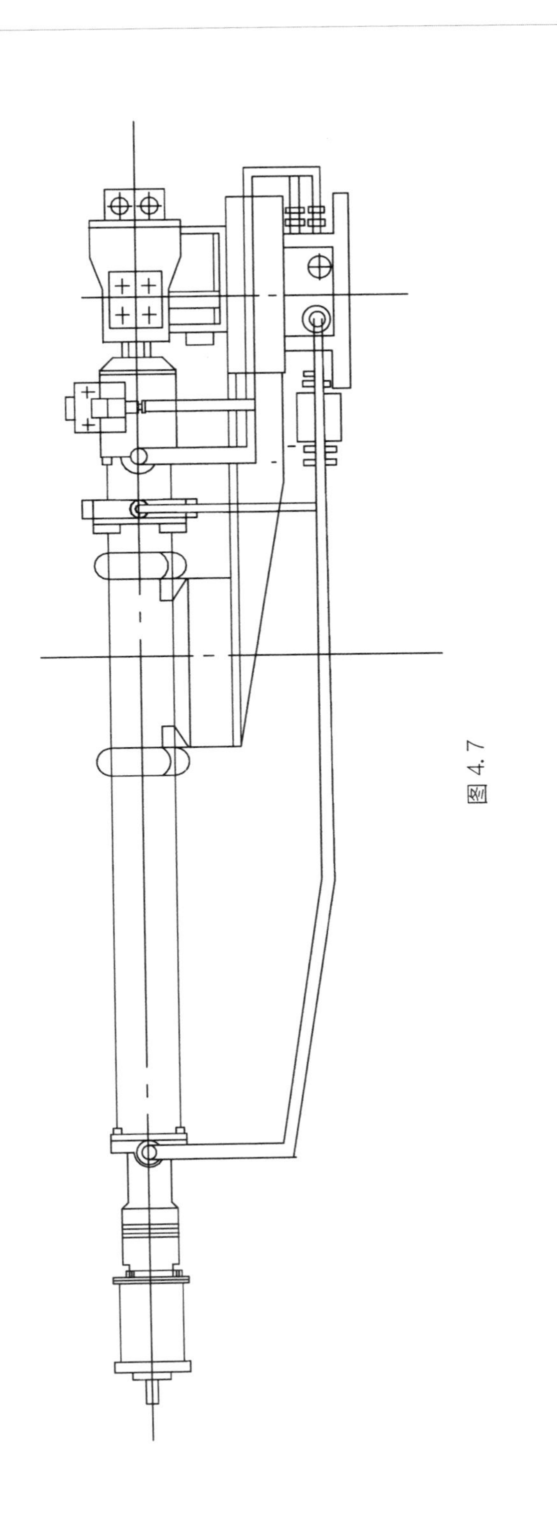

图 4.7

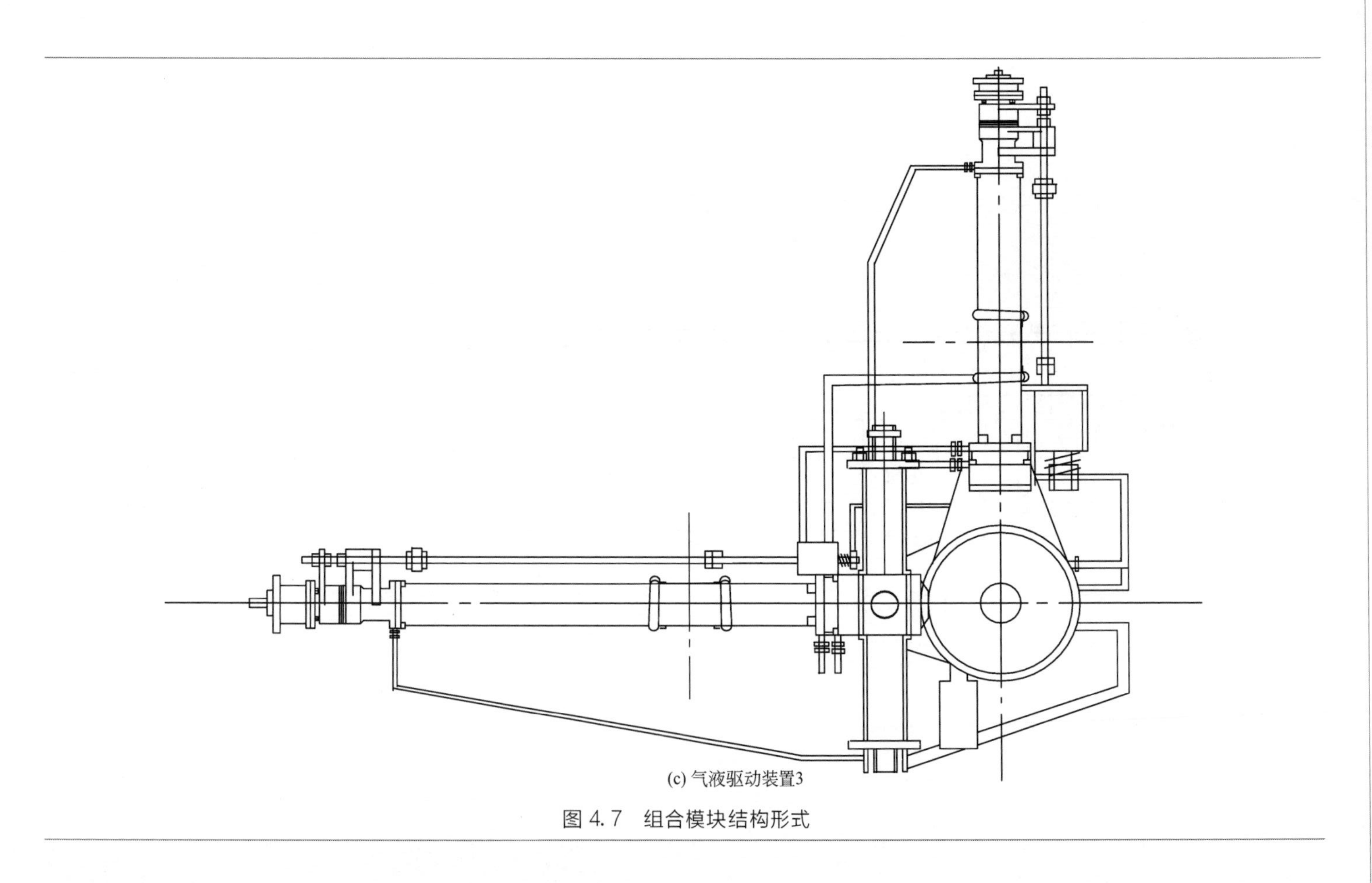

(c) 气液驱动装置3

图 4.7 组合模块结构形式

图 4.7(a) 中，操作机在满足基本的技术特性条件下，其结构方案主要特点是操作机结构简单，具有单个手臂模块。可以用通用型或标准化法兰型的连接装置固定在提升和回转模块上。

图 4.7(b) 中，操作机在满足基本的技术特性条件下，其结构方案主要特点是操作机具有两个手臂模块，两个手臂模块间可以构成不同角度的相互配置，手臂相互配合作业。可以用通用型或标准化法兰型的连接装置固定在提升和回转模块上。

图 4.7(c) 中，尽管其气液驱动装置的结构不同于图 4.7(b) 的结构，但是，操作机在满足基本的技术特性条件下，其方案仍然具有相似性，主要特点是操作机具有两个手臂模块，两个手臂模块间可以构成不同角度的相互配置，手臂相互配合作业。可以用通用型或标准化法兰型的联结装置固定在提升和回转模块上。

(2) 组合模块机器人整机组成

对于机器人来说，运动性能、力学特性及机械结构是其作业时的基本要求，在整机设计时若限制的因素过多，那么选择唯一方案是困难的，这主要是受现有组合模块的限制。在应用组合模块方法设计机器人时，应考虑现有的组合模块并采用适当的组合模块结构形式。结构模块的形式主要包括：固定基础、单轨悬挂式可移动小车、落地式可移动小车、相对于垂直轴（或转台）转动的单坐标模块、摆动模块（如回转立柱）、手臂垂直位移（或行程）模块、三自由度机械手及单夹持装置等。

下面以 P-25 型工业机器人为例介绍不同的组成方案。

组成方案 1 如图 4.8(a) 所示。方案 1 中包括固定基础、相对于垂直轴转动的单坐标模块、三自由度机械手及单夹持装置等。主要技术特性：承载能力 25kg，6 自由度。

组成方案 2 如图 4.8(b) 所示。方案 2 中包括三自由度机械手、单夹持装置、单轨悬挂式可移动小车及手臂垂直位移模块等。主要技术特性：承载能力 25kg，5 自由度。

组成方案 3 如图 4.8(c) 所示，方案 3 中包括三自由度机械手、单夹持装置、转动-摆动-提升机构、相对于垂直轴转动的单坐标模块、落地式可移动小车。主要技术特性：承载能力 25kg，7 自由度。

由上述 P-25 型工业机器人的方案可以得出，在承载能力相同、其他技术特性相似的情况下也可以组成不同的方案，以适应不同的生产环境或作业要求。

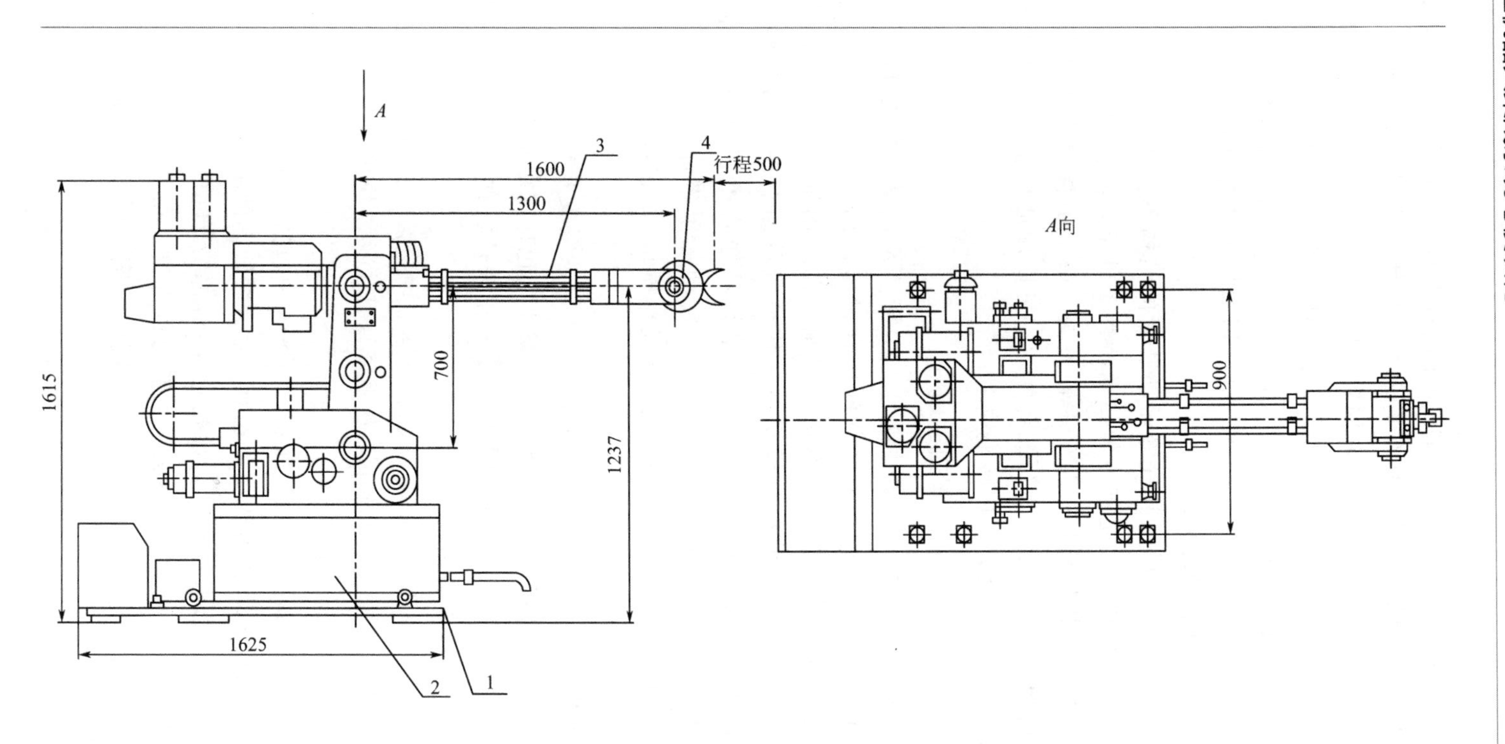

(a) P-25机器人组成方案1

1—固定基础；2—相对于垂直轴(转台)转动的单坐标模块；3—三自由度机械手；4 —单夹持装置

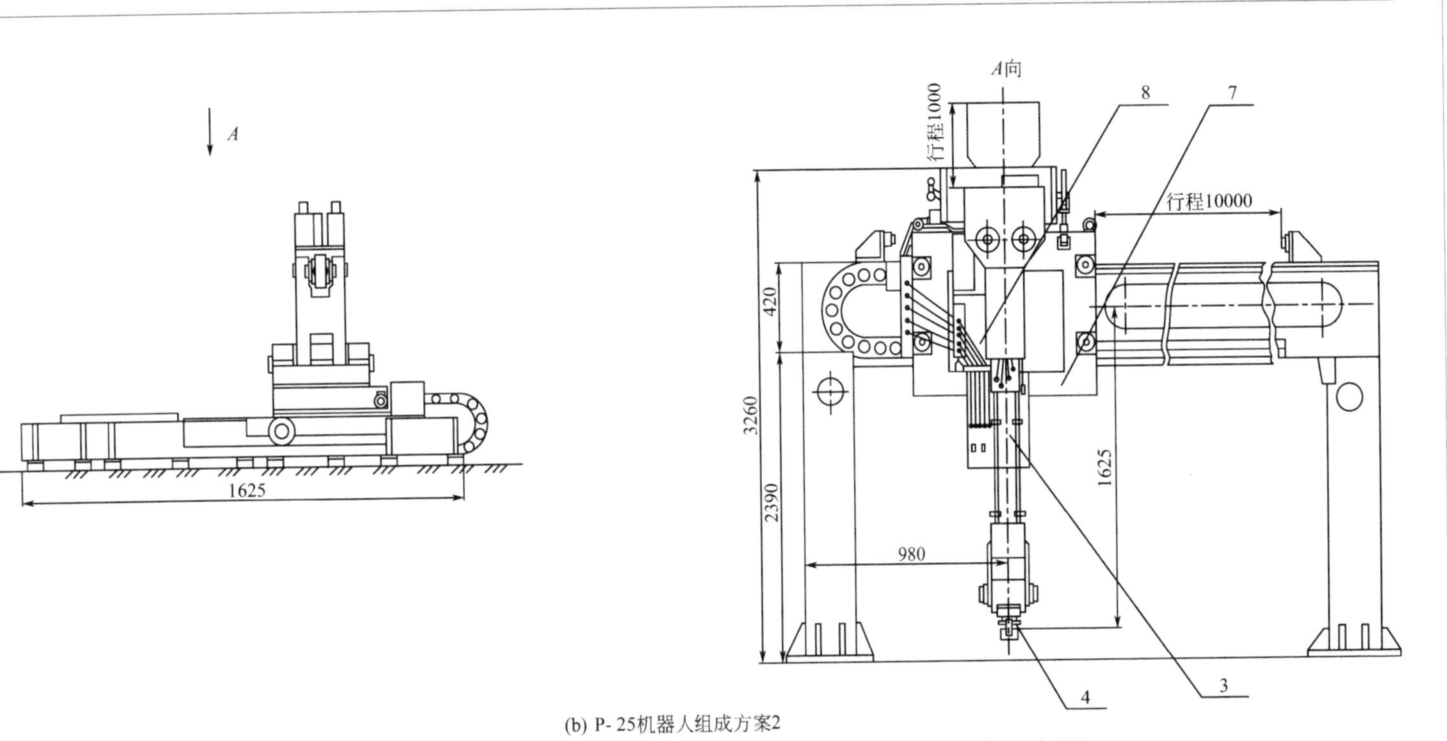

(b) P-25机器人组成方案2

3—三自由度机械手；4—单夹持装置；7—单轨悬挂式可移动小车；8—手臂垂直位移（行程）模块

图 4.8

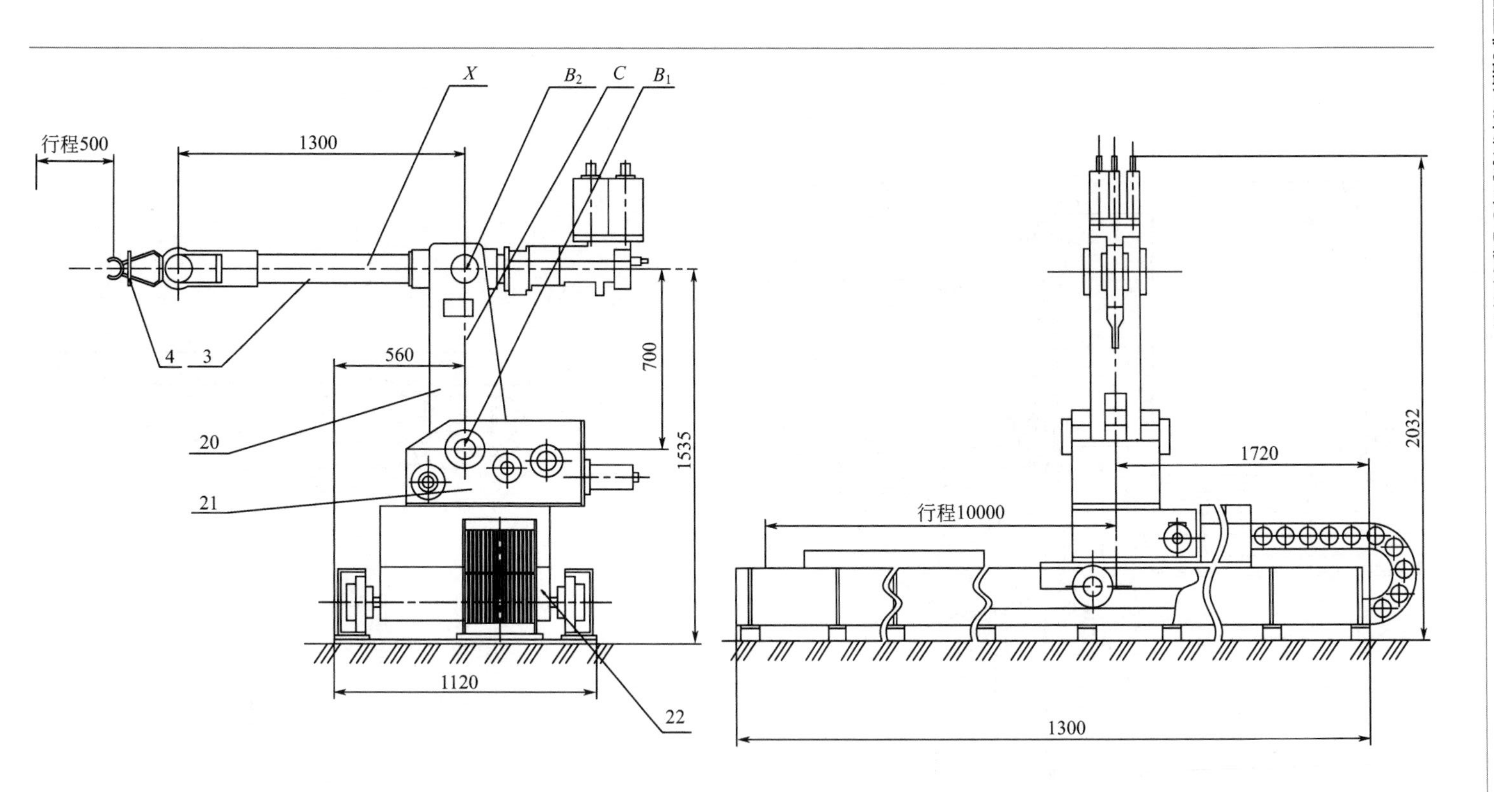

(c) P-25机器人组成方案3

3—三自由度机械手；4—单夹持装置；20—转动-摆动-提升机构；21—相对于垂直轴(转台)转动的单坐标模块；22—落地式可移动小车

图 4.8 工业机器人不同组成方案

组合模块工业机器人的驱动可以采用混合的配合装置实现，如图 4.8（c）所示。在 P-25 机器人组成方案 3 中，转动-摆动-提升机构模块的驱动可以采用电随动与气动配合装置实现。该运动链应该具有相对独立的运动特点，即当该模块摆动或转动的同时能够完成沿纵轴的移动，而不改变其方向。该模块采用电随动驱动装置、直流电动机驱动。对应的夹持装置采用气动型驱动装置，压缩空气通过模块基面上的专用接头传送到夹持器上。

4.2 工业机器人本体模块化设计

工业机器人本体模块化设计是根据主要加工对象的各项参数、工作环境及工作要求，推理出机器人机械整体结构组成，进而选择或设计需要用到的各个模块，以确保这些模块能组装成为一个结构合理并能实现所需功能的工业机器人。当涉及零部件模块时，需要将模块单元的二维结构图按照它们之间的线性联系绘制出来，再设置各节点来表示零部件图形之间的对应关系。图形完成后，把各主尺寸设置成参数的变量，由于主尺寸和辅助尺寸在之前就设定了对应的关联，当主尺寸参数改变的时候，辅助尺寸也会跟随主尺寸改变，而不会发生机器人图形的改变。

工业机器人模块化设计时，也需要根据给定待加工对象的性质（如尺寸、形状及材料等）同已有机器人的工作环境、工作方式相结合，并推理出模块化工业机器人的整体结构和所要用到的各种模块零件。模块化工业机器人在工业生产中起到了自动化、信息化、智能化代替人工的作用，为企业节约成本、提高效率。它的主要技术要求包括：①完成规定工件的搬运、加工；②能够满足使用方便要求，操作安全可靠；③能够用于批量生产；④使用寿命要长，坚固耐用；⑤能节约工作空间，提高生产效率；⑥容易制造、便于维修；⑦成本要比较低。

模块化工业机器人与传统的工业机器人设计相比，其优势在于较高的适应性和重构性，在改变设计要求时只需在建立的模块库中更换或补充相应模块，来满足改动的设计要求。

模块化工业机器人根据其功能可以分为基座模块、手臂模块、手腕模块、末端执行模块、辅助模块和驱动装置模块。模块或组合模块在功能和构造上是独立的单元，既可以单独使用，又可以与其他模块组合使用，以构成具有给定技术性能和用途的工业机器人。针对机械部分模块化时，模块库中应包括基座模块、手臂模块、手腕模块、末端执行模块、辅助模块及驱动装置模块等。

（1）基座模块

基座模块可以分为固定式和可移动式两种，主要起固定、支撑的作用，是整个工业机器人的基础。包括固定基座、固定支柱、龙门架及可移动小车等。

（2）手臂模块

又称关节模块。手臂模块是工业机器人执行机构中的重要部件，它的作用是将被抓取的工件运送到给定的位置或设备上，并且承受抓取工件、末端执行模块、手腕模块和手臂自身的重量，手臂模块的各项指标直接影响到机器人的工作性能。当按照运动方式划分时，手臂模块可分为伸缩手臂（具有一个自由度）、伸缩回转手臂（具有两个自由度）、铰链杠杆式手臂（具有两连杆）。

（3）手腕模块

手腕模块连接着机器人的手臂和末端操作器，它有着独立的自由度，可以调节或改变工件的方位，帮助工业机器人末端执行模块适应一些复杂的动作要求。当按照自由度区分时，手腕模块可以分为固定手腕模块、一个自由度、两个自由度及三个自由度的转动手腕模块。

（4）末端执行模块

末端执行模块又叫末端操作器，它被称为工业机器人的手，直接用于抓取、握紧或吸附。其专用工具包括喷枪、焊具及扳手等。根据抓取工件的形状、尺寸、重量、材质以及表面状态的不同，末端执行模块可分为夹持模块、吸附模块和专用手部模块等。

（5）辅助模块

辅助模块为模块化工业机器人提供一些辅助功能。主要提供装料台、可换夹持模块库、压紧装置及其他用于毛坯和被加工零件的中间储存、定向，夹持器更换和其他辅助功能等。例如，为了保持机器人手腕的固定方向，需要杠杆式机械手臂杆件回转角的补偿，即使用辅助模块。

（6）驱动装置模块

驱动装置模块是一种传动装置，它能够使工业机器人各个部分运动起来，一般分为气动、液压及电动三种驱动方式。

工业机器人本体模块化，从结构意义上旨在构造模块化工业机器人。构造模块化工业机器人可以采用设计分解、引入约束联系及节点之间的元素关联等方式，构造模块化过程中这三种方式不可缺少。

（1）设计分解

设计分解主要针对结构方式和结构类型。例如，将用于机床制造的模块化工业机器人的设计分解成两个部分，第一部分是确定机器人的结构方式，此类模块化工业机器人主要有框架式模块化工业机器人和落地式模块化工业机器人等；第二部分是根据工业机器人的结构类型划分为支撑功能、连接功能、导向功能及夹持功能等结构。各类结构方式在长期的应用中已经发展地很成熟，可直接拿来作为方案单元使用，每一种不同的结构类型又有不同的表达方式，也可以作为方案单元。

（2）引入约束联系

结构方式及结构类型的方案单元都对模块化工业机器人有约束，例如腕部和手部的联系，框架式和单轨小车的联系等。

（3）节点之间的元素关联

在对模块化工业机器人的方案进行分析研究后，了解各基本单元的安放位置以及各单元之间的相互联系，通过元素关联图来表达。元素关联图的绘制主要依据各模块之间连接的先后顺序或特定联系及模块的基本功能体两个方面。①利用各模块之间连接的先后顺序或特定联系。例如，单轨龙门架要和垂直行程小车连接在一起，才能再安装其他的模块。若选择安装手臂模块，则必须继续安装手腕模块，最后才能和末端执行模块配合连接。②利用模块的基本功能体来实现。例如，单夹持器、双夹持器及吸盘，可以实现模块化工业机器人工作的夹持作用，是必不可少的一部分。

在绘制元素关联图时，要结合所有底层方案单元存在的连接与装配关系，将底层方案单元通过关联整合为一个结构合理的整体，并找出所有可能的路径。但这样一来会导致元素关联图非常复杂，因此要根据经验，舍弃一部分在结构和组成上明显不合理的连接关系。通常元素关联图都是无向图，在绘制的时候，要结合某些方案单元实际位置以及一些主要元素的安装顺序进行思考，将元素关联图变成有向的。

模块化工业机器人的结构设计是机器人整个生命周期最重要的阶段，主要的成本也是在此产生，为获得最佳经济效益的关键阶段，结合给定的加工对象及工作环境等因素，利用理论及建模工具对模块化工业机器人进行架构设计。当得到多个可行性方案时，要从多个可行性方案中优选出最佳方案作为结果输出。但是，方案优选是一个复杂多变的问题，不能仅考虑一些局部因素，而是需要根据目标任务及按照正确的比例关系来分析所有影响因素。

模块化原理不仅是方法学也是一种思想，无论在任何行业都有模块化设计思想。机器人本体模块化设计正是依据其理念，应用系统集成制造的思路将通用模块和专用模块进行合理配置组合而实现的。

运动原理和结构布局是进行机器人本体模块化设计的必要进程，该过程也是工业机器人主要零部件模块化的依据。目前，工业机器人本体模块化已经得到广泛应用，下面仅以特定实例进行简单介绍。

4.2.1 多用途工业机器人

这里，多用途工业机器人指的是广泛用于带有数控装置的金属切削机床或设备的机器人。多用途工业机器人可以完成旋转体毛坯的装料，输送已加工的零件，由机床加工地点顺序地放在包装箱、贮存仓库或夹具中，将包装箱或贮存仓库中的毛坯或零件排列整齐等。

（1）工作原理

YM-R 型机器人作为多用途工业机器人，能在具有水平主轴或工作台的不同类型机床上工作，如车床、精镗床、磨床和齿轮加工机床等，当这些机床成直线排列在承载的门架下面时，该机器人操作机也可以在小车的引导下沿门架移动并辅助工作。YM-R 型多用途工业机器人操作机机构原理如图 4.9 所示。主要包括：液压马达、电液步进电动机、减速器、齿条、导轨、小车、滚珠丝杠、滚珠螺母、肩部（杠杆）、肘部、电磁制动器、链传动、手腕翻转机构、夹持装置、手腕（头部）及支架轴等。

图 4.9 中，操作机的运动采用小车形式，小车采用模块成套驱动装置，用步进式伺服电动机及电液式驱动方式。

操作机手臂是双杆式结构，包括肩和肘铰链连杆元件。操作机手臂的肩部铰接在支架轴 I 上，支架固定在小车上。手臂肩部驱动机构包括肩电液步进电动机、肩齿轮减速器和肩滚珠丝杠等，它们均安装在相对于小车摆动的机体上。在机体轴承中旋转的丝杠使铰接在上边杠杆末端的肩滚珠螺母产生平行移动，从而使操作机手臂肩部产生摆动运动。安装在手臂减速器输入轴上的手臂电磁制动器用来实现手臂杆件角位置的定位。手臂肘部驱动机构包括电液步进电动机、电磁制动器、齿轮减速器和滚珠丝杠传动等，与手臂驱动装置类似；与肘部驱动机构不同的是减速器的箱体直接装在手臂肘部的机体上，而滚珠螺母与下边长肩部铰接。肘部相对于下边肩部的轴Ⅱ摆动。

带夹持装置的手腕（头部）完成手臂肘部的下端相对于轴Ⅲ的摆动。在手腕的机体中有两个液压缸，一个是用来夹持或松开单夹持装置的钳口，另一个是用来进行手腕翻转或回转一定的角度。为保证手腕与夹持装置的整个稳定位置（例如在操作机工作空间任一点上），考虑用补偿手臂杆件摆动角的专用平移机构。专用平移机构采用链传动的形式，其链轮装在轴Ⅰ、轴Ⅱ和轴Ⅲ上，这样，手腕运动时可以得到附加的摆动，而其相对于小车的角位置仍保持不变。

操作机也可以采用另一种驱动装置形式，如图 4.10 所示。YM-R 型多用途工业机器人操作机机构原理是采用液压马达带动齿轮减速器，通过齿条传递到导轨以驱动小车运动。

YM-R 型机器人液压驱动原理仅以其手腕及夹持器工作原理为例，如图 4.11 所示。液压系统是手腕及夹持器的核心，诸多的液压元件和各种控制回路构成了一个相对复杂的液压系统。该系统中应包括节流进给、压力平衡进给和调压进给三种方式。

YM-R 型机器人液压驱动设计中应当着重关注的问题主要包括：①确定液压系统主要参数时，应注意元件参数的合理匹配，使其适应手腕及夹持器的运动原理，以提高工作效率和使用寿命。②液压油的过滤精度对元件的使用寿命影响很大，从而影响整机的使用。因此，在条件允许的情况下，可选用过滤要求低的元件，而在系统的设计上适当提高过滤精度，使设计和要求的过滤精度之间有一定余量。③为了确保工作的可靠性，选取优质可靠的液压元件极为重要。④设计管路系统时，应在采取合理结构的前提下，适当提高设计和装配的技术要求，以确保系统的密封质量。⑤应当根据系统装机的技术水平，合理选择测量元件与各类传感器。⑥正确与合理地协调、处理、平衡好其他各控制回路与手腕及夹持器之间的逻辑程序关系。

图 4.11 中，手腕回转驱动装置由液压缸 U_2 来实现。在其活塞杆上加工的齿条与齿轮相啮合，用伺服阀 SV 控制液压缸，其探针通过连杆与固定在手腕机体上的模板相接触，连杆的轴固定在拉杆上，而拉杆支承在辅助液压缸的阶梯形活塞杆上，连杆的轴应根据活塞杆位置安装在三个水平面之一上，从而引起伺服阀的探针位置的改变；因此，当液压

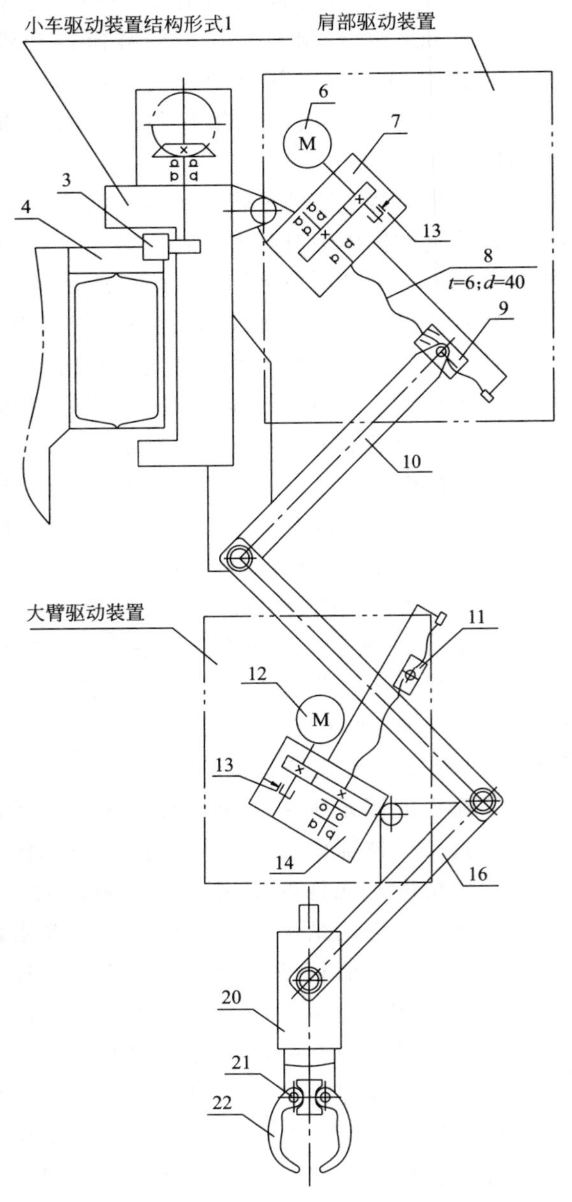

图 4.9　YM-R 型多用途工业
（具有小车模块成套

1—液压马达；2—减速器；3—齿条；4—导轨；5—小车；6—肩电液步进电动机；
11—手臂滚珠丝杠传动；12—手臂电液步进电动机；13—手臂电磁制动器；
18—单夹持装置钳口；19—手腕翻转机构；20—手腕（头部）；

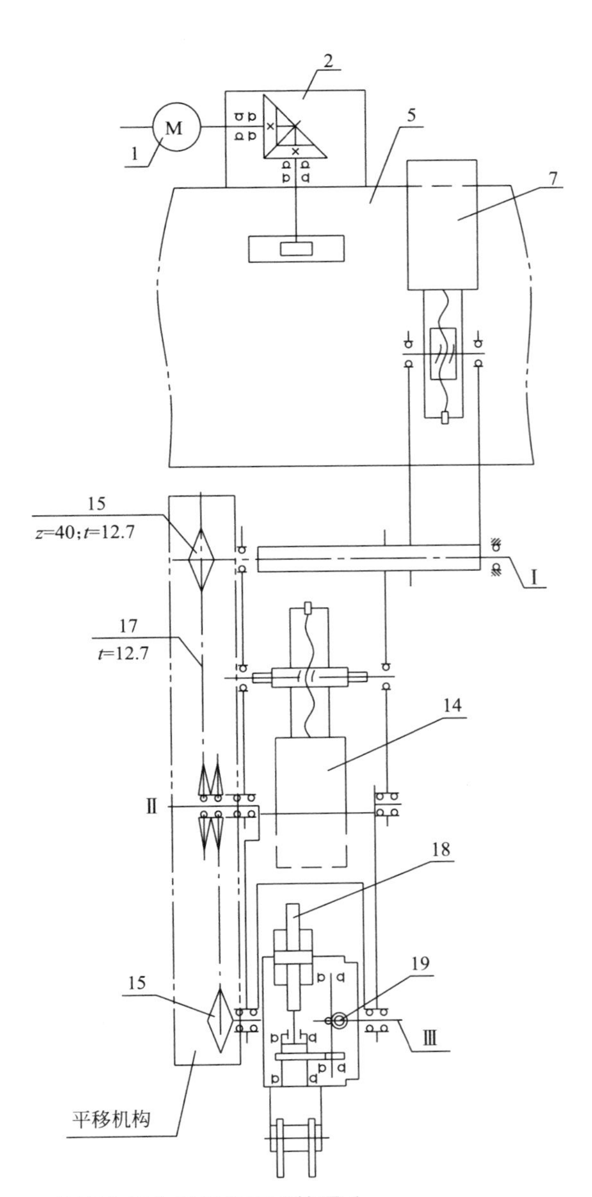

机器人操作机机构原理简图 1

驱动装置结构形式 1）

7—肩齿轮减速器；8—肩滚珠丝杠；9—肩滚珠螺母；10—手臂肩部（杠杆）；
14—手臂齿轮减速器；15—链轮；16—手臂肘部；17—链传动；
21—齿条；22—夹持装置；Ⅰ—支架轴

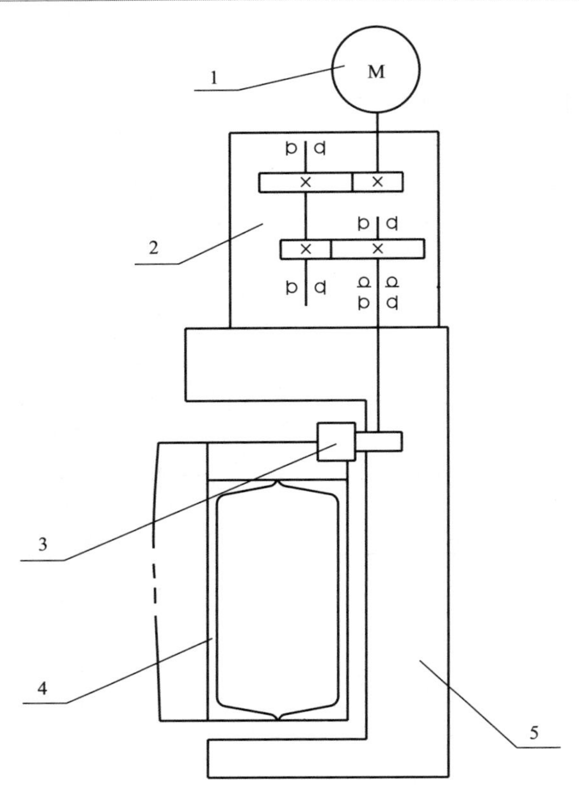

图 4.10 YM-R 型多用途工业机器人操作机机构原理简图 2
（具有小车模块成套驱动装置结构形式 2）
1—液压马达； 2—减速器； 3—齿条； 4—导轨； 5—小车

缸 U_2 活塞杆移动时，手腕回转到中间或两个极限位置之一。模板的轮廓是根据相应的手腕在给定位置上转动时所必需的启动和制动的规律来设计或选择的。

通过液压缸 U_1 实现夹持器钳口的夹紧与松开。为此，液压缸的活塞杆与夹持机构的齿条刚性连接。

两个液压缸 U_1 和 U_2 的工作循环可以通过控制电磁铁状态和终端开关位置来实现。

对应小车、手臂、肩及肘，它们的电液步进驱动装置包括不同型号的电液伺服步进电动机、液压马达及液压扭矩放大器。另外还包括：模板、拉杆、活塞杆、控制电磁铁、终端开关、液压缸、辅助液压缸及伺服阀等。

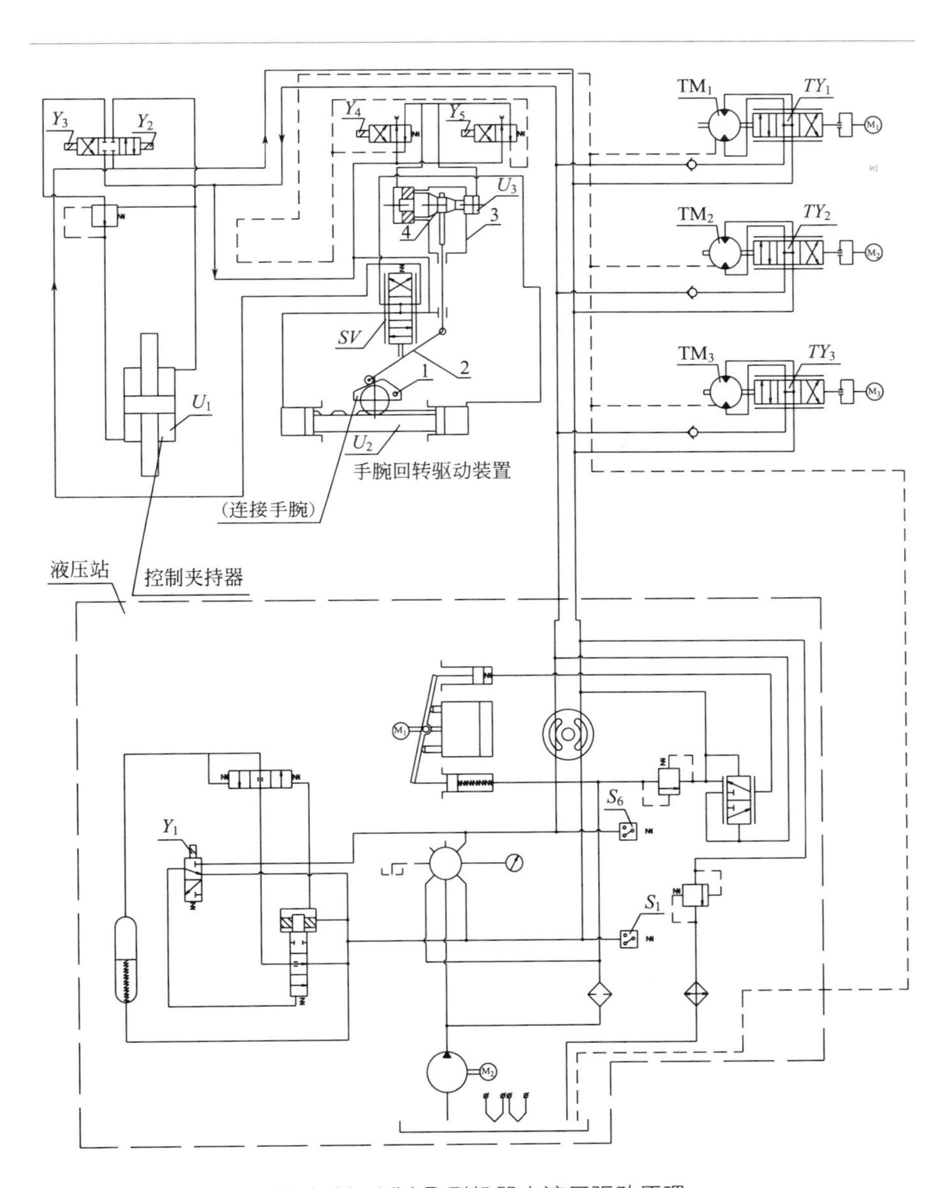

图 4.11 YM-R 型机器人液压驱动原理

(YM-R 型手腕及夹持器工作原理图)

1—模板；2—连杆；3—拉杆；4—活塞杆；Y_1 ~ Y_5—控制电磁铁；S_1，S_6—终端开关；M_1 ~ M_3—电液伺服步进马达；TM_1 ~ TM_3—液压马达；TY_1 ~ TY_3—液压扭矩放大器；U_1，U_2—液压缸；U_3—辅助液压缸；SV—伺服阀

（2）结构布局

YM-R 型机器人属于直角坐标机器人结构，可以做成可移动的门架式结构，如图 4.12 所示。主要包括：小车模块、手臂承载机构模块、导轨及立柱等。导轨装在立柱上，小车、手臂承载机构均沿着导轨移动，它们位于被看管的设备上方，易于实现全闭环的位置控制，可以用于多种工业用途。

YM-R 型机器人承载能力 160kg，其操作机有四个自由度，分别是：小车沿单轨位移 X；手臂在肩关节中的转动 A；手臂在肘关节中的转动 B；手腕（夹持器的头）绕自身轴线旋转 C。在垂直平面中手臂和肘的摆动共同保证承载夹持器的手腕水平和垂直位移。为了夹松毛坯或零件，规定夹持器钳口的运动为 W。

小车是操作机结构的基本元件，带有驱动装置并保证沿导向轨道的移动。小车驱动机构包括由电液步进电动机驱动的减速器，该减速器的输出轴上装有齿轮，齿轮与固定在导向轨道上的齿条啮合。小车结构对同一类型的操作机可以通用。

小车及手臂的运动，即 X、A、B 运动所用驱动装置是在数控装置定位工作状态下实现的。而手腕运动 C 和 W 则通过装在电控柜中自动装置的循环指令来实现。

应用数控装置，可以在示教工作状态下进行操作机运动循环的编程。如贮存手腕移动时的定位坐标，并在自动循环中再现给定的运动。

对于操作机也可以安置附加机构和装置，以便更有利地服务于机器人的工作。例如：①毛坯在机床或机床卡盘中的位置确定；②控制加工零件的直径；③用喷吹方法清除机床表面的切屑。

4.2.2 电镀用自动操作机

电镀的目的是在基材上镀上金属镀层，改变基材表面性质或尺寸。电镀生产中要大量使用强酸、强碱、盐类和有机溶剂等化学药品，在作业过程中会散发出大量有毒有害气体，电镀车间工作场地潮湿，设备易被腐蚀，也容易导致触电事故。电镀用自动操作机力求加强劳动防护，提高设备自动化水平。

（1）工作原理

在电镀过程中，零件在槽池中的装料和卸料可以采用专用自动操作机实现。EO-R 电镀用自动操作机用于夹持电解液中的零件以及当完成金属镀层循环之后抖动带着零件的负载夹持器。该操作机的空间运动如

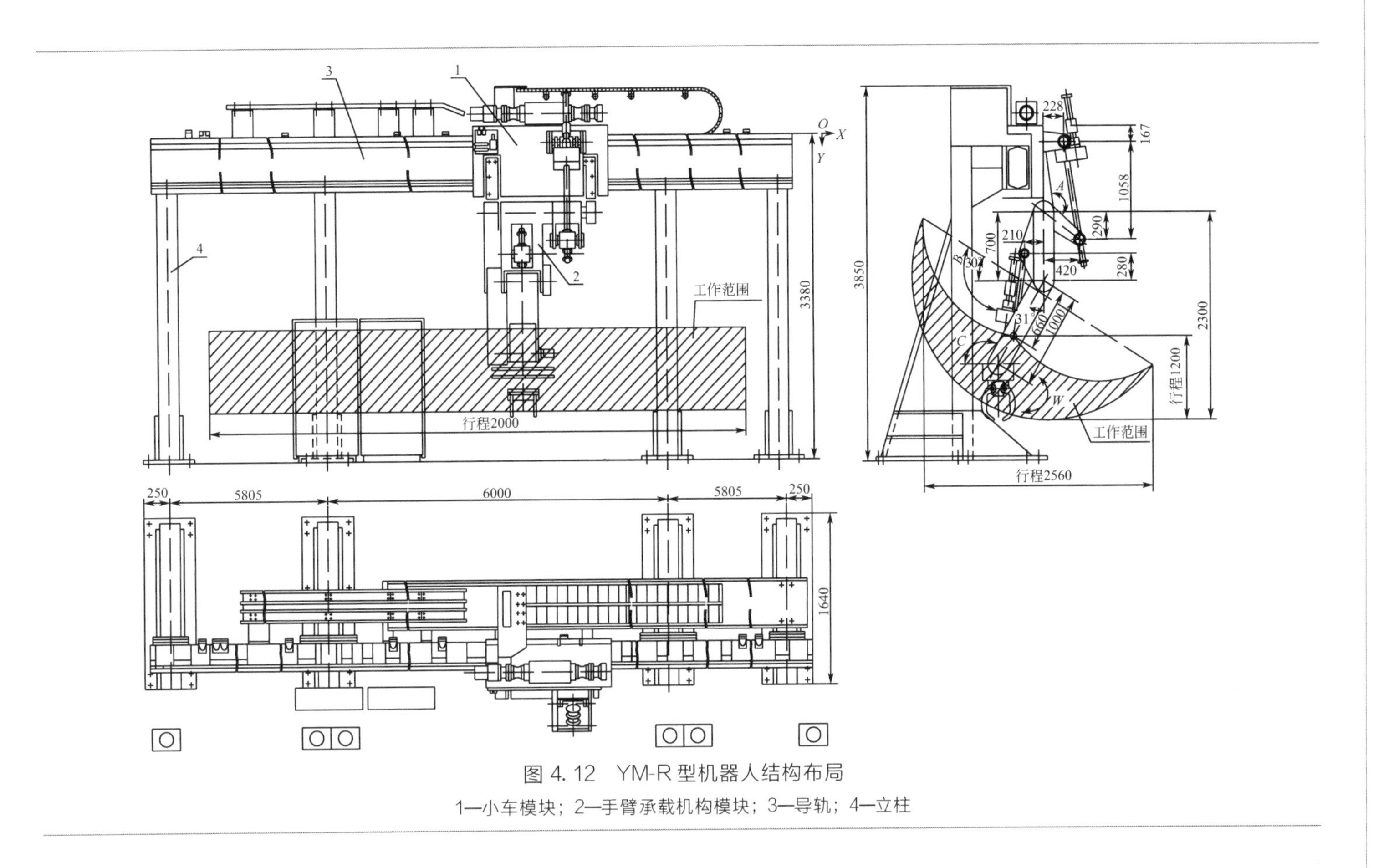

图4.12 YM-R型机器人结构布局

1—小车模块；2—手臂承载机构模块；3—导轨；4—立柱

图 4.13 所示，操作机工作在镀槽的电镀自动线中，镀槽具有一定尺寸的工作空间。图 4.13 中主要包括：电动机、夹持器、横梁、机体、齿轮、杠杆、开关、联轴器、减速器、圆盘、电液制动器、链轮、链条、抖振器、动板、平台（基座）、承载链、弹簧及剪叉式提升机构等。

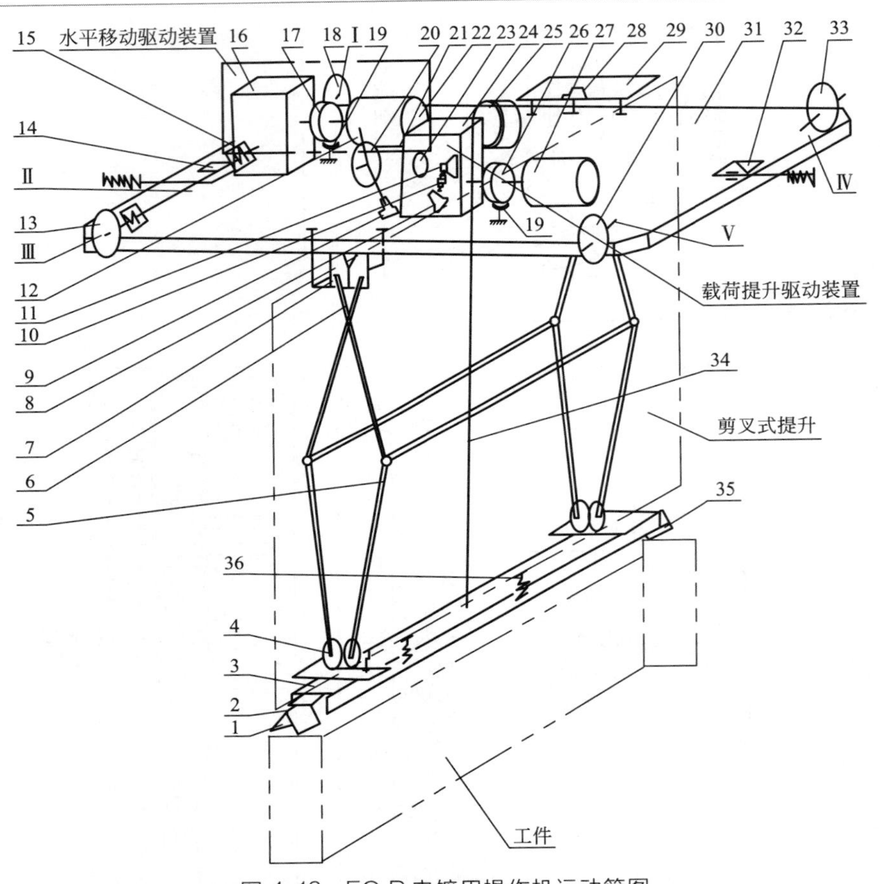

图 4.13 EO-R 电镀用操作机运动简图

1，35—夹持器；2—横梁；3—机体；4—齿轮；5，6—杠杆；7—扇形齿；8，9，11—转换开关；10—终端开关；12—停车杠杆；13，18—主动轮；14—极限位置开关；15—联轴器；16—蜗轮减速器 A；17—水平移动驱动装置圆盘 A；19—电液制动器；20，23—链轮；21—链条；22—电动机；24—蜗轮减速器 B（提升驱动装置的）；25—抖振器；26—提升驱动装置圆盘 B；27—电动机；28—行程开关；29—动板；30，33—轮；31—平台（基座）；32—极限位置开关；34—承载链；36—弹簧

EO-R 操作机按照预定程序可以进行零件搬运、放下和提升等。通过负载

夹持器的抖动，能清除由槽池中提出来的零件上附着的多余的电解液和溶液。

在平台上配置有操作机水平移动、提升及下降机构的驱动装置。

操作机的水平移动驱动装置是由电动机、刚性联轴器-水平移动驱动装置圆盘 A 与蜗轮减速器 A 相连组成的。联轴器-水平移动驱动装置圆盘 A 可由电液制动器的制动块刹住。蜗轮减速器 A 通过联轴器和中间轴Ⅱ将扭矩传给轴Ⅰ和轴Ⅲ，它们装在滚珠轴承上。在轴Ⅰ和轴Ⅲ的端部分别刚性固接着操作机的两个主动轮。两个轮分别在装于轴Ⅴ和轴Ⅳ上的滚动轴承中自由地旋转，它们刚性固定在平台上。

提升采用的是剪叉式提升机构。剪叉式机构是一种组合式的多杆机构，其基本组成单元为X形剪叉式机构。将X形单元以串联、并联等不同形式进行连接，则可以形成不同的剪叉式机构，这里采用最简单的结构。X形剪叉机构具有等距对称性和运动相似性，当在最下端X形单元的首铰链处施加水平向内的推力时，其上部X形单元的各铰链点均向内向上运动。由于最上端的末铰链处与上部输出结构相连，并可沿上部结构水平移动，所以剪叉式提升机构可以将水平方向的推力转化为竖直向上的运动。

从载荷提升驱动装置的电动机传递来的扭矩，通过刚性联轴器-提升驱动装置圆盘传到提升驱动装置蜗轮减速器 B。联轴器-提升驱动装置圆盘 B 可通过电液制动器制动块刹住，当电磁铁线圈断路时，它们紧紧刹住联轴器-圆盘 B。在提升驱动装置减速器 B 的两个输出轴上配置有前面的链轮-链条-链轮和后面的抖振器。与机体相连的承载链通过抖振器的主动链轮搭在承载链上，两个夹持器分别通过横梁和弹簧与机体相连。承载链链条的向上和向下运动保证负载的提升和放下，为避免翻转，两端采用了以扇形齿和齿轮结尾的空间杠杆系统。齿轮轴和两个杠杆的末端刚性连接并在机体上旋转，扇形齿轮和两个杆件的上端刚性连接并在固定在平台上的轴上旋转。

两个杆件的合拢和分开取决于承载链条的运动方向，两对杆件应保证足够的刚度、系统的平衡并消除负载的摆动。

两个夹持器从最低到最高位置的全行程中，停车机构的停车由杠杆转动圈数决定。停车杠杆进入相应的行程开关切口中时，就将夹持器停在上边、下边或中间位置，这里依赖于不同位置的转换开关实现。终端开关是急停开关。行程开关和动板用来传递操作机精确停止信号。两个极限位置开关在其极限位置时动作，极限位置开关受平台基座上有弹簧作用的挡块限制。

（2）结构布局

根据EO-R电镀用自动操作机原理进行结构布局，EO-R电镀用操作机如图4.14所示。主要包括：电动机、减速器、制动器、平台、板

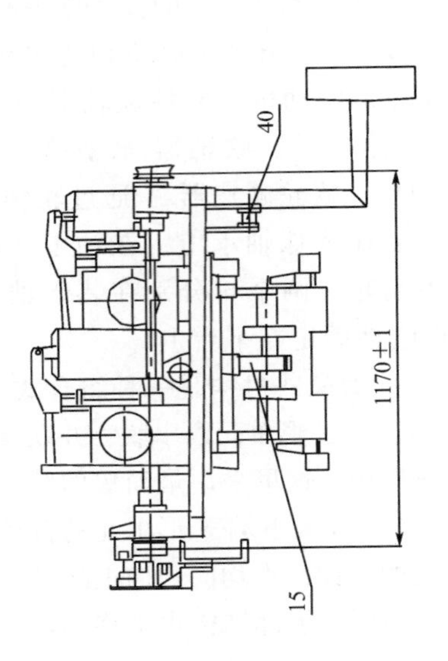
40
1170±1
15

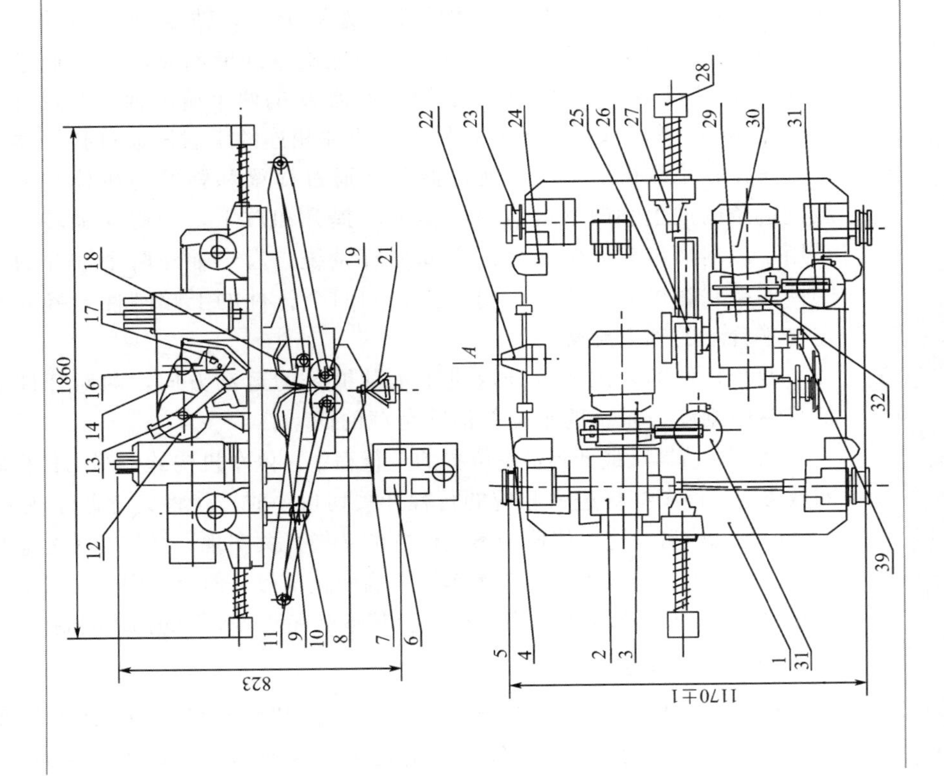
1860
823
1170±1
A
1
2
3
4
5
6
7
8
9
10
11
12
13
14
16
17
18
19
21
22
23
24
25
26
27
28
29
30
31
32
39

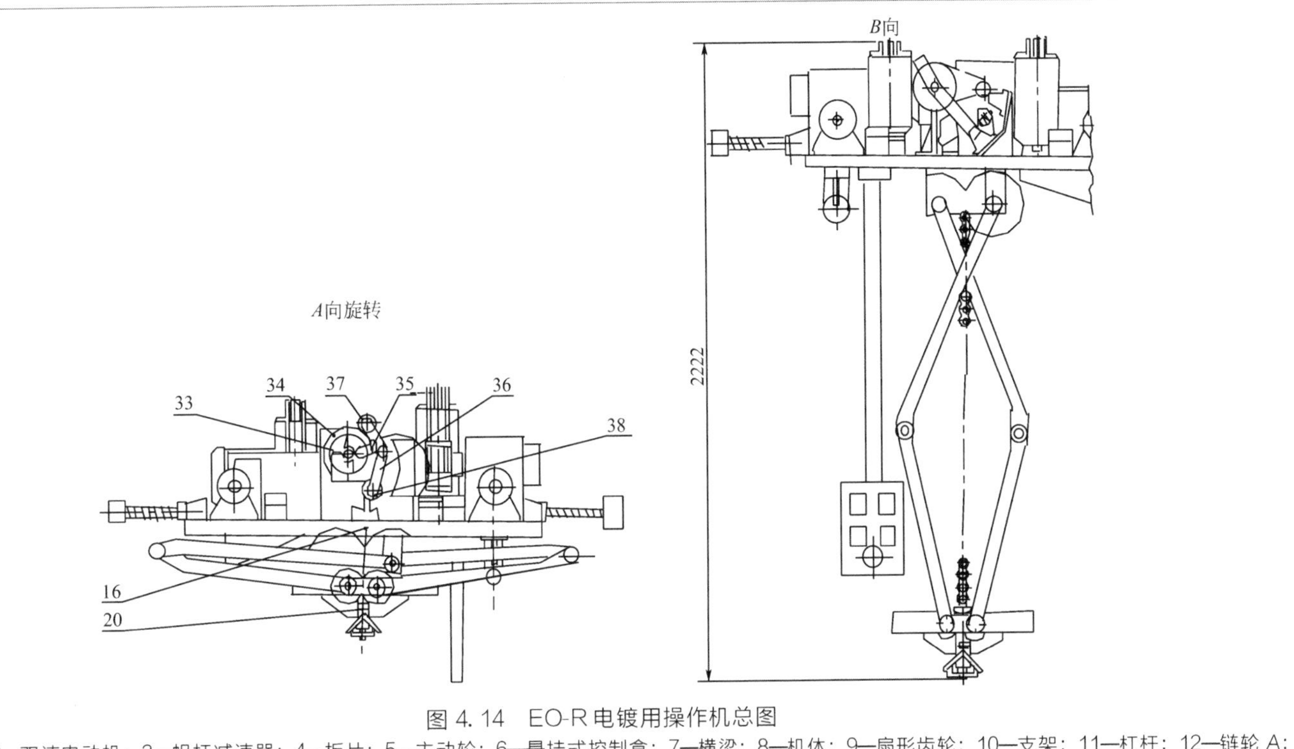

图 4.14 EO-R电镀用操作机总图

1—平台；2—双速电动机；3—蜗杆减速器；4—板片；5—主动轮；6—悬挂式控制盒；7—横梁；8—机体；9—扇形齿轮；10—支架；11—杠杆；12—链轮 A；13—杠杆 C；14—链条 A；15—载重链；16—无触点行程转换开关；17—紧急转换开关；18—基座（模块）；19—齿轮；20—弹簧；21—夹持器（模块）；22—精确停歇传感器（非接触式行程传感器）；23—从动轮；24—挡块；25—收集箱；26—振抖器；27—接触传感器；28—紧急停车装置；29—蜗轮减速器 B；30—电动机 B；31—制动器 B；32—圆盘 B；33—链轮 B；34—花盘；35—凸轮；36—杠杆 B；37—滚轮；38，39—链轮 C；40—滚轮 B

片、控制盒、横梁、机体、扇形齿轮、支架、杠杆、链传动、载重链、开关、基座（模块）、齿轮、弹簧、夹持器（模块）、传感器、挡块、收集箱、振抖器、紧急停车装置、圆盘、花盘及凸轮等。

EO-R电镀用操作机主要基础零件是平台，该平台是由铝合金浇铸而成。在平台上固定着所有操作机的组装单元。该操作机在四个轮子上沿导轨横梁移动，四个轮子分别是两个主动轮，两个从动轮。主动轮由蜗杆减速器和双速电动机驱动，用联轴器-圆盘连接，该圆盘可由制动器的制动块刹住。蜗轮减速器的输出轴通过联轴器与主动轮相连。双速电动机保证操作机有高、低两种速度，高速度用于工作，低速度用于定位。从高速度过渡到低速度是由程序指令装置实现的。

操作机的横梁上安装有行程开关，支架上装有传感器。操作机的停止运动是由挡块及每一位置中心安装的行程开关、带有精确停歇传感器及安装在操作机平台上的板片自动来实现的。在接近到位时（如还有一段距离到达停止点），在挡块作用下行程开关动作，而板片趋近于横梁上的非接触式行程传感器。转换开关动作并发出指令，以过渡到恒速。当操作机以低速进一步运动到预定位置时，铝板片进入非接触式行程转换开关——精确停歇传感器的隙缝中。转换开关动作，发出指令断开电动机，并接通制动器，操作机停止工作。

当操作机与障碍物相碰时，带接触传感器的紧急停车装置动作，接触传感器断开电动机接通制动器[7]。

负载提升驱动装置包括电动机 B 及蜗轮减速器 B，它与制动器 B 制动块刹住的联轴器-圆盘 B 相连。

在振抖器机体中安置链轮和花盘，它们与负载提升驱动装置中蜗轮减速器 B 的输出轴刚性相连。在花盘中有两个在自身轴上自动旋转的凸轮。与机体铰接的载重链通过链轮 B 传动。载重链链条的另一端在收集箱中，在提升负载时，链条的自由端放在其中。在机体的槽中有横梁，它悬在弹簧上，其压缩力可以调节，夹持器用来夹持负载。

此外，在振抖器的机体上装有在自身轴上摆动的杠杆 B。在杠杆 B 上端固定滚轮，而在杠杆 B 的下端固定链轮，它与载重链链条保持啮合。在链轮 B 按逆时针方向旋转时，提升负载。凸轮在链轮 B 每转中两次干扰载重链链条的均匀运动。这样，凸轮支承在杠杆 B 的滚轮中，向链轮 C 一边推开载重链链条，然后推到相应的花盘腔中，很快使链轮 C 返回到原始位置。因此，负载有时迎着载重链链条运动方向自由落下，然后突然停止，从而产生负载的抖动。在负载下降时（即链轮 B 按顺时针方向旋转）、凸轮的非工作表面与滚轮相接触，被它放置在花盘腔中，载重链链条不在引开方向，则负载将不产生抖动。

负载提升机构由带载重链的链轮 B 和相互铰接的杠杆系统所组成。在杠杆上部以扇形齿轮结尾，而在下部则以齿轮结尾，它们相互啮合，扇形齿轮的轴固定在与平台刚性连接的基座上。

齿轮和杠杆的下端刚性连接在轴承中旋转的轴上，轴承都装在机体中，以齿轮和扇形齿轮结尾的杠杆系统促使横梁和夹持器向上和向下平行运动，即使在夹持器中有悬臂负载时也是如此。

为了使带夹持器的横梁停在上边、下边和中间位置上采用停止机构，在该机构的轴上安装着固定有板片的杠杆 C，板片进到无触点行程转换开关的槽中，以保证带夹持器的横梁停在极限（高和低）位置以及中间位置。

当无触点行程转换开关发生故障时，还有两个紧急转换开关作用在杠杆 C 的挡块上。

杠杆 C 由链传动获得运动，它包括链轮 A、链条 A 和链轮 C，链轮 C 位于减速器 B 另一端输出轴上。

悬挂式控制盒用来手动控制操作机。

为了支撑缆线，在平台下面的支架上装有滚轮 B，在滚轮 B 上挪动操作机电驱动电源的软电缆。

程序指令装置由电气柜和控制盒两部分组成。程序指令装置的功能是用来控制各种型号的操作机，操作机可以具有多种承载能力。程序指令装置应保证完成以下控制操作机的操作：①按位置寻址；②向前或向后运动；③启动和停止前接通低速；④提升和下降夹持器、尽可能停止在准确位置；⑤夹持器的夹紧与松开；⑥在给定时间内洗涤（负载夹持器部分升降）；⑦禁止下降到给定位置；⑧必要的工艺停留（延迟时间）；⑨控制工艺时间；⑩完成程序控制。

4.2.3 定位循环操作工业机器人

定位循环操作工业机器人作业要求是必须具有有限的定位点数，同时要求操作机的末端件不仅按照顺序动作，还应该准确地按照时间信息来工作。

（1）工作原理

该工业机器人作业特点是以操作机的动作为核心。操作机模块的动作顺序由机器人的工作循环特性决定，通过操作机的动作顺序实现及完成各项运动及作业。操作机的动作顺序依靠事先编制的程序来保证，并以相应的形式在循环程序控制装置的控制板上进行控制。例如 P-1 型定位循环操作机的动作顺序，如图 4.15 所示。

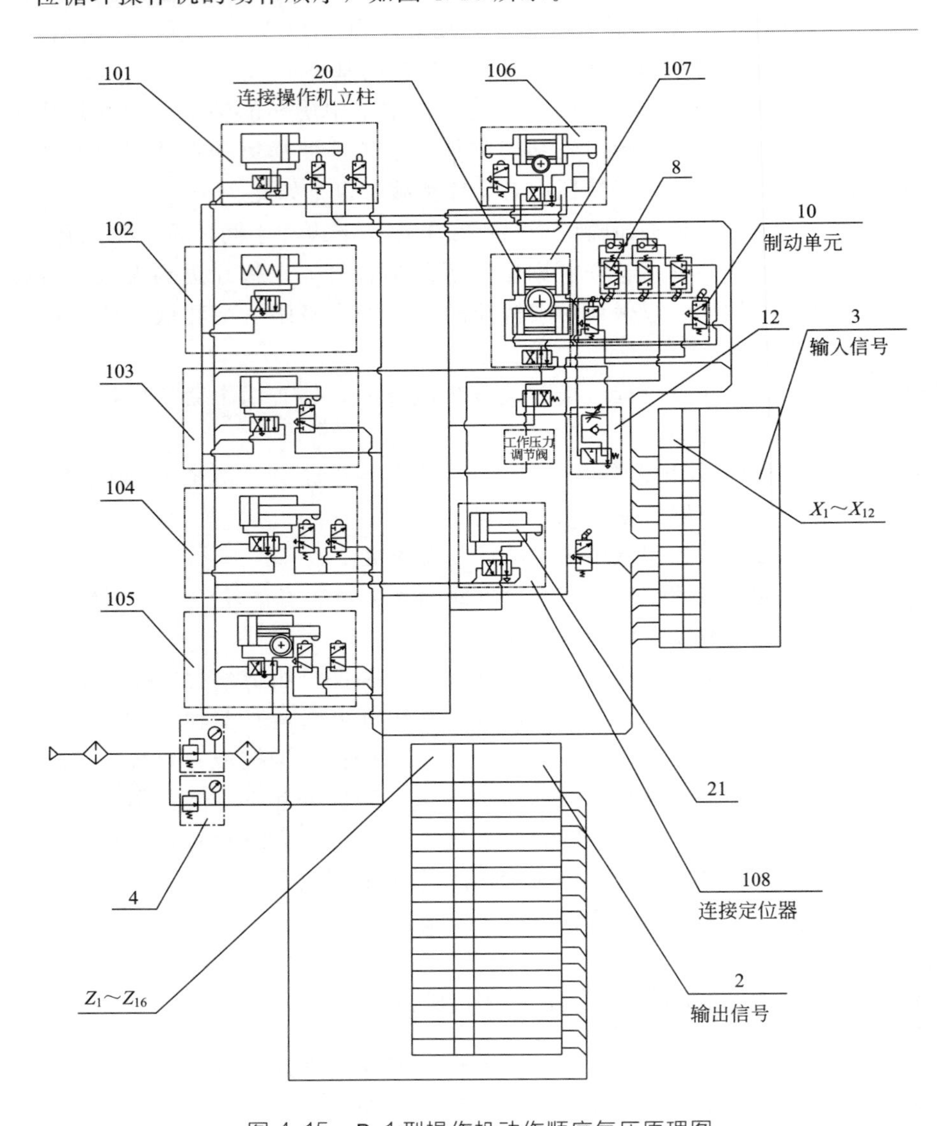

图 4.15 P-1 型操作机动作顺序气压原理图

2—输出信号接头；3—输入信号接头；4—减压阀；8—终端行程开关；10—制动单元；12—制动滑阀；20—双联气压缸；21—定位器气缸；101—垂直移动缸；102—挡铁缸；103—夹持器缸；104—水平移动缸；105，106—手腕转动缸；107—转动模块缸；108—定位气缸

图 4.15 为动作顺序气压原理图，图中主要包括：接头、减压阀、终端行程开关、制动单元、制动滑阀、双联气压缸、垂直移动缸、挡铁缸、夹持器缸、水平移动缸、手腕转动缸、转动模块缸、定位气缸。

图 4.15 中，由执行机构位置传感器发出的信号（如 $X_1 \sim X_{12}$）通过输入接头进入循环程序控制装置，而控制指令（如 $Z_1 \sim Z_{16}$）通过输出接头由循环程序控制装置传出。

下面以转动模块为例介绍该操作机的转动运动原理。

当压缩空气沿输气管路进入双联气压缸工作腔时，使装有手臂的操作机立柱产生转动。制动单元在接近预定位置时，压紧终端行程开关，从而缸体的排气腔被制动滑阀节流，而工作腔与输气管路断开，且与通过减压阀而获得的低压空气导管相连。

这种制动管路能保证操作机立柱的运动平稳停止，并减少加在硬挡块上的负载。当每一个制动气动开关被推动，就可以按预先设定达到极左端、极右端或中间位置。所以在更换由循环程序控制装置传来的指令时（如 $Z_1 \sim Z_{16}$ 中可以设置：Z_{13}—向左，Z_{14}—向右，或相反）转换制动滑阀到开启位置。与此同时，对于具有低压的双联气压缸，其腔与大气相连；而另一腔则与气体管路相连，该气体管路为阀门（工作压力调节阀）所调节的工作压力服务。

当压紧极限位置制动开关时，转动机构高速启动，随后产生减速运动。当给出“取消定位”指令时定位器拉出，除定位器气缸与双联气缸同时协调动作外，上述工作顺序不变。对于定位器，定位器的滚柱在完成机构制动以后，落入盘上凹槽中，此时操作机立柱位于中间位置。

其他模块的运动原理，略。

(2) 结构布局

无论是总体结构还是零部件结构，机器人的结构布局均通过组合模块方式进行。

① 总体结构。以 P-1 型定位循环操作工业机器人为例，其总体结构如图 4.16 所示，该机器人通过组合模块方式布局。图 4.16 中包括的模块结构主要有：转动模块（基础）、垂直位移模块（立柱）、手臂水平位移和转动模块、手腕摆动模块、夹持装置模块及控制装置等。

图 4.16 中，P-1 型机器人的总体结构是通过圆柱坐标系建立的。圆柱坐标系是由转动模块做回转运动，垂直位移模块和手臂水平位移模块分别实现两个直线运动。这三个模块的运动实现机器人的主要空间运动。

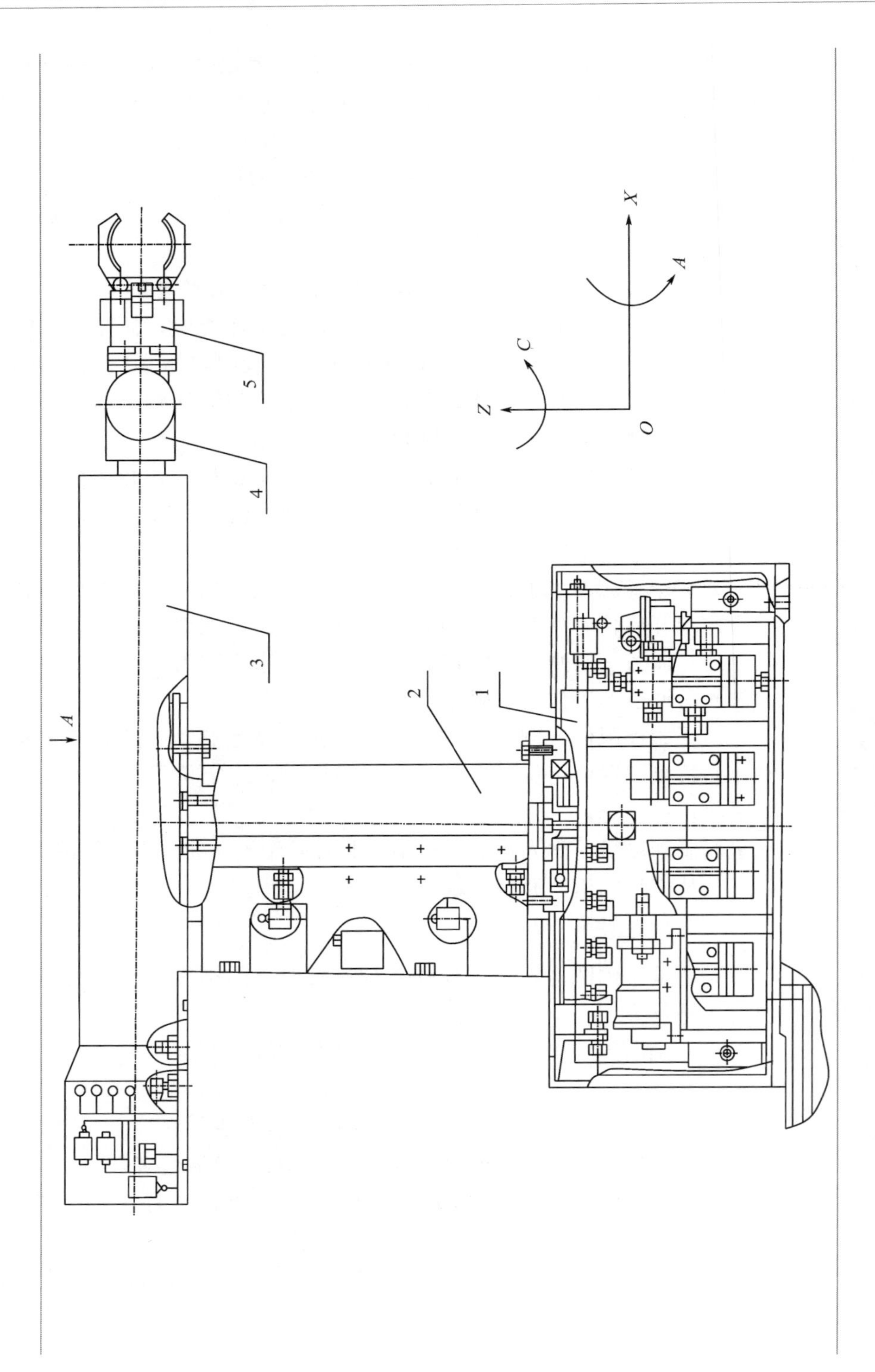
X
A
C
Z
O
5
4
3
2
1
A

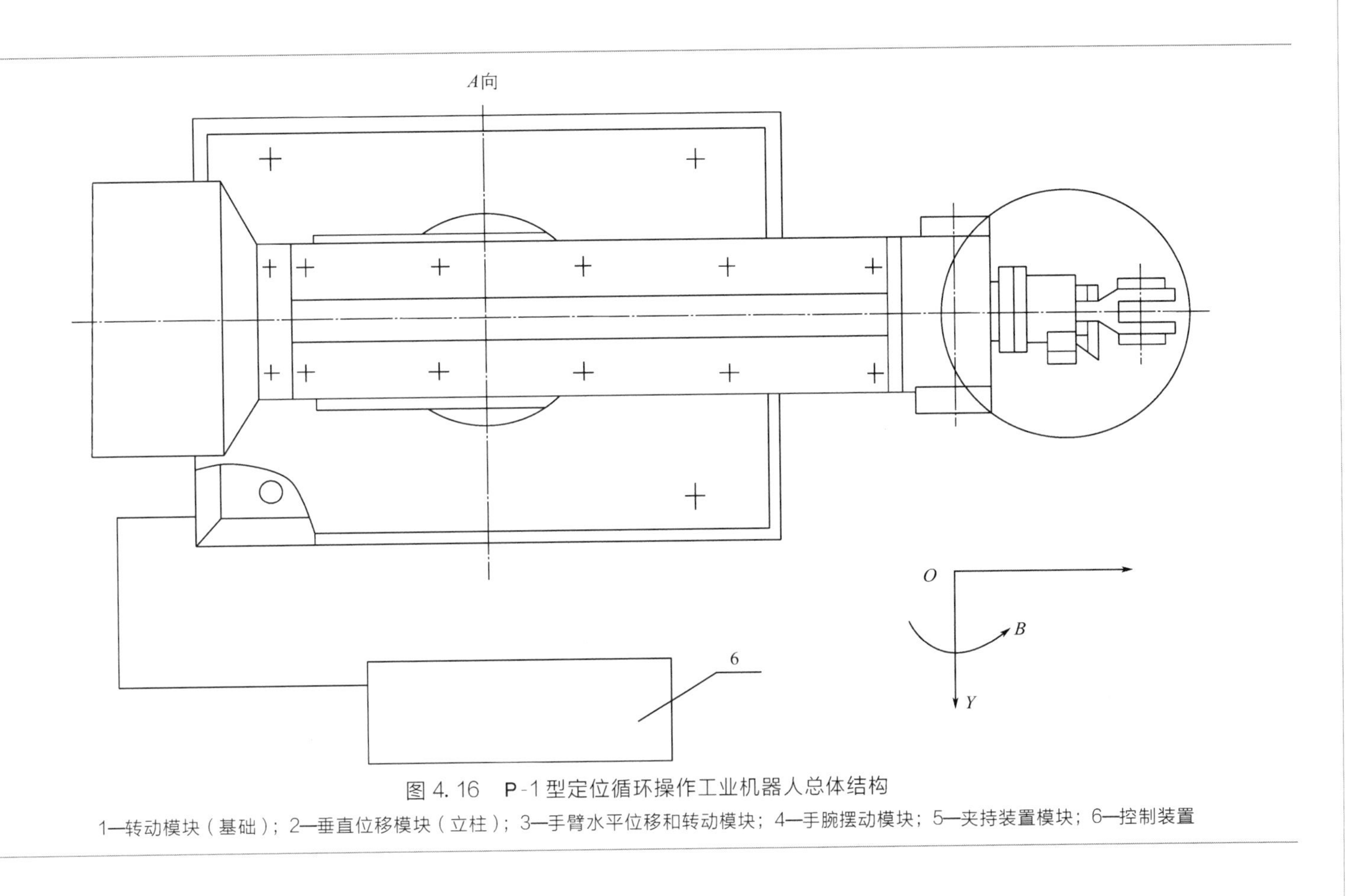

图 4.16 P-1 型定位循环操作工业机器人总体结构

1—转动模块（基础）；2—垂直位移模块（立柱）；3—手臂水平位移和转动模块；4—手腕摆动模块；5—夹持装置模块；6—控制装置

P-1 型机器人在圆柱坐标系中工作的操作机有三个定位，两个定向运动及一个摆动。操作机定位运动包括：X 方向手臂水平位移；Z 方向手臂垂直位移；C 回转，即立柱相对于垂直轴的回转；A 转动，即手腕绕自身轴线的转动，被传送零件方向的变化是由手腕绕自身轴线转动实现的；摆动 B，即在其垂直平面内摆动 B 来实现。

该机器人的总体结构对应有多个功能组合模块，包括：转动模块；垂直位移模块；手臂水平位移和转动模块；手腕摆动模块及夹持装置模块等。例如，在夹持装置模块中，夹持器的钳口有夹紧与松开运动。夹持器与机体的连接可以有多种方案，夹持装置模块可以直接连接在手臂模块上，当必要时也可以应用手腕模块，以组装成具有更多自由度操作机的方案。

该操作机的控制由循环程序控制装置来实现。相对应地，控制装置也有模块式结构。

② 垂直位移模块。定位循环操作工业机器人总体结构中的垂直位移模块如图 4.17 所示。

图 4.17 中主要包括：焊接基座、平台、滚珠导轨、气缸、挡块、单作用气缸、液压缓冲器及终端开关等。

P-1 机器人手臂垂直位移模块是实现操作机手臂相对于支柱的提起和放下功能的。模块本身是组合模块，组合模块安装在焊接基座上，平台在滚珠导轨上移动，该滚珠导轨垂直安装在基座上。在滚珠导轨上用专用垫片来调整预拉力，由气缸来实现平台的升降运动。

在平台上装有两个挡块，其位置可根据操作机手臂在垂直方向所需要的移动值来改变。为此，在平台上有螺纹孔，以便通过重新安置挡块来实现粗调节，而精确调节可以通过槽内挡块位移来调整，槽的长度范围决定了挡块位移量。

运动挡块在不同位置上与两个固定挡块相互作用，运动挡块可以在弹簧作用下拉出，该弹簧安装在内装的单作用气缸中。当压缩空气传送到单作用气缸的活塞杆腔内时，运动挡块向后退回。单作用气缸固定于在滚珠导轨中移动的板上，而板与液压缓冲器的活塞杆相连，并可在垂直方向上按其行程值移动。

当运动挡块与板一起继续运动时，油从液压缓冲器的一腔压到另一腔中。此时，运动挡块与其一挡块接触时，平台产生制动。

在平台的行程终点上，由终端开关发出进入数控装置的气压信号。

③ 手腕模块。P-1 机器人手腕模块如图 4.18 所示。

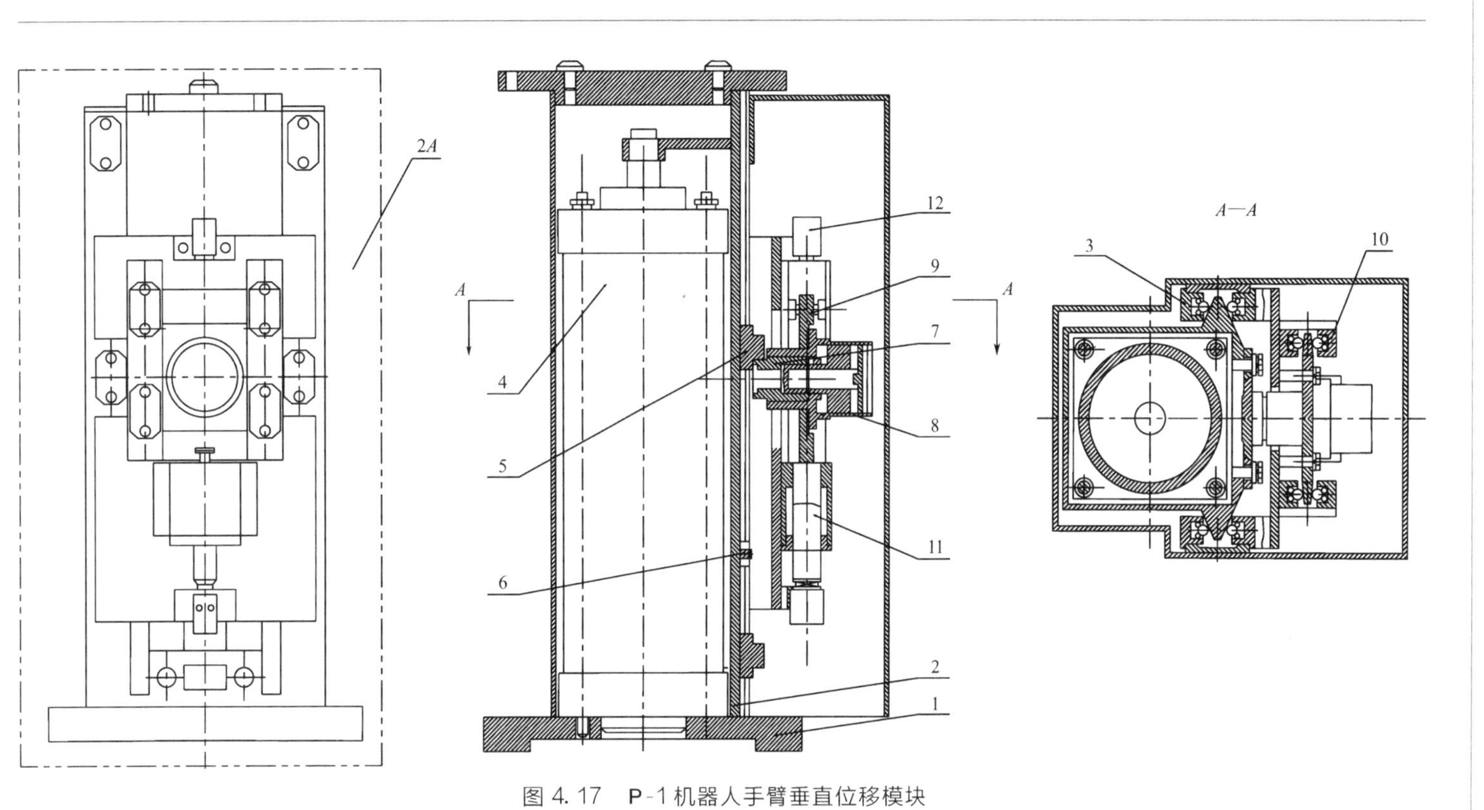

图 4.17 P-1机器人手臂垂直位移模块

1—焊接基座；2—平台；3，10—滚珠导轨；4—气缸；5，6—挡块；7—运动挡块；8—单作用气缸；9—板；11—液压缓冲器；12—终端开关；2A—支柱

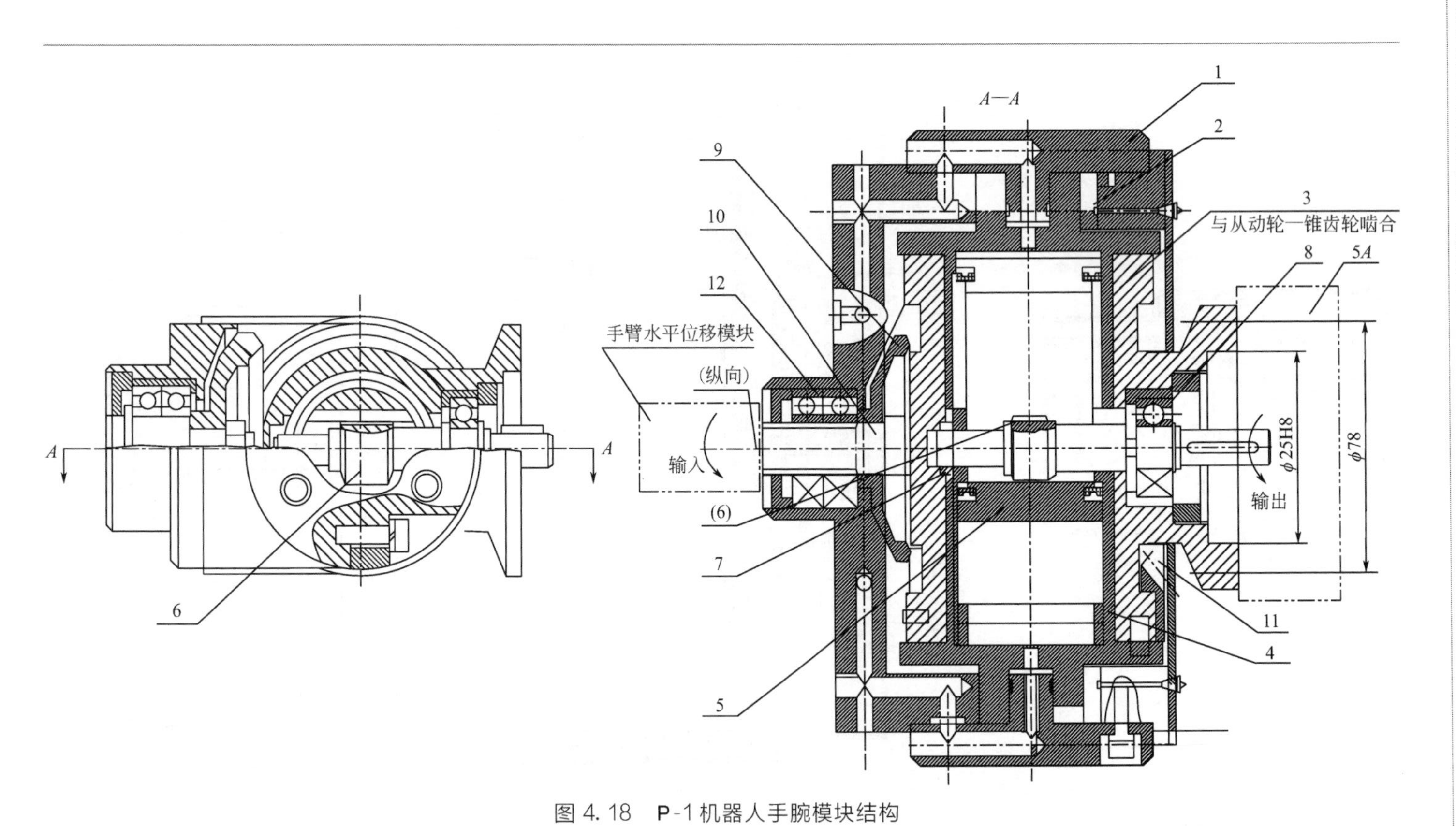

图 4.18 P-1 机器人手腕模块结构

1—机体；2—滑动轴承；3—回转接头；4—气缸；5—气缸空心活塞；6—齿轮轴；7，8—轴承；9—主动轮；10—输入轴；11—从动轮；12—轴承；5A—夹持装置模块

图 4.18 中主要包括：机体、轴承、接头、气缸、气缸空心活塞、齿轮、输入轴及夹持装置模块等。

P-1 机器人手腕模块由气缸控制，可以保证夹持装置绕纵轴回转运动和相对其横轴摆动。

手腕模块的机体具有叉子形状，在机体的孔中滑动轴承上装着回转接头，回转接头安装在内装气缸上。在气缸空心活塞的内表面上切有齿条，齿条和与输出轴做成一体的齿轮轴相啮合。齿轮轴装在回转接头中的两对轴承上，通过锥齿轮传动实现回转接头的转动（摆动），其主动轮装在输入轴上，而从动轮固定在回转接头上。主动轮通过输入轴内孔的键连接，从手臂水平位移模块回转机构获得旋转运动，输入轴装在机体的轴承上。

在回转接头的法兰上，用螺钉固定具有气压驱动装置的夹持装置模块。

4.2.4 模块化设计建议

模块化设计存在许多优点，从理论上可以体会到整体与部分、统一与分解的特点。实际上模块化设计也可以运用在各行各业的系统设计和大型机器生产中，最主要的是可以改变设计者的思维方式，从现在发展来看，机器人模块化是必然的。各种模块化设计方法差别的实质是模块化的程度和方法不同，因此，模块化设计最大的缺点是还需要设计，还需要针对具体案例进行研究，在此基础上再应用模块化设计方法才会设计出更加完美的产品。

（1）每个模块均应以满足刚度设计、强度校核及寿命校核为前提

① 机器人模块刚度设计。对于工业机器人操作机来说，大多为串联型多关节结构[8]。在这种情况下，机器人操作机是一个多关节、多自由度的复杂机械装置，无论它处在静止状态还是在运动中，如果受到外力的作用，它的执行器坐标原点便会产生一个小的位移偏差，偏差量的大小不仅与外力的大小、方向和作用点有关，而且还与执行机构末端所处的位置和姿态有关，这便是机器人的刚度。串联机器人的结构较弱、刚度较小等问题成为影响其末端定位精度及加工动态性能的首要因素[9]。

② 机器人模块机械强度校核。根据负载求解时，模块强度一般都没有问题，主要是看模块刚度数据，根据变形数据分析，若变形量大于设计要求，机器人定位精度便会出现问题，因此，机器人模块化设计时，一般进行的是机械强度校核。例如，手臂模块是机器人重要承载部分，

应进行机械强度校核。设计中遇到的定位单元、梁都应进行校核，尤其双端支撑梁和悬臂梁。

③ 机器人模块寿命校核。模块化设计完成后，要对整台设备进行寿命计算，特别是核心元件、模块部件的寿命必须计算，如机器人导轨的寿命、减速机的寿命、伺服电动机的寿命等。机器人的运行寿命与运行速度、负载大小、结构形式及工作环境等有关。如果机器人的设计寿命太短，需要重新调整设计。

(2) 初步完成模块化设计后要注意审查或核实，之后再确认最终的设计结果

① 机器人承载能力。例如，对于装配机器人，当操作对象尺寸、重量较大时，串联机构形式的手臂能否满足承载要求，其笨重的机体是否影响机器人系统移动的灵活性等。

② 重视机器人空间运动参数。例如模块化设计后机器人的空间运动参数是否满足预设要求，如最大位移、最大位移速度、最大加速度等[10,13]。

③ 避免简单变换模块的方式设计机器人。若采用简单变换模块的方式设计机器人，可能不能保证作业要求和高效率的工作。例如，不应简单地按比例变换方法来设计机器人，而应考虑惯性力和摩擦力的影响。这些力受机器人尺寸变化的影响不同，如惯性力随杆长的平方变化，摩擦力则基本不受杆长的影响，所以，不能简单地按比例变换方法来设计机器人。例如，如果仅按比例缩小，则只减小了惯性力，并未改变摩擦力大小，可以推断该机器人不适合完成重载操作、高定位精度或在不同尺度下工作的任务。

④ 考虑机器人工艺性。例如，为扩大工业机器人的工艺性，一般是预先估计手腕在各个不同位置上进行固定夹持的可能性，在这些位置上一般通过销钉连接，把手腕上的安装孔准确地固定在夹持器机体上，完成设计后其可能性应该予以校核。

⑤ 正确理解机器人。在当前技术与经济不断发展的情况下，一部应用广泛的机器人不可能进行所有的工作，因而具有明确目的的机器人才具有现实意义。

机器人将越来越多地应用在各领域，但目前还远没有达到人们所期望的水平，大部分机器人只是被用来完成简单的加工、装配等任务。究其原因可归于两个方面：①机器人硬件技术不是很完善，还不能达到智能机器人所要求的水平；②目前的机器人还缺少真正的“智能”，难以自动对加工、装配等任务进行分析、规划，更不能像人一样灵活地处理加工、装配等操作中遇到的各种复杂情况。

参考文献

[1] 罗逸浩. 模块化组合工业机器人的架构设计建模[D]. 广州：广东工业大学，2016.

[2] 周冬冬，王国栋，肖聚亮，等. 新型模块化可重构机器人设计与运动学分析[J]. 工程设计学报，2016，23(1)：74-81.

[3] 黄晨华. 工业机器人运动学逆解的几何求解方法[J]. 制造业自动化，2014,(15)：109-112.

[4] 杜亮. 六自由度工业机器人定位误差参数辨识及补偿方法的研究[D]. 广州：华南理工大学，2016.

[5] Paryanto，M Brossog，J Kohl，et al. Energy consumption and dynamic behavior analysis of a six-axis industrial robot in an assembly system[J]. Procedia Cirp，2014，23：131-136.

[6] 聂小东. 单轨约束条件下多机器人柔性制造单元的建模与调度方法研究[D]. 广州：广东工业大学，2016.

[7] 张屹，韩俊，刘艳，等. 具有越障功能的输电线路除冰机器人设计[J]. 机械传动，2013,(3)：38-43.

[8] 叶伯生，郭显金，熊烁. 计及关节属性的6轴工业机器人反解算法[J]. 华中科技大学学报(自然科学版)，2013，41(3)：68-72.

[9] G Chen，H Wang，Z Lin. A unified approach to the accuracy analysis of planar parallel manipulators both with input uncertainties and joint clearance[J]. Mechanism & Machine Theory，2013，64(6)：1-17.

[10] S Cervantes-S，J Nchez，Rico-Mart，et al. Static analysis of spatial parallel manipulators by means of the principle of virtual work[J]. Robotics and Computer-Integrated Manufacturing，2012，28(3)：385-401.

[11] 谭民，徐德，侯增广，等. 先进机器人控制[M]. 北京：高等教育出版社，2007.

[12] 郝矿荣，丁永生. 机器人几何代数模型与控制[M]. 北京：科学出版社，2011.

[13] 李慧，马正先. 机械零部件结构设计实例与典型设备装配工艺性[M]. 北京：化学工业出版社，2015.

第5章

工业机器人主要零部件模块化

工业机器人主要零部件模块化是构成机器人集成系统与模块化的主要部分。对不同工作环境中的机器人来说其结构差异大，零部件结构差异更大。

在工业机器人主要零部件模块化过程中应关注机器人零部件模块化特点、机器人零部件模块化误差及机器人零部件误差补偿等对零部件模块化设计的影响，从根本上提高模块化的质量。

（1）机器人零部件模块化特点

工业机器人零部件在尺寸、形状、自由度及设计构造上多种多样，每个因素都影响着机器人的工作范围或影响着它能够运动和执行指定任务的空间区域。

所谓零部件模块化是指在满足机器人主要参数及基本功能的前提下，其关节和连杆做成模块（模块单元，模块关节）。复杂零部件模块化即由多个关节（驱动器）模块单元和连杆模块单元装配而成。零部件模块化使得零部件的结构抽象化，成为模块关节。

模块关节包括一自由度关节、二自由度关节及三自由度关节。一自由度关节有旋转关节和移动关节两种，多自由度关节可认为是旋转关节和移动关节的组合。零部件结构的研究也是以这两种基本关节为基础。

为了便于向一自由度转化，并尽可能使零部件模块简单化，可以将二自由度关节设计成二关节轴垂直。为了便于机器人逆解的求取，三自由度关节常设计成三关节轴线交于一点。从几何结构上，连杆较关节模块简单，只有几何尺寸的变化。当连杆模块采用一定规则表示时，连杆模块可以视为简单体，当关节模块与连杆模块可装卸或连接时其接口应该标准化。连接时要求各模块易于对准及夹紧，以便于精确地传递运动和力，便于不同规格模块地互换。

（2）机器人零部件模块化误差

工业机器人零部件模块化过程中，其误差主要来自模块关节及其连接产生的误差，包括机器人的几何误差、末端误差及非几何误差等。

① 几何误差。与机器人几何结构有关的因素，包括机械零部件的制造误差、整机装配误差、机器人模块安装误差及关节编码器的电气零点等。当这些因素与关节的机械零点不一致时引起的误差称为几何误差。几何误差属于确定性误差。在诸多影响机器人精度的因素中，几何误差的影响要占据80%左右。因此，机器人运动学标定时，主要研究制造误

差、安装误差及编码器零位误差等造成的几何误差[1, 2]。

② 机器人的末端误差。机器人的末端误差由机器人的位置误差和姿态误差组成。机器人末端的运动控制通常采用逆运动学模型进行，利用逆运动学模型控制机器人的各关节转角，从而控制末端的位置和姿态[3, 4]。由于机器人各关节间为强耦合关系，所以在机器人位置精度提高的同时，机器人姿态精度也会随之提高。但是由于机器人姿态误差的测量比较困难，特别是采用传统测量工具测量时非常繁琐，因此机器人精度标定时，一般只考虑机器人的位置精度。

③ 非几何误差。影响机器人位姿精度的非几何误差种类繁多，例如重力的影响、末端静弹力的影响、摩擦的影响、各种齿隙的影响及温度变化的影响等。

在进行机器人非几何误差补偿时，如果能够考虑到产生误差的各种影响，理论上可以提高机器人的位姿精度，但实际上是很难做到的，因为有些误差源产生的非几何误差过小，使补偿效果不明显且补偿方法复杂。

（3）机器人零部件误差补偿

机器人零部件误差补偿常采用机器人正运动学方法、非几何误差补偿方法及逆运动学补偿方法等。

① 当采用机器人正运动学方法进行误差补偿时，应该包括几个主要方面：a. 建立运动学误差模型，进行轴线误差辨识的运动学误差的补偿；b. 建立位置误差辨识模型及距离误差辨识模型；c. 基于位置误差辨识模型，对位置误差辨识的无冗余运动学误差参数进行补偿；d. 基于位置误差辨识模型，对位置误差辨识的统计分析选择的运动学误差参数进行补偿；e. 基于位置误差辨识模型，对位姿误差辨识统计分析选择的运动学误差参数进行补偿；f. 基于距离误差辨识模型，对距离误差辨识运动学误差参数进行补偿等。

② 当采用非几何误差补偿时，为了简化计算，应首先假定运动学误差模型为线性模型，之后再进行机器人的运动学误差模型求解，此时忽略了运动学误差模型中实际存在的运动学误差的高阶误差。机器人除了运动学误差以外还存在其他的非几何误差，例如重力、关节柔顺性、传动误差、间隙及手臂挠曲等引起的误差。当重力引起的柔性参数误差较大时必须给予补偿，其他的非几何误差是否需要补偿，应该视非几何误差的补偿准则而定[5]。通常采用二阶运动学误差补偿方法及非几何误差的统计方法。当采用二阶运动学误差补偿方法时，应该辨识机器人运动中被忽略的高阶误差，需要明确非几何误差的补偿准则。对于机器人的

非几何误差是否需要补偿，可以通过对非几何误差引起末端误差与已经舍去的二阶运动学误差引起的末端误差进行比较后再行判断。如果非几何误差比舍去二阶运动学误差产生的末端误差小，则无需补偿；如果非几何误差比舍去二阶运动学误差产生的末端误差大，则可进行补偿，但并不是说必须补偿。也可以通过机器人非几何误差的统计方法进行判断，依据对数据采集点进行检验的结果，判断是否需要对非几何误差产生的末端误差进行补偿等。

③ 当采用机器人逆运动学进行误差补偿时，特别需要注意两个问题：一是机器人末端所受弹性静力。机器人末端所受弹性静力可看作是一个简易弹簧所受的力和扭矩，需考虑柔性误差参数到机器人末端误差的映射，这时机器人的工作需要保持静力均衡。当工业机器人为悬臂式结构时，其各关节均会产生弹性力使机器人保持平衡。例如，有一个作用于机器人上的力使机器人发生虚拟位移，其作用会使机器人各个关节产生相应的虚拟位移，同时做虚功。如果虚拟位移的极限趋于无穷小，则系统的能量不变，这样各个作用力在机器人上的虚功为零。二是引起柔性误差的机器人各关节弹性问题。针对这个问题，可以建立引起柔性误差的机器人各关节弹性静力学模型，该模型包括映射模型、机器人3D模型及外加负载柔性误差补偿模型等。涉及的补偿方法主要有机械结构补偿柔性误差方法、逆运动学补偿方法等。

建立引起柔性误差的机器人各关节弹性静力学模型时，其映射主要针对的是机器人各关节产生的柔性误差到机器人末端测量设备检测获得的误差。例如，通过分析机器人各个关节误差的统计结果，可以忽略对末端关节误差影响较小关节的柔性误差。根据建立的机器人3D模型，可以得到机器人各个连杆的重心位置和重力值，并对每个连杆的重力及其关节的力矩进行分析，得到需要针对柔性误差进行补偿的机器人关节或部位。当机器人或零部件模块的重力引起柔性误差较大时，应该对其重力引起柔性误差较显著的关节或部位进行补偿，这时需要建立外加负载柔性误差补偿模型，并对外加负载引起显著变形的关节或部位进行外加负载的柔性误差补偿。

在机器人末端所受弹性静力及引起柔性误差的机器人各关节弹性等主要问题获得解决的基础上，进行机器人的柔性误差补偿。例如，通过引入统计学里的拟合优度对机器人柔性误差补偿的参数进行检验，可以得出显著影响机器人柔性误差的关节或部位。根据结论可以分析并得出应用机械结构补偿柔性误差方法的可行性。

手臂机构、手腕机构、转动-升降及夹持机构等为工业机器人零部件模块化的主要内容。对于手臂模块、手腕模块、转动-升降及夹持模块等的共性问题，许多资料曾经提出了原则性的解决方案[6]。但是，由于不同机器人的作业环境与特性参数不同，开发时机构或模型的形式多样、多变，使得实际开发工作定性容易，结构设计难，即零部件模块化工作繁杂。本章仅从应用角度考虑，在形式多变的结构中选择一些特殊的案例进行介绍，期望能起到借鉴作用。

5.1 手臂机构

机械臂是机器人中最常见的应用和设计之一，机械臂也称为手臂。一般来说，手臂机构由机器人的动力关节和连接杆件等构成，有时也包括肘关节和肩关节等，是机器人执行机构中最重要的部件之一。手臂机构从数量上可分为单臂、双臂及多臂。单臂最简单常用，双臂相比于单臂结构增加了一套结构，一般置于机器人的前端，也增加了机器人横向宽度。通过调整双臂和其他部件的姿态可以使工作空间变大，更加灵活，提升机器人携带能力[7]。多臂最复杂，机器人的制造与安装均困难，控制更加复杂，但是较双臂结构更稳定，灵活性更高。手臂的作用主要是支承手部和腕部，改变手部在空间的位置。

由于摩擦、机械臂关节及连杆柔性等非线性因素的存在，使得手臂机构成为一个高度复杂的非线性系统，其动力学参数很难精确地获得[8]。为了解决机器人系统的非线性问题，一些先进的控制方法被用来处理这些参数的不确定性，例如鲁棒性控制技术、滑模控制、阻抗控制、自适应控制和神经网络控制技术等[9]。

目前，很多研究学者针对环境接触任务的机械臂力控制进行了研究，同时也发现一些问题。例如应用机械臂进行磨削加工，当机器人处于接触作业状态时，末端操作器与工件之间因打磨加工而产生较大的相互作用力，该作用力的控制精度直接影响打磨加工的精度，同时作用力的存在也给机器人的位置控制增加了难度，因此，可以通过对位置和力进行同步控制来解决磨削机器人控制技术的难点。所谓同步控制是指使机械臂对所接触环境具有柔顺性。现阶段力位混合控制和阻抗控制是被普遍采用的主动柔顺控制模式。

传统的工业机器人在实际应用机械臂作业时遇到很大的障碍，不能完全满足高速发展的工业化需求。双臂协作机器人相比单臂工业机器人在抓取、优化及控制方面有着较好的协调作用，在复杂任务和多变的工作环境中具有独特的优势。工作环境存在的诸多不确定性，例如变负载、未知环境等，对双臂机器人控制系统的鲁棒性提出较高要求。当前，大多数学者对双臂抓取的研究主要集中在力封闭抓取和形封闭抓取等方面。应用力封闭抓取，需要提前建立抓取矩阵。力封闭抓取是指在考虑机械臂末端与物体之间存在摩擦力的情况下，把抓取力通过抓取矩阵映射到目标物体，实现稳定抓取。形封闭抓取是通过抓取点的个数来限制目标物体的自由度，通过位置约束来实现物体的抓取。

在实际工业应用中，抓取需要具有一定柔性，形封闭抓取可能损坏物体，所以，通常采用力封闭抓取。在考虑满足双臂抓取的静摩擦的前提下，根据目标物体的特点和运动状态，将合力分配到每个机械臂上是需要解决的难点。有学者提出，在不考虑目标物体与外部环境接触的前提下，把目标物体上的合力分解为内力和外力。内力主要用于防止末端执行器和目标物体发生滑动以及防止目标物体被损坏。这种内力对目标物体的运动没有任何影响，恰当的内力可以保持抓取的静摩擦和保证抓取的稳定性，相反，如果内力太大会挤坏目标物体。因此，控制内力的大小可以实现物体的安全抓取，控制外力可以实现物体的运动。目标物体的合力与物体的运动状态以及受到的外力有关，力的大小也可由双臂操作来控制，因此把目标物体上的合力分配到双臂的关节空间是实现双臂机器人稳定抓取的首要问题。当机械臂末端安装腕关节传感器时，通过力反馈控制及分解算法可以实时调整内力和外力的大小[10]。由于机械臂和物体构成的夹持系统具有冗余特性，机械臂关节空间的广义力矩的解不唯一[11]。在满足双臂夹持物体且保持理想力的情况下，机械臂关节空间的广义力矩优化是值得深入研究的问题。

5.1.1 手臂机构原理

手臂结构形式为关节式时，整个手臂机构的关节一般由肩部、大臂、小臂、腕部和手部等组成。

研究机械手臂机构原理时，通常采用静力学及动力学理论。静力学是理论力学的一个分支，在工程技术中有多种解决方法和广泛的应用。动力学问题可以采用多种理论模型，但是随着自由度的增加，面临的多是空间问题，无论采用哪种理论模型，最后的动力学表达式都将非常复杂[12, 13]。拉格朗日动力学方程结合相应的计算机计算方法，无论是理想无摩擦情况还是实际有摩擦阻力等情况，都可以较好地解决这类问题。工程实践中，手臂的主要结构参数为各关节的转动范围及各轴向的偏移量，机构原理分析时应该重视摩擦阻力主要来源于关节轴处的径向轴颈和止推轴颈的摩擦力矩[14, 15]。

手臂机构的小臂在工业机器人中举足轻重，在此仅以小臂为例进行简单介绍。小臂的受力约束简图如图 5.1 所示。

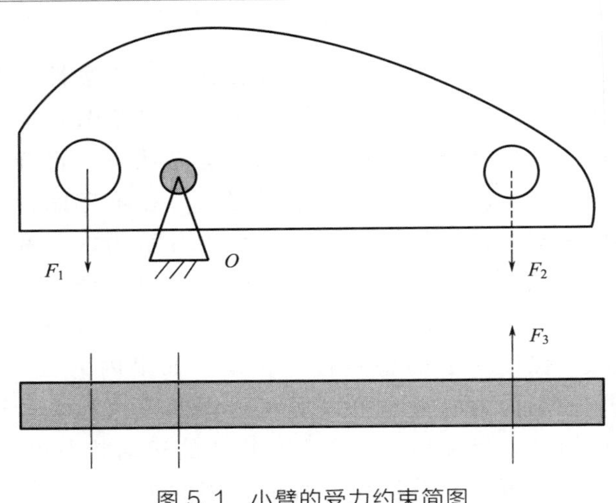

图 5.1　小臂的受力约束简图

① 受力分析。小臂的受力约束简图中，F_1 为机器人末端重量，机器人在运动的过程中，考虑向上运动时加速阶段会有加速度，因此取 F_1 为：

$$F_1=3G \tag{5-1}$$

从安全考虑，F_1 取 3 倍机器人末端执行器的重量。

F_2 是用来驱动上臂回转的动力，其大小取决于 F_1 的大小，由两者的力臂关系可得：

$$F_2=kF_1 \tag{5-2}$$

其中，k 是与小臂尺寸及固定支点 O 位置有关的系数。

F_3 是机器人整体回转给小臂带来的惯性力。

$$F_3=m\omega^2r \tag{5-3}$$

通过式(5-1) ~ 式(5-3) 可以得知小臂的受力情况。

② 模态分析。模态分析是用来确定机械结构振动特性的一种技术，它可以确定结构的固有频率和振型等模态参数。在实际工作过程中，工

业机器人的小臂可能会由于冲击和振动而承受较大的动载荷，某种程度上会影响末端执行器的定位精度，甚至可能导致小臂的损坏。因此有必要对工业机器人的小臂进行动力学模态分析。

③ 结构优化。为了小臂的轻量化，该机器人小臂采用适当的材料，例如铸铝合金材料。设定安全系数及许用应力，可以选用适宜的软件进行结构分析。

例如，当用 ANSYS 软件分析时，可以得到小臂综合变形和综合应力数值，以此验证小臂的强度和刚度是否满足设计要求，同时也可以探寻小臂结构是否还可以优化，能否做进一步的轻量化优化设计。或者在不改变小臂基本外形结构的前提下，取小臂的厚度为设计变量，其他尺寸作为不变量来处理，设计变量的取值范围为：最小厚度≤厚度≤最大厚度；取最大应力值 σ_{max} 为状态变量，根据强度校核理论，进行校核。

$$\sigma_{max} \leqslant [\sigma] \tag{5-4}$$

结构轻量化优化设计的目的是在保证结构安全可靠的前提下，使其结构的质量达到最轻。因此可以将小臂的质量作为目标函数，进行优化分析。目标函数为：

$$W = \rho \sum_{i=1}^{n} v_i \rightarrow \min \tag{5-5}$$

其中，ρ 为材料的密度；v_i 为小臂各段体积。

④ 优化过程。优化过程是一系列“分析-评价-修改”的循环过程。首先得到一个初始设计，并把结果用特定的设计准则进行评估，然后修改。经过反复调整得到小臂结构参数之后，执行相应的程序对小臂进行强度计算、比较，最终得到小臂的最优厚度值、小臂综合变形及综合应力信息等。

其他构件如肩部、大臂、腕部及手部的分析与此类似。

手臂机构有多种类型，如三自由度手臂结构、手臂双摆动结构、连杆结构手臂、通用结构手臂、单自由度手臂、双自由度手臂、管状结构手臂、滑板连接手臂、焊接结构手臂、带夹持器的手臂及伸缩机构手臂等。

在此仅以三自由度手臂模块为例介绍手臂模块的运动原理，图 5.2 为 PM-25 型工业机器人手臂模块运动原理。图 5.2 中主要包括：直流电动机、差速器、联轴器、蜗杆蜗轮传动、圆柱齿轮传动、位置传感器、锥齿轮传动、转臂、扭杆、手腕、执行件、空心轴、转动管、机体、空气分配器及气管等。

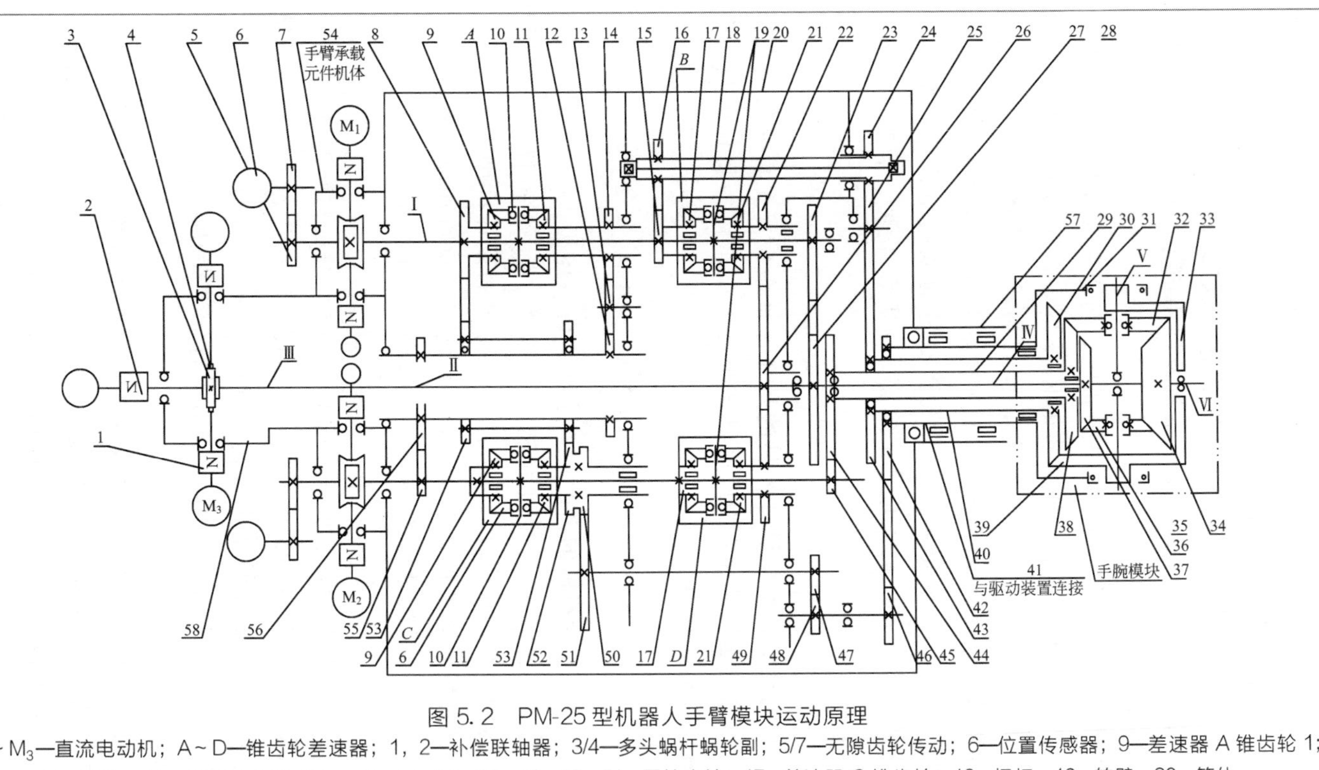

图 5.2　PM-25 型机器人手臂模块运动原理

M_1 ~ M_3—直流电动机；A ~ D—锥齿轮差速器；1，2—补偿联轴器；3/4—多头蜗杆蜗轮副；5/7—无隙齿轮传动；6—位置传感器；9—差速器 A 锥齿轮 1；10—转臂；11—差速器 A 锥齿轮；12 ~ 14，22，26，49，55，56—圆柱齿轮；17—差速器 C 锥齿轮；18—扭杆；19—转臂；20—箱体；21，30，32，35 ~ 38—锥齿轮；23/27，45/44，8/53，53/52，50/51，47/48，46/42，15/16，24/25，25/43—圆柱齿轮；28，29，40—空心轴；31—手腕机体；33—执行件；34—行星轮；39—扇形锥齿轮；41—与驱动装置相连转动管子；54，58—机体；57—空气分配器

图5.2中，三自由度的手臂模块主要用于在球坐标系中实现相对于三个相互垂直轴的定向操作。

手臂模块的运动分别由三个直流电动机来驱动。电动机 M_1 保证手腕模块相对于纵轴Ⅳ的旋转，电动机 M_1 装在与驱动装置相连转动管的法兰上，驱动装置机构装在手臂承载元件机体中。电动机 M_2 是实现手腕相对于横轴Ⅴ的摆动（或弯曲）。电动机 M_3 则实现夹持器相对于纵轴Ⅵ的转动。

三个电动机的每一种运动都通过无隙波纹管式补偿联轴器进行传递，以一定传动比传递给多头蜗杆蜗轮副。每一驱动装置的多头蜗杆均与测速发电机相连，此时多头蜗杆蜗轮副的蜗轮则通过无隙齿轮传动或通过补偿联轴器与位置传感器相连。

从另一方面，蜗轮与由四个锥齿轮差速器组成的差动单元的轴Ⅰ、Ⅱ和Ⅲ相连。此外，差速器 A 的锥齿轮通过一对圆柱齿轮传动以一定总传动比与差速器 C 的锥齿轮相连，它依次通过一组圆柱齿轮，以一定总传动比与执行件——管子及手腕机体相连。差速器 C 的锥齿轮与电动机 M_2 传动机构的蜗轮相连，并通过另一组圆柱齿轮与差速器 A 的另一锥齿轮相连。

差速器 A 的转臂与差速器 C 的锥齿轮刚性连接，并通过一组圆柱齿轮与空心轴相连。圆柱齿轮16和24之间借助扭杆18相连。空心轴的另一端与锥齿轮30相连，它和在执行件33上的扇形锥齿轮39啮合，以实现手腕的弯曲运动。差速器 C 的转臂10与差速器 D 的锥齿轮17刚性相连。

装在轴Ⅲ上的蜗轮3通过圆柱齿轮26、22和49，以一定传动比与差速器 C 和 D 的锥齿轮21相连。这些差速器的转臂19通过两对圆柱齿轮23/27和45/44，以一定传动比与内装空心轴28和29相连，在另一端安置与锥齿轮36和32相啮合的锥齿轮37和38。这些齿轮与转臂35和行星轮34构成手腕机构的锥齿轮差速器。

行星轮34是手臂模块的终端构件，在其上固定着执行机构，如夹持装置。差速器用来实现运动中运动解耦和力的闭合，以达到消除手臂模块传动机构中间隙的目的。

运动中运动解耦是由于执行机构31、34和39的转动仅与相应的电动机旋转有关。例如，当电动机 M_1 工作时，其他两个电动机被制动。旋转由差速器 A 的锥齿轮9传到差速器 C 的锥齿轮11。差速器 A 的锥齿轮11和差速器 C 的锥齿轮9都被制动。这样，差速器 A 和 C 的转臂10得到同一方向的匀速运动。因为锥齿轮21被制动，差速器 C 和 D 的转臂 19 获得同一方向的匀速转动。转臂 19 的转动通过圆柱齿轮传动传到同心安装的轴 28 和 29，同样以相等角速度和同一方向转动。差速器 A 的转臂 10 的转动以一定传动比传到轴 40 上。差速器 C 的锥齿轮 11 的转动以一定传动比传到管子 41。由于同心安装的轴 28、29、40 和 41 以相等速度同向转动，产生手腕相对于纵轴Ⅳ的旋转运动，而没有沿手腕弯曲坐标相对移动和夹持机构绕其纵轴的转动。

同样，当电动机 M_2 工作时，电动机 M_1 和 M_3 被制动，其转动被传到同心安装的轴 28、29 和 40 上，这时轴 28 和 40 以大小相等且同向的速度转动，而轴 29 则以速度相等方向相反在转动，轴 41 仍然被制动。同心安装的轴 28 和 40 的转动通过锥齿轮 37 和 30 传到锥齿轮 36 和 39，其角速度大小和方向均相同，从而实现手腕相对于横轴Ⅴ的弯曲运动。这时行星轮 34 并没有相对位移（夹持器保持不动）。

当电动机 M_3 工作时，而电动机 M_1 和 M_2 被制动，其转动被传到轴 28 和 29 上，它们以大小相等、方向相同的角速度转动，同时轴 40 和轴 41 保持不动。锥齿轮 37 和 38 的旋转传到锥齿轮 32 和 36，它们以大小相等、方向相反的角速度转动，行星轮 34 与夹持装置一起绕轴Ⅵ转动。

手臂模块驱动装置中，其传动机构的间隙是必须要消除的，这由扭杆 18 来实现。它是由专用联轴器预先扭紧，从而在运动链中建立应力状态，以消除由差动机构形成的三个独立闭合回路中的间隙。

5.1.2 手臂机构设计案例

机械手臂是机器人的主体部分，由连杆、活动关节以及其他结构部件构成，能使机器人达到空间的某一位置。

手臂结构设计要求主要包括：

① 手臂承载能力大、刚性好且自重轻。手臂的承载能力及刚性直接影响到手臂抓取工件的能力及动作的平稳性、运动速度和定位精度。如承载能力小则会引起手臂的振动或损坏；刚性差则会在平面内出现弯曲变形或扭转变形，直至动作无法进行。

② 手臂运动速度适当，惯性小，动作灵活。手臂通常要经历由静止状态到正常运动速度，然后减速到停止不动的运动过程。当手臂自重轻，其启动和停止的平稳性就好。手臂运动速度应根据生产节拍的要求来决定，不宜盲目追求高速度[16]。

③ 手臂位置精度高。机械手臂要获得较高的位置精度，除采用先进

的控制方法外，在结构上还注意以下几个问题：机械手臂的刚度、偏移力矩、惯性力及缓冲效果均对手臂的位置精度产生直接影响；需要加设定位装置及行程检测机构；合理选择机械手臂的坐标形式。

④ 设计合理，工艺性好。上述对手臂机构的要求，有时是相互矛盾的。如刚性好、载重大时，其结构往往粗大、导向杆也多，会增加手臂自重；如当转动惯量增加时，冲击力大，位置精度便降低。因此，在设计手臂时，应该根据手臂抓取重量、自由度数、工作范围、运动速度及机器人的整体布局和工作条件等各种因素综合考虑，使动作准确、结构合理，从而保证手臂的快速动作及位置精度。

在此以三自由度手臂模块为例介绍手臂结构设计。图 5.3(a)～(b) 示出了 PM-25 型工业机器人手臂结构模块的结构，主要包括：直流电动机、联轴器、补偿联轴器、蜗杆蜗轮传动、圆柱齿轮传动、锥齿轮传动、位置传感器、差速器、扭杆、机体、手腕、执行件、空心轴、转动管、轴、空气分配器及气管等。

① 手臂机构主要包括三个直流电动机及回转头式手腕模块，该手腕配置在转动管的端部。为了加大手臂的刚度，采用刚性较好的空心轴。对于手臂支承、连接件的刚性也有一定的要求，对此采用转动管结构，转动管固定在手臂机体中并能够转动。手臂机体与右差速器机体刚性连接。左差速器机体带有与其他模块连接的对接表面。

② 手腕带有端部对接表面，以便与执行机构模块相连接，使执行机构模块得到相对于中心结构轴（如轴Ⅱ、轴Ⅲ等）的转动；手臂杆件驱动装置的机构中包括蜗轮减速器 54 和 58 及上面差速器单元（如图中序号 10，19)、安装在转动管内的同心安装的同心轴 28、29 和空心轴 40。通过四个差速器单元实现运动解耦和传动机构的力闭合，其目的是消除间隙并获得附加减速。

③ 驱动装置与控制系统的反馈是通过各位置传感器及速度传感器（或测速发电机）来实现的。手臂上还配置四个空气分配器，用以实现将压缩气送到各执行机构，此时手臂应紧凑小巧，这样手臂运动便轻快、灵活。为了手臂运动轻快、平稳，在运动臂上加装滚动轴承。对于悬臂式手臂，还要考虑零件在手臂上的布置。当手臂上零件移动时，还应考虑其重量对整机回转、升降、支撑中心等部位的偏移力矩。

④ 执行机构是安装在手腕上的带动装置。将空气输送到空气分配器是通过蜗轮减速器 54 中的通道来实现的。该空气分配器再通过旋转集气管将压缩气传到手腕。

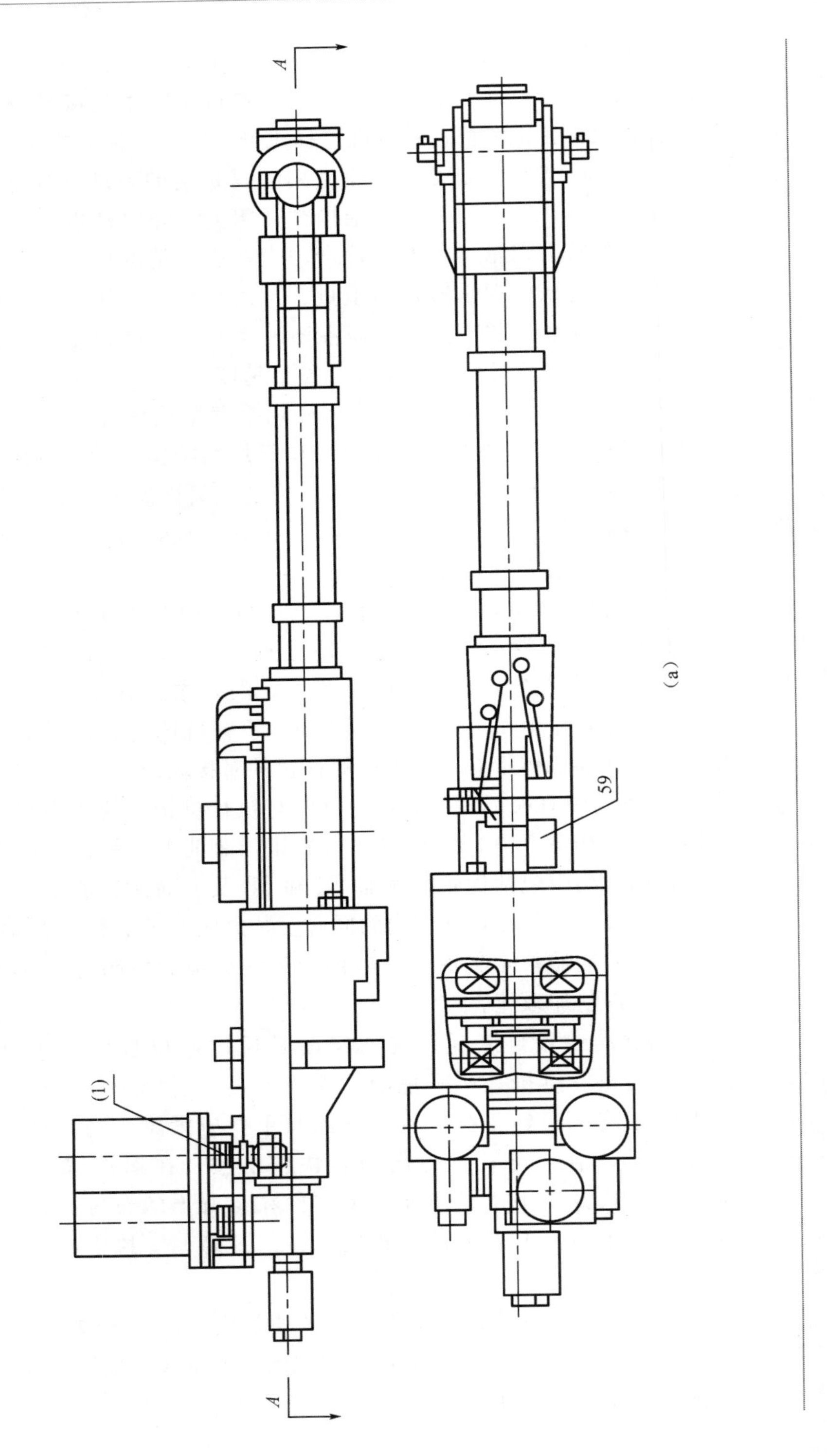

(a)

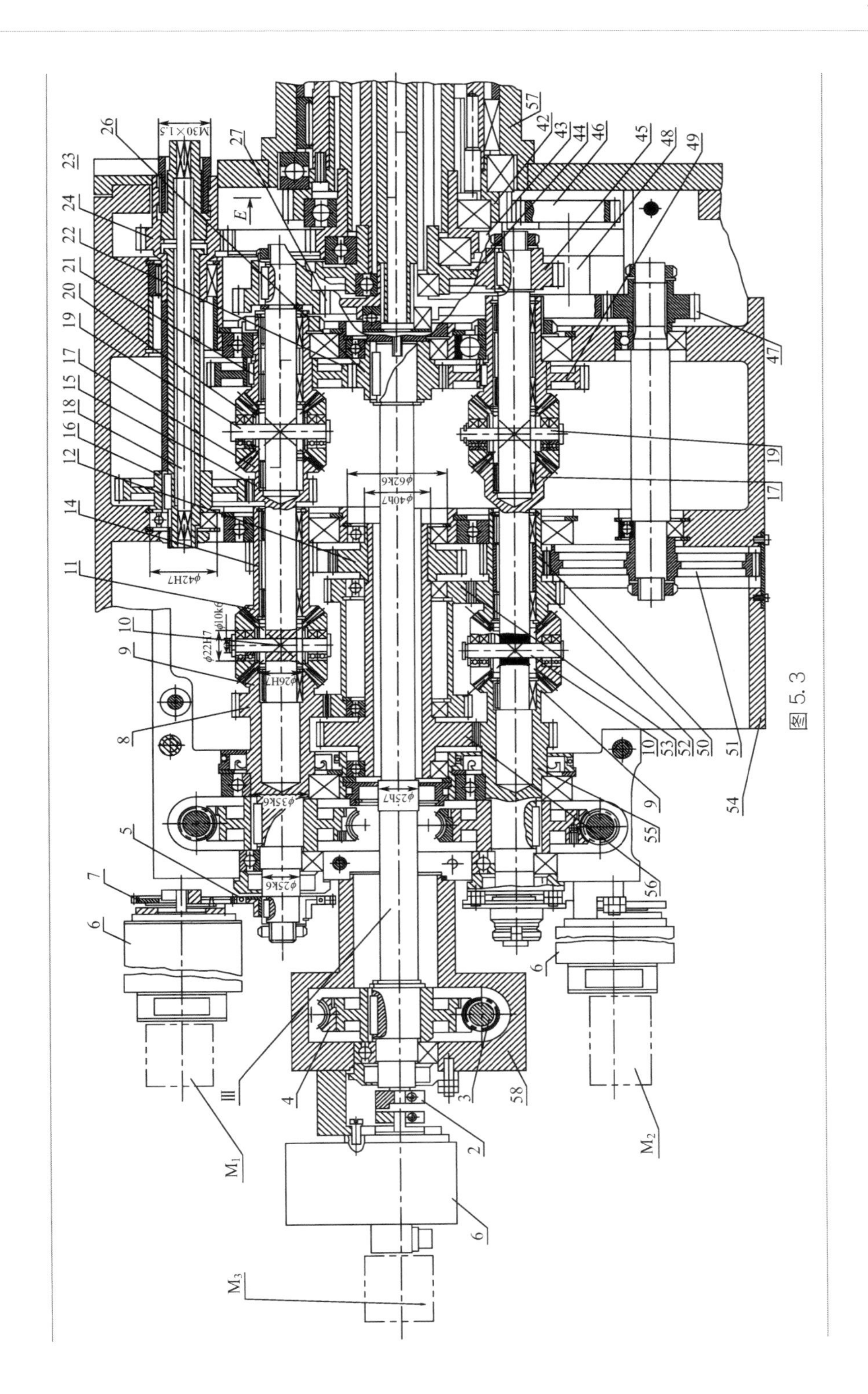
M30×1.5
ϕ42H7
ϕ10k6
ϕ22H7
ϕ26H7
ϕ35k6
ϕ25k6
ϕ62k6
ϕ40h7
ϕ25h7
E
Ⅲ
M_1
M_2
M_3

图 5.3

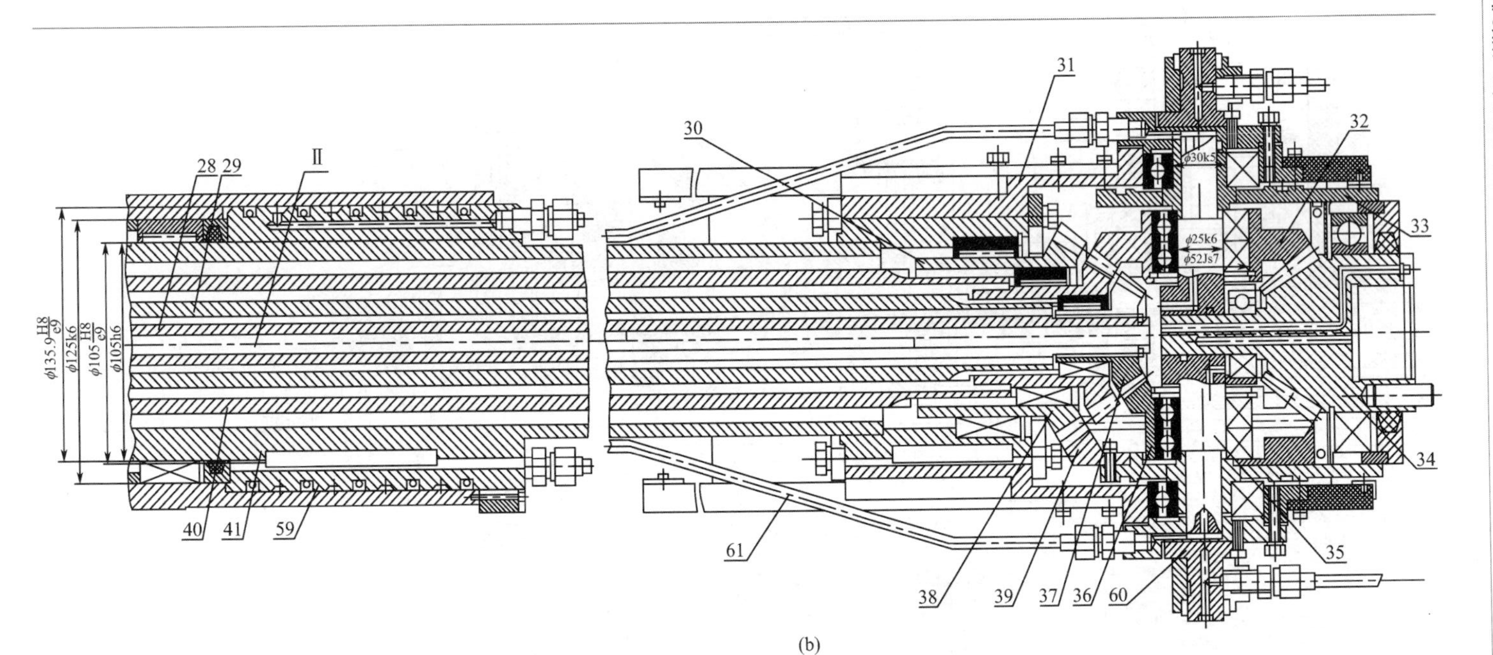

(b)

图 5.3 PM-25 型工业机器人手臂结构模块

1—联轴器；2—补偿联轴器；3—蜗杆；4—蜗轮；5/7—齿轮传动；6—位置传感器；8—齿轮；9，11，17，30—锥齿轮；10—左差速器机体（转臂）；18—扭杆；19—右差速器（转臂）；20—右差速器机体；31—手腕；33—执行件；39—扇形锥齿轮；40—空心轴；41—转动管；54，58—蜗轮减速器机体；8/53，53/52，50/51，47/48，46/42，15/16，24/25，25/43—圆柱齿轮；16，24—圆柱齿轮；28，29—同心轴；57—手臂机体；59—空气分配器；60/61—气管；$M_1\sim M_3$—直流电动机

由上述分析得知，该机械臂产生的某些问题，例如分布负载、传动机构间隙等，从本质上讲是由机械臂的机械构型产生的。该机械构型决定了其低运输负载和低精度的特点，连杆串联配置影响尤为显著。每一个连杆都要支撑除负载外的连杆重量，因而都承受了较大的弯矩，因此连杆必须具有足够的刚度。定位精度显然会受柔性变形的影响，而机器人的内部传感器不能测量出这种柔性变形，更糟糕的是，具有连杆作用的机械构件放大了误差，驱动器减速齿轮的回程也是导致不精确定位的因素，不满足连杆轴线间给定的几何约束也是产生定位误差的重要原因。

因此，在高速运动中，机械臂将受到惯性力、离心力和科氏力的作用，这使机器人的控制变得非常复杂。

5.2 手腕机构

手腕是用于支承和调整末端执行器姿态的部件，主要用来确定和改变末端执行器的方位和扩大手臂的动作范围，一般有 2～3 个回转自由度用以调整末端执行器的姿态。当然，有些专用机器人可以没有手腕而直接将末端执行器安装在手臂的端部。

5.2.1 手腕机构原理

手腕机构的模块有多种形式，如液压缸控制手腕、主轴直连手腕及铰链连接手腕等。不同的运动方式其机构也不同，可以按照所要完成的工艺任务进行更换[17]。手腕机构的自由度越多，各关节的运动范围越大，动作灵活性也越高，但这样的运动机构会使手腕结构复杂。因此手腕模块设计时，应尽可能减少自由度，而增加手腕模块的多样化。

在图 5.4 所示的结构形式中，手腕机构采用了手臂纵轴与转动轴相重合的方式，这样手腕与手臂可以配合运动。如手臂运动到空间范围内的任意一点后，如果要改变手部的姿态，则可以通过腕部的自由度来实现。

在图 5.4 所示的结构形式中，手臂的纵轴与转动轴轴向重合。手臂机构中，推杆及齿条的作用迫使手臂的运动传递到手腕机构中的轴上；另外，夹持器钳口与夹紧机构固连，夹紧机构上的齿条与推杆的齿条啮合，以实现对手腕的控制。

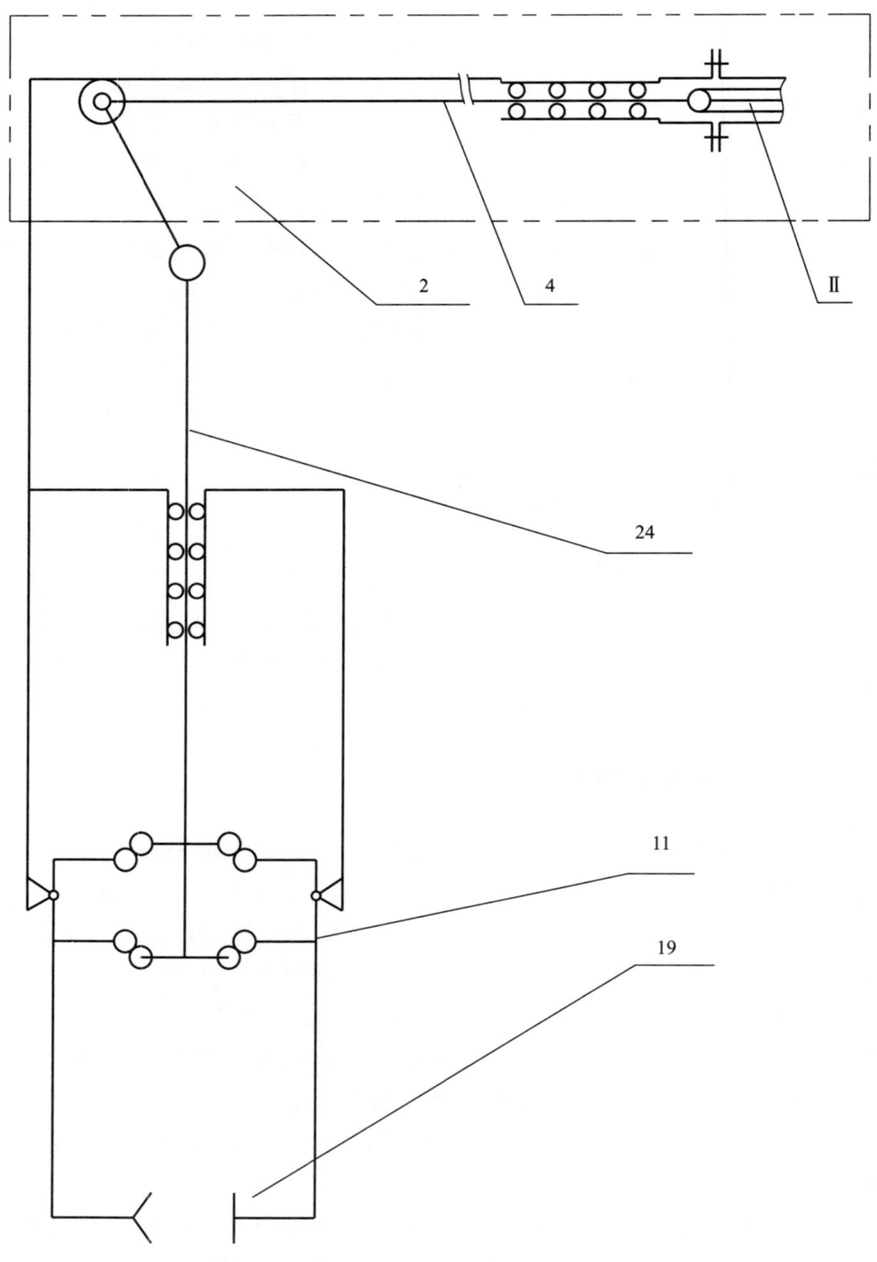

图 5.4 GR 型工业机器人手腕机构的结构形式

2—手臂机构；4—推杆（带有齿条）；Ⅱ—转动轴；
11—夹紧机构；19—夹持器钳口；24—轴

5.2.2 手腕机构设计案例

手腕结构设计的要求主要包括：

① 手腕要与末端执行器相连。对此，应有通用型连接法兰，结构上要便于装卸末端执行器。由于手腕安装在手臂的末端，在设计手腕时，应力求减小其重量和体积，保证结构紧凑。

② 要设有可靠的传动间隙调整机构，以减小空回间隙，提高传动精度。

③ 手腕各关节轴转动要有限位开关，并设置硬限位，以防止超限所造成的机械损坏。

④ 手腕机构要有足够的强度和刚度，以保证力与运动的传递。

⑤ 手腕的自由度数，应根据实际作业要求来确定。手腕自由度数目愈多，各关节的运动角度愈大，则手腕部的灵活性愈高，对作业的适应能力也愈强。但是，随着自由度的增加，必然会使腕部结构更加复杂，手腕的控制更加困难，成本也会相应增加。因此在满足作业要求的前提下，应使自由度数尽可能少。选择手腕的自由度数时，要具体问题具体分析，考虑机械手的多种布局及运动方案，使用满足要求的最简单的方案。

在此以铰链连接手腕为例介绍手腕机构设计，图 5.5 为 MA160 机器人操作机手腕机构。主要包括：支架、芯轴、尾杆、活塞杆、液压缸、机构、滚柱、开关及齿轮齿条等。

铰链连接是常用的手腕机构形式，通常在手臂下端的轴颈上，可以用铰链连接手腕。

夹持装置的支架与头部芯轴的连接以及夹持器尾杆与液压缸中活塞杆的连接，都是依靠机构和扣榫来完成的。压紧作用是通过夹持器支架和夹持器尾杆相对小芯轴连续转动 90°角时，凸起部进入相应头部芯轴的沟槽和扣榫中实现的。支架在转位时由受弹簧作用的滚柱来定位，当滚柱进入支架法兰的楔形槽中，为了松开支架，必须手动向上退出定位器。

小芯轴的转动由上液压缸来实现。上液压缸的活塞杆-齿条与齿轮相啮合，此齿轮和小芯轴刚性连接；这里齿条与齿轮的啮合虽然回差较大，但结构简单。小芯轴的角位置由其上的行程换向开关来控制。为了减轻手腕的重量，腕部机构的驱动器采用分离传动，腕部驱动器安装在手臂上，而不采用直接驱动手腕，并选用高强度的铝合金制造。

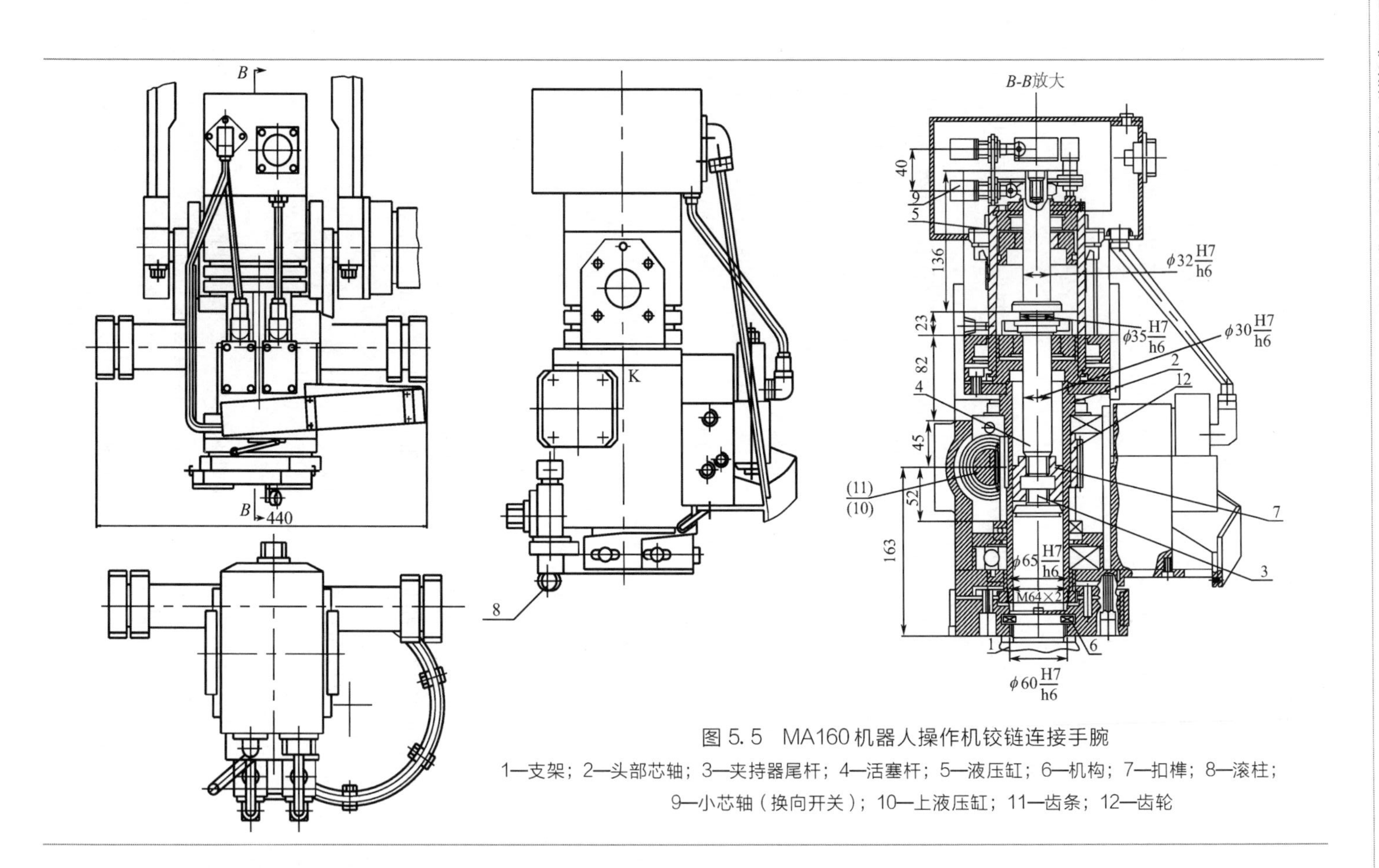

图 5.5 MA160机器人操作机铰链连接手腕

1—支架；2—头部芯轴；3—夹持器尾杆；4—活塞杆；5—液压缸；6—机构；7—扣榫；8—滚柱；9—小芯轴（换向开关）；10—上液压缸；11—齿条；12—齿轮

5.3 转动-升降机构

转动机构作为工业机器人系统的支撑部件，实现机器人本体的转动。

升降机构又叫升降台，是一种将人或者货物升降到某一高度的升降设备。在机器人结构中为了装卸与上、下料方便而经常使用。

在工业机器人中，通常是转动结构与升降结构共同被应用，其机构混合交叠，作用难分彼此。

5.3.1 转动机构原理及案例

（1）转动机构原理

转动机构有多种机构形式，分为轴承转动机构、齿轮转动机构及谐波减速器转动机构等形式。在进行机器人转动机构设计时，要求传动链尽可能短、传动效率高，并对整个机构体积和重量有要求。

基座垂直轴的转动常采用轴承转动机构，轴承转动机构也是工业机器人的重要转动形式，它支撑机械旋转体，用以降低机器人在传动过程中的机械载荷摩擦系数，并保证其回转精度。但是，轴承转动机构要求配置制动装置，例如各类制动器。有时，轴承转动机构也需要调速装置，例如直流电动机或直流电动机调速器。

在此以 GR 型工业机器人转动机构为例介绍，如图 5.6 所示。主要包括：电动机、齿轮传动及转轴等，该机构设计简单、紧凑、效率高。

该转动机构适用于数控机床的辅助工作，要求有沿着垂直轴（Z 方向）的移动、绕着垂直轴方向（水平面）的转动及具有最大角位移的限制等。设计转动部件时应包括减速装置、传动装置及连接装置等机械结构。

图 5.6 中转动机构是通过一系列构件与运动关节连接而成。转动机构采用电驱动蜗杆减速器机构，利用电动机的转动驱动蜗杆减速器，通过蜗杆减速器传递低速运动及动力给直齿圆柱齿轮，再通过直齿圆柱齿轮传递给转轴，转轴以轴承为依托传递和输出传动，构成转动机构的主要运动。该转动机构运动链是以电动机输入的旋转运动开始，以转轴输出的旋转运动结束，期间进行减速运动、传递动力并进行功能方式的转换，直至传递出达到技术要求的运动特性。

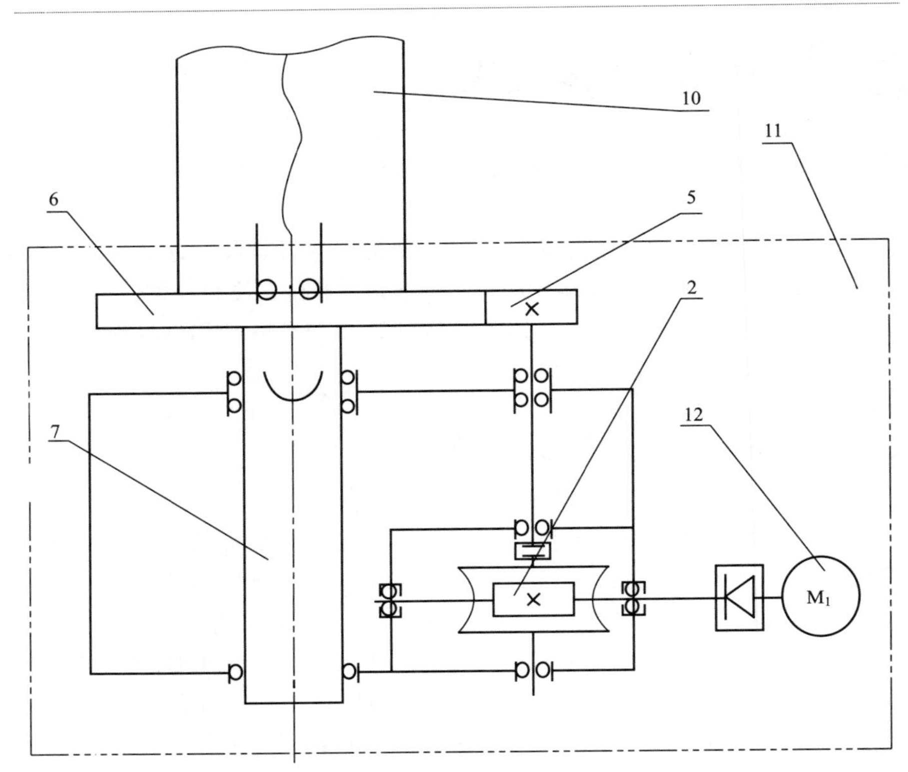

图 5.6　GR 型工业机器人转动机构运动原理

2—蜗杆减速器；5，6—齿轮传动；7—转轴；
10—升降机构；11—转动机构；12—电动机

（2）转动机构案例

转动机构是工业机器人操作机的基本组件。基座垂直轴的转动机构通常作为工业机器人作业平台，采用对称结构时，转轴则需要承受较大扭力或扭矩。例如，当转动机构作为高空作业机器人的部件时，其功率/重量为一个重要的指标，需要校核。设计时应考虑在不同工作状态下的传动参数和受力参数。

在此以 Y5-R-2 型工业机器人转动机构为例介绍设计方案，如图 5.7 所示。该转动机构安装在 Y5-R-2 型机器人铰链机构的下方，主要包括：直流电动机、减速器、测速发电机、机体、轴承、可动圆盘、驱动装置、支架、位置传感器、剖分式齿轮、盖、护罩、弯管、空气导管、单向阀、花键轴及偏心轮等。

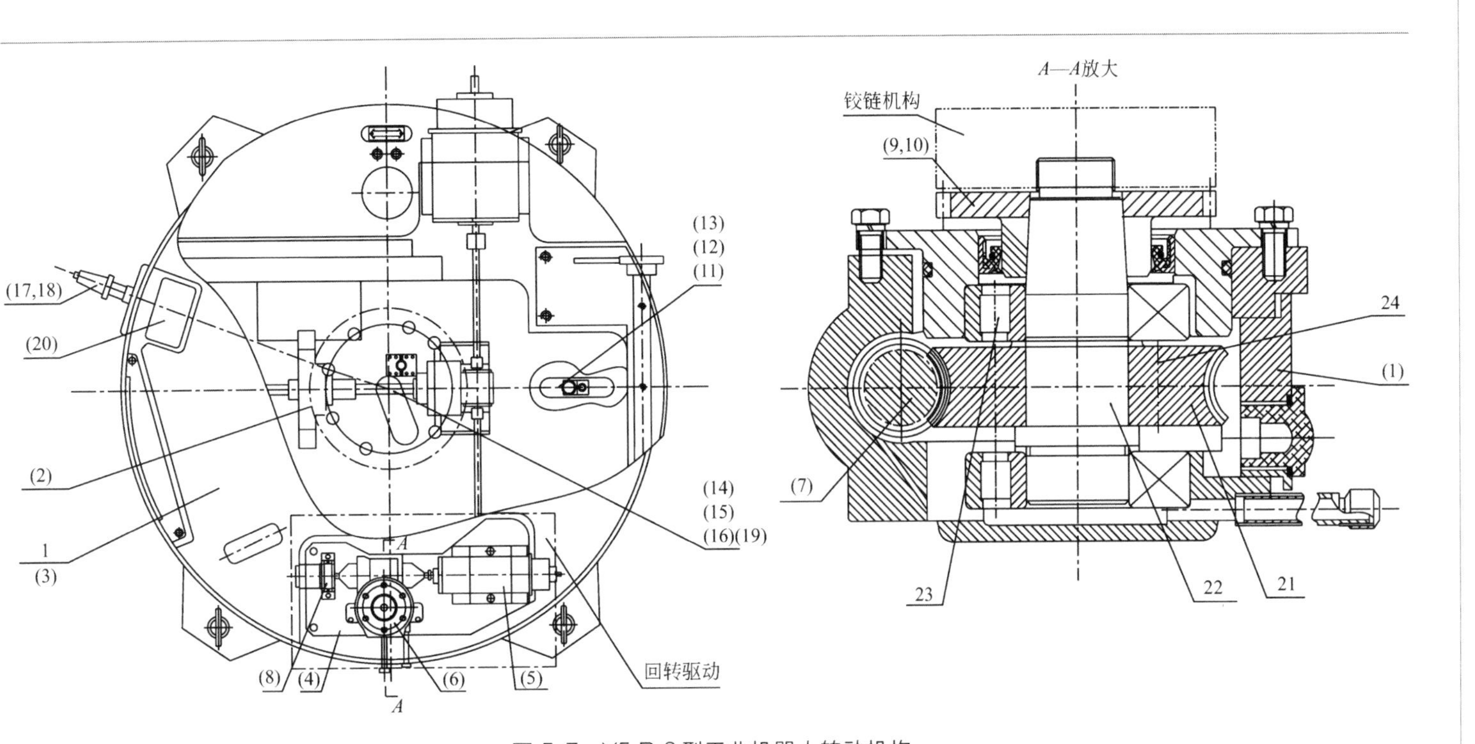

图 5.7 Y5-R-2型工业机器人转动机构

1—机体；2—向心推力轴承；3—可动圆盘；4—驱动装置；5—直流电动机；6—蜗轮减速器；7—蜗杆轴；8—测速发电机；9—可动圆盘齿轮；10—减速器输出轴齿轮；11—专用支架；12—电位器式位置传感器；13—剖分式齿轮；14—下盖；15—护罩；16，19—弯管；17—空气导管；18—单向阀；20—附加支架；21—剖分式蜗轮；22—花键轴 A；23—偏心轮；24—螺钉

在固定机体中安装有向心推力轴承，该向心推力轴承上安装有可动圆盘，可动圆盘的转动是通过装在机体中的驱动装置得到的。回转驱动机构由直流电动机、蜗轮减速器和与蜗杆轴固接的测速发电机组成。作用在可动圆盘上的扭矩是通过圆柱齿轮传递的，可动圆盘齿轮与减速器输出轴的齿轮啮合。

在机体上固定有专用支架，专用支架上装有电位器式位置传感器，位置传感器的小轴是通过齿轮传动得到转动。驱动装置中剖分式齿轮与可动圆盘齿轮啮合。为防止灰尘和污垢落入向心推力轴承中，在下盖上装有护罩，在护罩内部安放两圈电缆。在下盖结构上固定有弯管，该弯管中拧有空气导管。空气导管经过在前端装有单向阀的管，压缩空气通过上面的弯管，并由此沿软管送到手臂机构的气缸中。

在固定机体上装有带缓冲橡胶板的附加支架，橡胶板也是可动圆盘的转动限位器。

为消除传动机构中的间隙，蜗轮做成剖分式，轮的下半部套在花键轴 A 上，而上半部套在下半部的轮毂上。间隙的消除是用偏心轮通过上半部蜗轮相对于下半部转动来实现。在所要求的侧向间隙值调准之后，剖分式蜗轮的两部分用螺钉紧固。

5.3.2 升降机构原理及案例

（1）升降机构原理

工程上能实现机构垂直升降的传动装置主要有直线电动机和“旋转伺服电动机+滚珠丝杠副”两种方式。直线电动机是一种将电能直接转换成直线运动机械能，而不需要任何中间转换机构的传动装置，直线电动机使用的工作环境速度与加速度范围都比较大，能耗较大；直线电动机可靠性受控制系统稳定性影响，对周边的影响很大，必须采取有效的隔磁与防护措施，以隔断强磁场对滚动导轨的影响和对铁屑磁尘的吸附；直线电动机精度高，但成本非常高。而“旋转伺服电动机+滚珠丝杠副”的原理是伺服电动机提供能量，然后利用滚珠丝杠使得螺旋运动转化为直线运动或直线运动转化为螺旋运动。“旋转伺服电动机+滚珠丝杠副”属于节能、增力型传动部件，在工程实际中应适当选取这种传动装置。

当升降机构采用“旋转伺服电动机+滚珠丝杠副”作为传动装置时，其运动链如图 5.8 所示。

① 滚珠丝杠副。在实现垂直升降时，旋转伺服电动机提供动力，带

动滚珠螺杆转动，此时，套在滚珠螺杆上的丝杠螺母就会在滚珠螺杆上运动，丝杠螺母与导向柱固连在一起，从而实现沿垂直导轨的垂直运动。由于过长的滚珠螺杆在垂直方向载荷作用下容易发生失稳，所以在设计时应采取一定措施或避免过长。

② 滚珠丝杠副参数确定。垂直升降机构使用的滚珠丝杠副参数应按照国标选用，并尽量选用外循环插管式的滚珠丝杠副。因为外循环插管式结构简单、工作可靠、工艺性好等。

③ 滚珠丝杠副可靠性分析。滚珠丝杠副可靠性是实现垂直升降的关键。根据升降机构的设计特点，滚珠丝杠副主要承受两类载荷，一类是机构克服自身的重力，另一类是承受起落架来自下面机构的垂直载荷。由于滚珠螺杆副几乎承受了来自下面机构的所有垂直载荷，若滚珠螺杆副强度失效，则很有可能导致整个机构失效。因此，必须对滚珠丝杠副静载荷及动载荷进行可靠性分析。

图 5.8 所示的 GR 型机器人升降机构的运动链主要包括：转动机构滚珠丝杠副及导向柱等机械结构。

该升降机构通过电动机、联轴器、滚珠丝杆副、导向柱等机械零部件传递运动和动力。该机构用于数控机床辅助工作，在升降过程中还具有旋转功能，以满足数控机床对工件加工的需求。

在图 5.8 中，要注意沿轴线最大位移速度及沿滚珠丝杠转动的限制。工作过程中升降机构应该保证垂直方向的行程及导柱的上下极限位置，以形成提升功能及确保升降运动的稳定性。

(2) 升降机构案例

以 GR-2 型工业机器人操作机升降机构为例，如图 5.9 所示。该机构做成单独组件形式，主要包括：机体、导向柱、上下支承板、马达基座、电磁制动器、直流电动机、齿形联轴器、滚珠丝杠、皱纹护套、橡胶缓冲器及挡块等。

图 5.9 中，该升降机构位于转动机构的上方，中部连接手臂结构。升降机构套在手臂机构机体内，沿固定在上、下支承板中两个导向柱上下移动。在上支承板上安装有马达基座，在该基座的内部装有电磁制动器，直流电动机也同时安装在该基座上，通过齿形联轴器将电动机与滚珠丝杠相连。滚珠丝杠副的螺母紧固在手臂伸缩组件的机体上。如此，电动机转动及滚珠丝杠副传动变为手臂的上下往复移动。

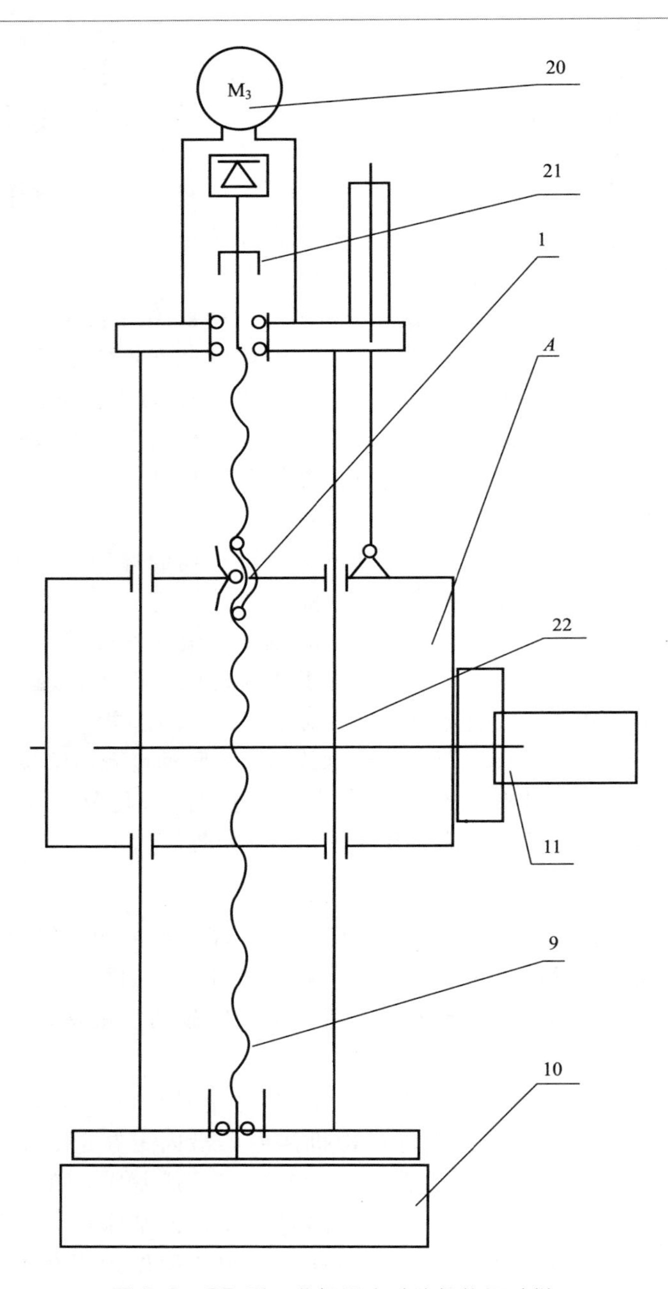

图 5.8 GR 型工业机器人升降机构运动链

1—滚珠丝杠副；A—手臂伸缩机构；9—滚珠丝杠；10—转动机构；
11—手臂；20—电动机；21—电磁制动器；22—导向柱

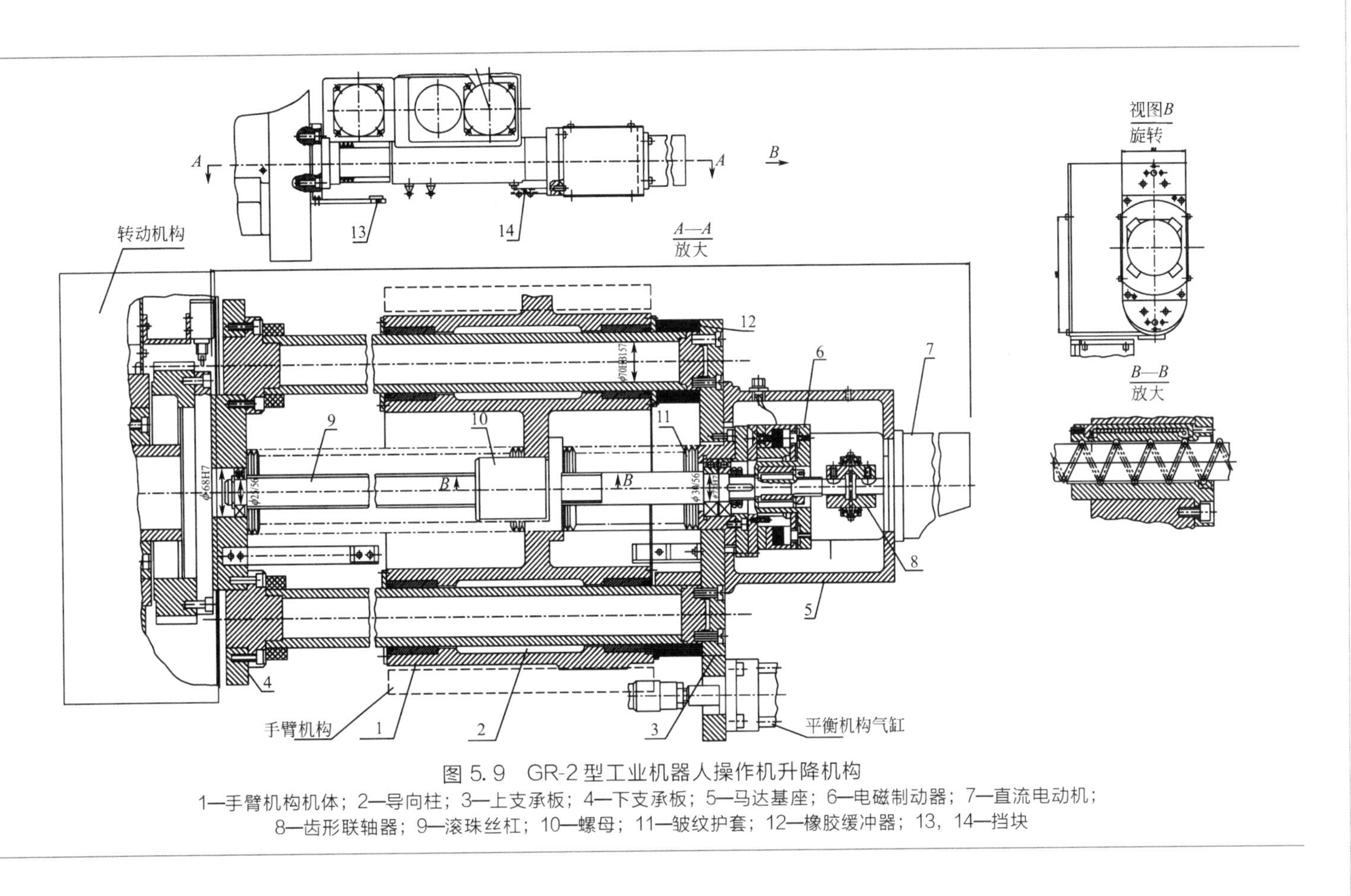

图 5.9 GR-2 型工业机器人操作机升降机构

1—手臂机构机体；2—导向柱；3—上支承板；4—下支承板；5—马达基座；6—电磁制动器；7—直流电动机；8—齿形联轴器；9—滚珠丝杠；10—螺母；11—皱纹护套；12—橡胶缓冲器；13，14—挡块

皱纹护套用来给丝杠防尘和污垢，橡胶缓冲器用以缓和当手臂到达上下行程终端时的冲击，两个行程开关的碰撞挡块用来控制位移速度。

5.4 末端执行器

末端执行器是指连接在机械手最后一个关节上的部件，它一般用来抓取物体，与其他机构连接并执行需要的任务。通常，末端执行器的动作由机器人控制器直接控制或将机器人控制器的信号传至末端执行器自身的控制装置进行控制，如 PLC。设计或选择具有特殊用途的、合适的末端执行器依赖于有效载荷、环境可靠性和价格等多种因素。末端执行器的典型机构为夹持机构，下面仅以夹持机构为例进行介绍。

夹持机构是用来在固定位置上定位和夹持物体的。多种工业机器人均装备有夹持装置。例如，为了完成装配工作，装配机器人组装操作时必须装备相应的带工具和夹具的夹持装置，才能保证所组装零件具有要求的位置精度，以实现单元组装及钳工操作。

5.4.1 夹持机构原理

夹持机构是根据杠杆原理来制作的，要使杠杆平衡，作用在杠杆上的两个力——动力和阻力必须满足平衡条件，动力点和阻力点的大小与其力臂成反比，杠杆的支点不一定要在中间，只要满足杠杆原理即“杠杆平衡条件”即可。

夹持机构的执行部位为夹紧钳口或夹持器手爪。夹持器手爪主要有电动手爪和气动手爪两种形式。气动手爪相对来说比较简单，价格便宜，在一些要求不太高的场合使用较多；电动手爪造价比较高，主要用在一些特殊场合。

5.4.2 夹持机构设计案例

夹持机构有多种类型，例如，带杠杆型接触传感器的夹持器、双位置对心式夹持装置、带气压传动的夹持器、液压驱动夹持器、液压驱动双位置夹持装置及小直径零件专用夹持机构等。还有组装操作用专用夹持装置，例如真空夹持装置、压缩空气控制夹持装置、具有误差补偿的专用夹持装置、具有自动装配的夹持装置及具有可换夹持器的夹持装置等。

以带气压传动的夹持器装置为例介绍，如图 5.10 所示。主要包括：钳口、杠杆、滑阀、排气阀、气缸、活塞杆、铰链平行四边形、齿轮副、平板、基座、杆、弹簧、支架、挡块、开关、接头及传感器等。

图 5.10 中，夹持器钳口的驱动装置是气动的，该夹持器装置主要用于法兰类零件的夹持。

① 夹持器具有三个固定在杠杆上相互成 120°角的平板钳口。由工厂气压管路传来的空气输入气动滑阀室内，然后通过快速排气阀传到气缸的一个腔中。进入右腔是夹紧零件，进入左腔是松开零件。气缸活塞杆的直线移动通过杠杆和左铰链平行四边形转变为左上钳口杠杆的径向运动（相对于被夹持的零件），右下平板钳口的驱动是靠齿轮副和右铰链平行四边形机构来实现的。在运动链中采用平行四边形机构可保证夹持钳口杠杆的角位置和在夹紧零件时的对心；钳口可以锁紧并产生很大的夹紧力，使被夹紧零件不会松脱。

② 转动杠杆的轴固定在上下平行的两个平板上，它们用横平板相互连接成刚性框架。带夹持钳口的框架由三根支撑杆和弹簧固定在基座上，以补偿夹持器在放置毛坯时（如放在机床卡盘中）的定位误差。

③ 夹持器固定在手腕上是由连接支架实现的。当连接支架不允许变形时，如夹持器碰到某些障碍时，有弹性作用的挡块压在终点微型开关上，将危险信号传给工业机器人控制装置，电缆通过接头来接通。

④ 夹持器钳口夹紧与放松零件状态的检测是通过两个相应的传感器来实现的。传感器是一个终点微型开关，在微型开关上作用着支撑在铰链平行四边形杠杆上的板簧。

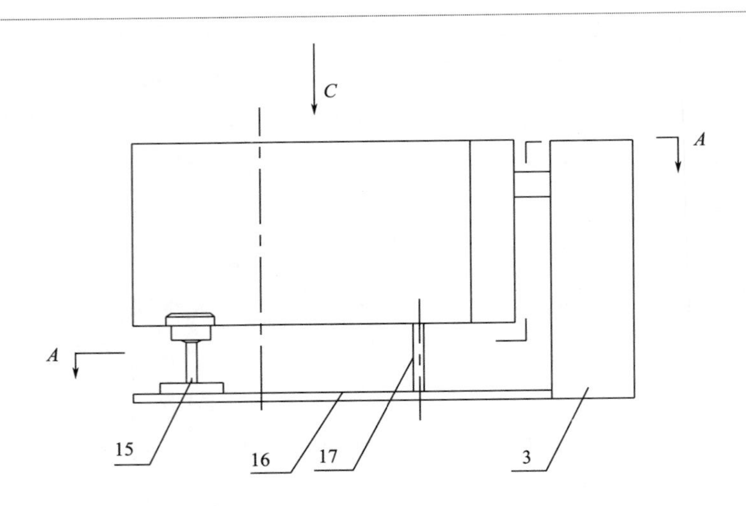

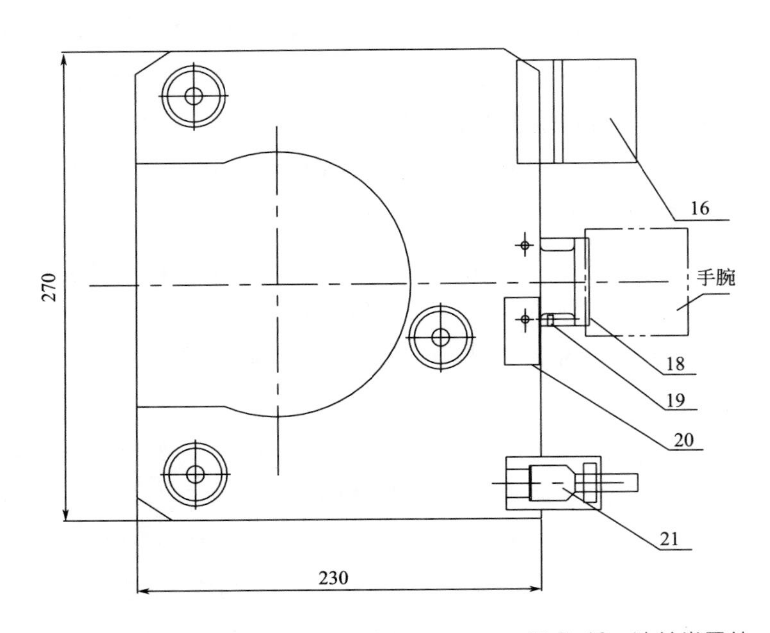

图 5.10 法兰类零件

1—平板钳口；2，7—杠杆；3—气动滑阀；4—快速排气阀；5—气缸；6—活塞杆；14—横平板；15—基座；16—支撑杆；17—弹簧；18—连接支架；

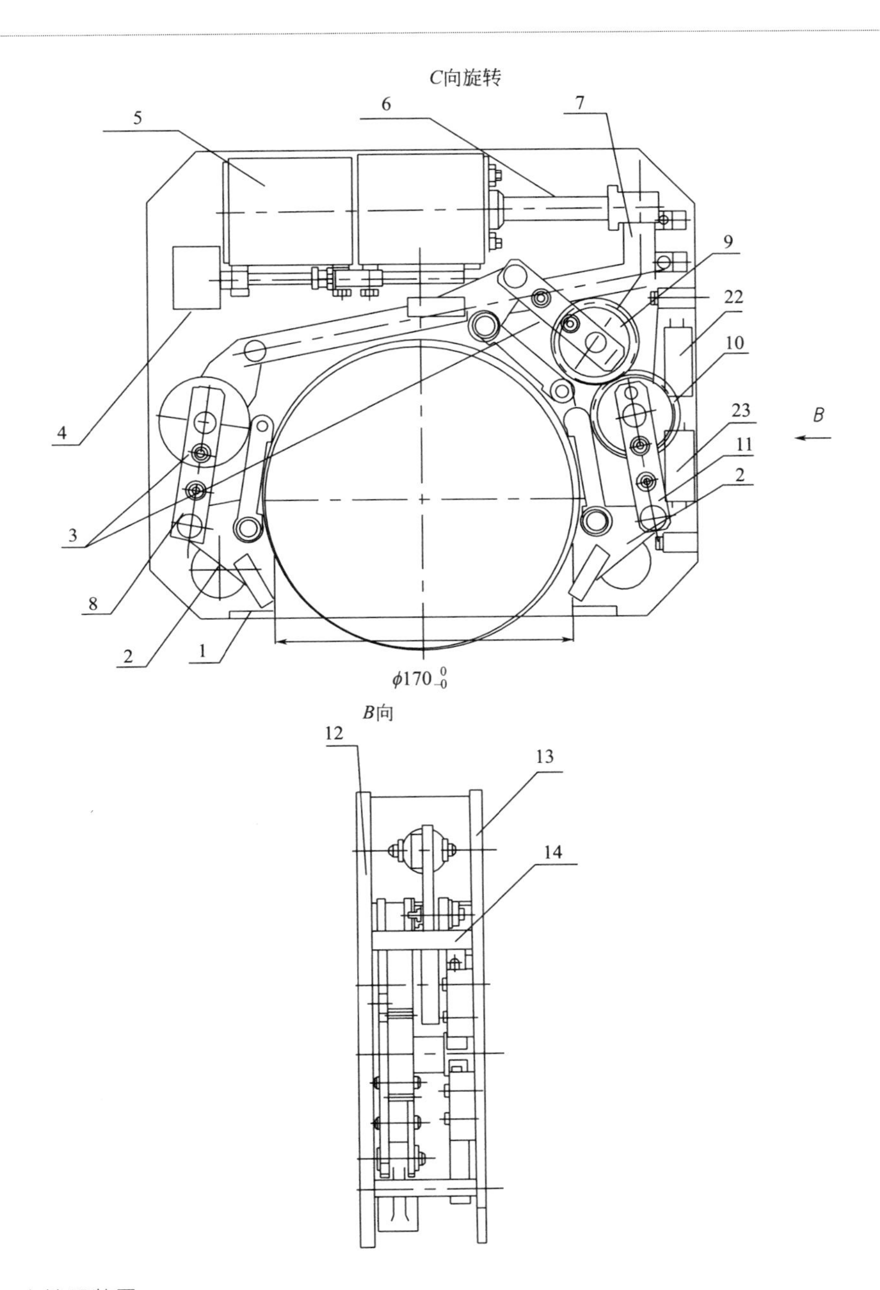

夹持器装置

8—左铰链平行四边形；9，10—齿轮副；11—右铰链平行四边形机构（平板）；12，13—平板；19—弹性挡块；20—微型开关；21—电缆接头；22，23—传感器

参考文献

[1] 李睿，曲兴华. 工业机器人运动学参数标定误差不确定度研究[J]. 仪器仪表学报，2014，35（10）：2192-2199.

[2] 许辉，王振华，陈国栋，等. 基于距离精度的工业机器人标定模型[J]. 制造业自动化，2013,（11）：1-4.

[3] 潘祥生，李露，沈惠平，等. 基于刚柔耦合建模的工业机器人瞬变动力学分析[J]. 机械设计，2013，30（6）：24-28.

[4] 周华飞. 机器人自动化制孔中位姿误差的修正与补偿[D]. 杭州：浙江大学，2015.

[5] E Abele，J Bauer，T Hemker，et al. Comparison and validation of implementations of a flexible joint multibody dynamics system model for an industrial robot[J]. Cirp Journal of Manufacturing Science & Technology，2011，4（1）：38-43.

[6] 张亮. 仿人机器人肩肘腕关节及臂的设计[D]. 秦皇岛：燕山大学，2016.

[7] 王美玲. 面向救援任务的双臂机器人协作运动规划与控制方法研究[D]. 北京：中国科学技术大学，2015.

[8] 吴凯，张丽娜. 基于SIMULINK的齿轮-转子-轴承系统非线性动力学仿真[J]. 机械传动，2014,（2）：71-74.

[9] M Rahmani，A Ghanbari，M M Ettefagh. Robust adaptive control of a bio-inspired robot manipulator using bat algorithm[J]. Pergamon Press，Inc.，2016，56（C）：164-176.

[10] 孙秀丽，王培培. 前馈-反馈控制系统的具体分析及其MATLAB/Simulink仿真[J]. 中国集成电路，2013，22（9）：54-58.

[11] L Wang，J Wu，J Wang. Dynamic formulation of a planar 3-DOF parallel manipulator with actuation redundancy[J]. Robotics & Computer Integrated Manufacturing，2010，26（1）：67-73.

[12] 李宪华，郭永存，宋韬. 六自由度工业机器人手臂正运动学分析与仿真[J]. 安徽理工大学学报（自科版），2013,33（2）：34-38.

[13] T Messay，R Ordóñez，E Marcil. Computationally efficient and robust kinematic calibration methodologies and their application to industrial robots[J]. Robotics and Computer-Integrated Manufacturing 2016, 37（c）33-48.

[14] 李桢. 猕猴桃采摘机器人机械臂运动学仿真与设计[D]. 咸阳：西北农林科技大学，2015.

[15] 杨海龙，王耀东. 基于simulink工具箱的挖掘机铲斗挖掘阻力仿真分析[J]. 公路交通科技：应用技术版，2014,（5）：351-353.

[16] 吴修君. 磨机系统起动过程的Simulink仿真[J]. 电气技术，2009,（5）：34-37.

[17] 朱伟，汪源，沈惠平，等. 仿腕关节柔顺并联打磨机器人设计与试验[J]. 农业机械学报，2016，47（2）：402-407.

第6章

工业机器人其他部件模块化

当工业机器人本体作为一个系统时，该系统是由机械手臂、末端执行器及移动车等部件构成。机械手臂、末端执行器等在前面曾经提及，它们虽然是机器人本体的主要构成对象，但是如果没有其他部件并不能构成完整的机器人。前面章节虽然对工业机器人及组合模块化等内容进行了阐述，但是从工业机器人结构模块化开发考虑时，仅有这些是远远不够的。对于工业机器人来说，小车传动装置、操作机滑板机构等的作用是不可替代的。下面仅介绍与机器人本体密切相关的操作机小车传动装置及滑板机构部件的模块化。

6.1 操作机小车传动装置

操作机小车及传动装置为机器人的直线运动部分。从工业技术的角度来看，直线运动有刚性、精度和速度等衡量指标，不同的应用场合对直线运动有不同的要求。例如，机床行业对直线运动的主要要求是刚性和精度，用来实现精密的运动轨迹控制 [1, 2]；自动上下料对直线运动的主要要求是速度和刚性，用来实现快速的、点到点的点位控制，这就需要用到高速直线导轨。目前用来实现直线运动的导轨主要是滚珠直线导轨和滚轮直线导轨。滚珠直线导轨，主要应用在高刚性和高精度的场合，如机床行业；而滚轮直线导轨主要应用在要求高速的工厂自动化项目，如工业机器人。操作机小车传动装置是决定机器人空间运动及到达精确位置的重要部件。

6.1.1 操作机小车传动装置原理

对于工业机器人，操作机小车传动装置是移动机构的典型装置，其直线移动机构是实现机器人在导轨上灵活运动的关键部件。对于 P25-R 型、M20-R 型、M40-R 型及 M160-R 型等工业机器人操作机，需要承受轻载和重载条件下的工作，小车传动可以采用滚轮直线导轨。

滚轮直线导轨的主要特点包括：①滚轮为基础时滑块容易做特殊设计。②滚轮直线导轨能够实现较大的传动速度和传动加速度。③噪音低，更适合平稳高速传动的应用，因为滚轮与导轨的接触是单点点接触，而滚珠导轨的滑块与导轨的接触是多点线接触，故滚珠导轨的相对摩擦阻力更大。④安装更便捷。例如，滚珠导轨在安装时，一旦滑块从导轨上滑落，很容易导致滚珠脱落，而滚轮导轨则无此顾虑。滚珠导轨要有较高的安装精度，通常需要进行表面打磨找平，而滚轮导轨具有自我调心的功能，滚轮与导轨运行时能够自动调整补偿安装误差。当需要安装两根甚至多根平行导轨时，两根或多根滚珠导轨之间的平行度一定要很高才能平稳传动，否则会卡滞或卡坏滑块内部的球保持器，但滚轮导轨可以很轻松地补偿平行度误差。⑤滚轮导轨免润滑，维护更便捷。滚珠导轨到达使用寿命后，需要更换整个滑块，甚至更换整个导轨套，但滚轮导轨只需要更换滚轮即可。⑥适合恶劣的工作环境。滚轮导轨更适用于恶劣环境，灰尘及切屑对滚轮导轨几乎没有影响，因为滚轮本身有精密的密封，灰尘进入不了滚轮内部，而附着在导轨表面的灰尘对滚轮滑块的平稳运行不会造成影响。但是，滚珠直线导轨粘附有润滑油，润滑导轨表面上的灰尘会不可避免地进入滑块内部，使滑块内部的润滑油脂变得黏稠，造成滑块传动时的卡滞及加速滚珠磨损。从经济的角度来看，滚轮导轨也免除了相应配套防尘罩的成本。

小车传动装置以滚轮导轨为基础，有单轨和双轨两种形式的导轨支撑。单轨的运动轨道窄，支撑力矩小，因此小车传动容易产生弹性震荡，危害单轨运动小车的安全。为了避免发生脱轨事故，应限制小车传动的质量及惯性。双轨的运动轨道比单轨宽，支撑力矩大，所以，理论上小车传动是不易脱轨的，这些特性使得双轨可以承受较大的载荷。

P25-R型工业机器人操作机属于直角平面式配置机器人，配合同步带传动、齿轮齿条传动方式，其运动链可以简记为“驱动-减速-传动”循环运动。模块化的直线模组，可以大大方便设计和装配。在移动方向带有位置传感装置，以保证移动位置的正确性，小车的直线运动易于实现全闭环的位置控制。

6.1.2 操作机小车传动装置设计

小车传动装置采用滚轮直线导轨时，需要承受频繁加减速及散热等苛刻条件的工作，这对导轨、滚轮提出了相应的要求。导轨需采用表面淬硬工艺，此时内部依然是软的，所以导轨的刚性和韧性得到了很好的平衡，适合于频繁加减速的高速应用。滚轮轴承采用精密的密封工艺和高品质的润滑脂，高速运行时，滚动体和滚道之间的润滑依然充分，并进行了良好的散热，这样可以保证滚轮轴承的终生免维护。再者，如果设计采用滚轮轴承和导轨之间的滚动是在开放的空间中进行，而不是在一个密闭的小空间里进行，可以从根本上解决高速运行时的散热问题。

（1）单轨小车机构模块

① 单轨小车机构模块 A。以 P25-R 型工业机器人小车模块为例。

如图 6.1 所示的 P25-R 型工业机器人小车模块，其装置为气压驱动，主要包括：机体、单轨、轴、滚柱支承、定位销、驱动装置机构、输出轴、齿轮、齿条、传感器及贮气罐等。

图 6.1 中，小车装在设备的立柱上，沿龙门架的单轨做移动。

小车机体为焊接支承结构，机体之中安装导轨，导轨为单轨形式。在小车机体中装有带滚柱支承的小轴，其中一部分通过螺母连接，以保证滚柱与导轨间接合处的拉紧力。

在小车机体前侧面装有定位销，定位销可作为其他模块定位的基准，如手臂径向行程的模块。在后侧面装有带直流电动机和蜗轮齿轮减速器的小车驱动装置机构。

在减速器输出轴的花键上装有相互啮合的齿轮，即减速器输出齿轮，其目的是建立闭环能量流，以消除传动机构中的间隙。减速器输出齿轮与齿条相啮合，齿条固定在单轨侧面上。在减速器输出齿轮的端面上还固定有小齿轮，小齿轮与剖分式齿轮相啮合，该剖分式齿轮为位置传感器驱动装置的部件。

在小车上面装有贮气罐和空气制备系统气压装置，由此空气被通入模块结构，固定基座模块及轨道式小车。该气动系统除了保证完成各种工艺操作外，如用气压喷雾器喷涂等，同时也带动夹持装置的模块工作，如夹持器的夹紧、松开以及在必要时自动更换夹持装置。

② 单轨小车机构模块 B。以 M20-R 工业机器人小车机构及传动装置为例。

如图 6.2 所示为 M20-R 工业机器人小车机构及传动装置，该装置为电驱动。主要包括：小车机体、滚轮、轴、齿轮、齿条、电动机、减速器及电磁制动器等。

图 6.2 中，该机构承载能力 10×2kg，承载能力较小。小车装置为沿单轨的电动机驱动装置。小车传动装置做成带滚轮及焊接机体的形式。滚轮装在滚轮轴上的滚珠轴承中，沿固定在门柱上的单轨滚动。滚轮轴做成偏心的，使之能调整小车驱动机构的输出齿轮与安装在门架上的齿条间的啮合间隙，还能保证滚轮与单轨之间所需要的张力。

小车的位移是由电动机通过两级齿轮减速器和输出齿轮齿条传动产生的，在输出齿轮的轴上安装着电磁制动器，该电磁制动器的功能是将小车固定在给定位置上。

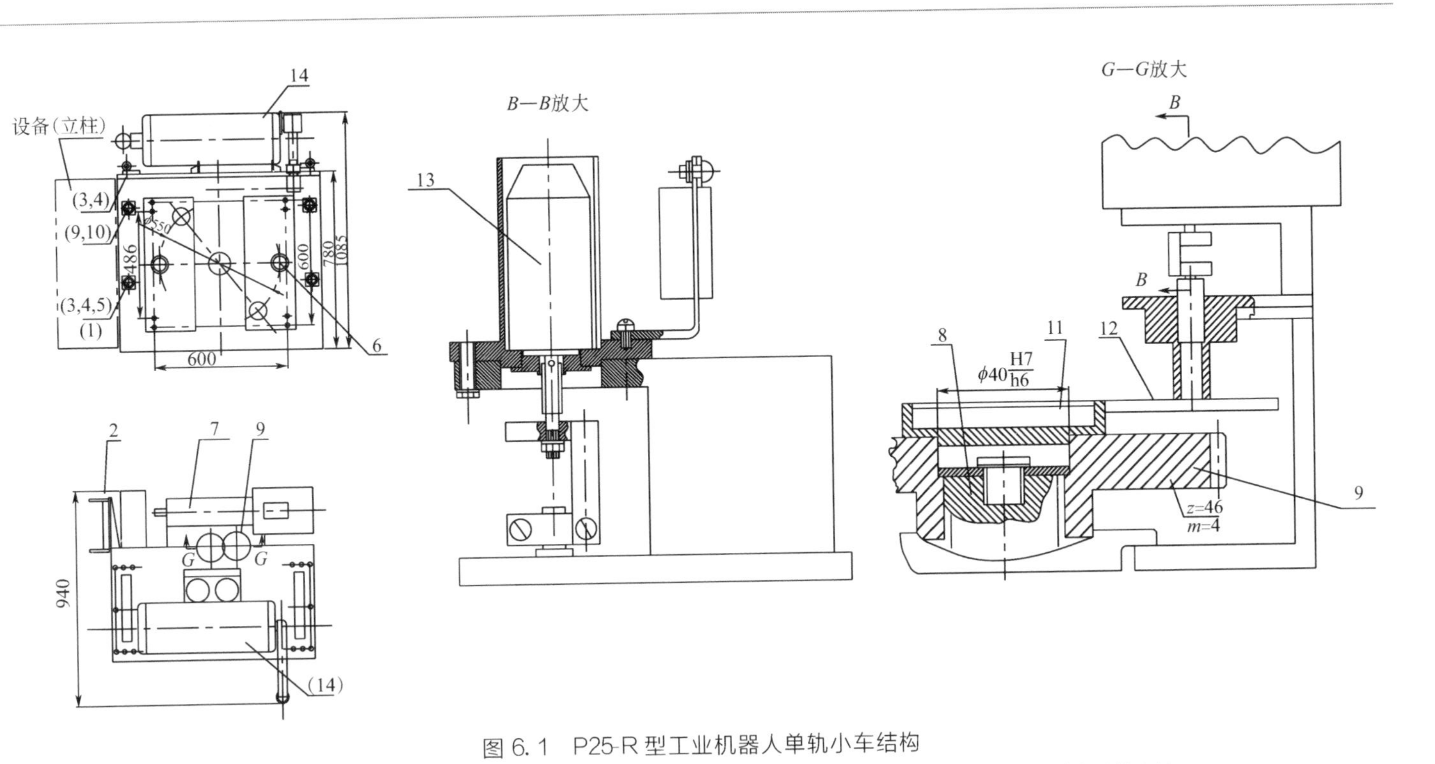

图 6.1 P25-R 型工业机器人单轨小车结构

1—小车机体；2—单轨；3—小轴；4—滚柱支承；5—螺母；6—定位销；7—驱动装置机构；8—减速器输出轴；9—减速器输出齿轮；10—齿条；11—小齿轮；12—剖分式齿轮；13—位置传感器；14—贮气罐

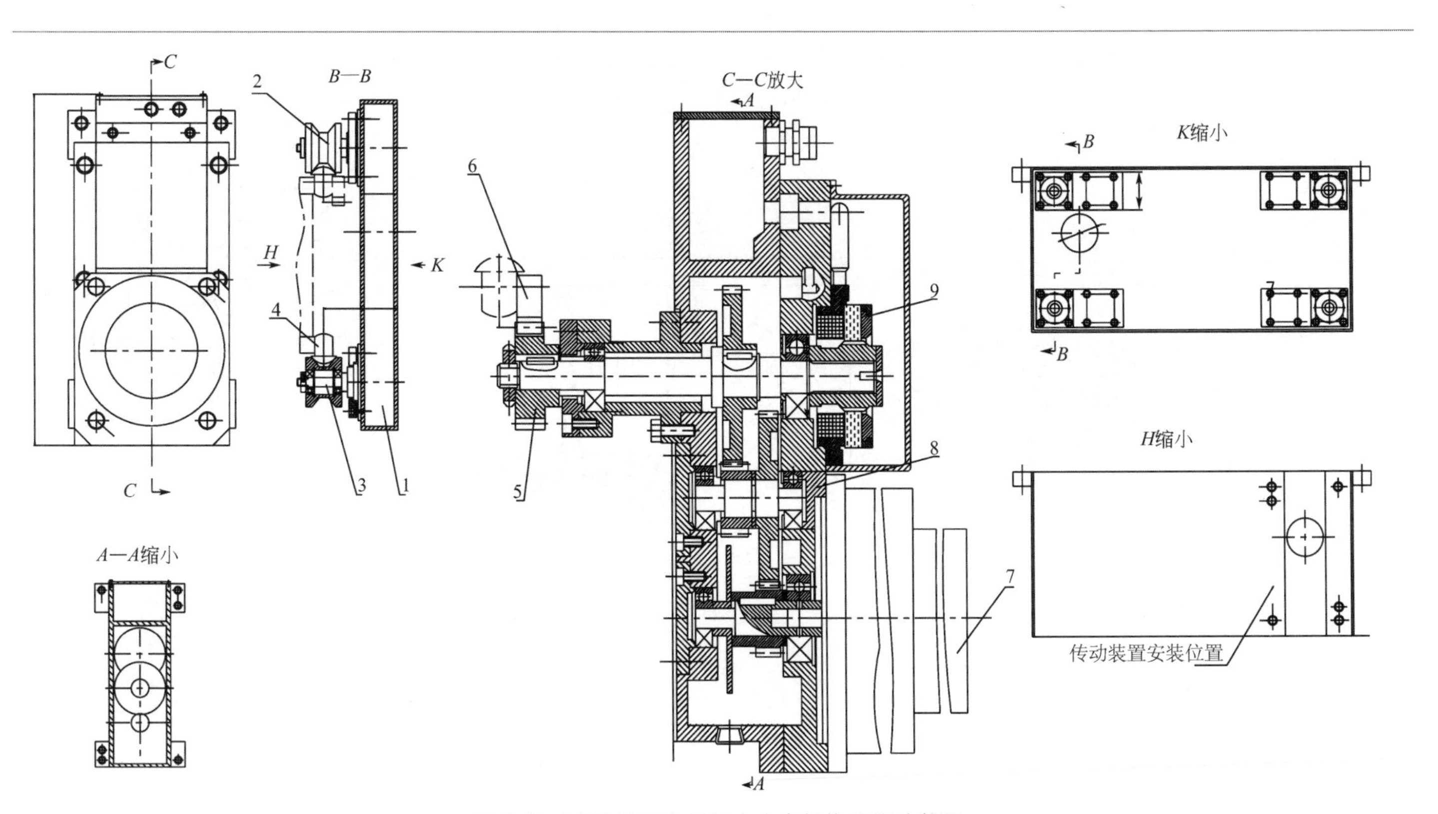

图 6.2 M20-R 工业机器人小车机构及传动装置

1—小车机体；2—滚轮；3—滚轮轴；4—单轨；5—输出齿轮；6—齿条；7—电动机；8—齿轮减速器；9—电磁制动器

（2）双轨小车机构模块

① 双轨小车机构模块A。以M40-R工业机器人小车机构及传动装置为例。

如图6.3所示为M40-R工业机器人小车机构，该机构采用双导轨、电液驱动装置。主要包括：小车机体、滚柱支承及导轨等。

图6.3中，小车安装在六个滚柱支承上，机构的承载能力为40kg，可以承受较大载荷，小车依赖于这些滚柱支承沿导轨移动。小车侧面是固定操作机手臂的基面。小车传动装置安装在有加强筋焊接的小车机体上。

如图6.4所示为M40-R工业机器人小车传动装置的结构，该装置为减速装置。主要包括：液压马达、步进电液驱动装置、减速器、轴及导轨等。

图6.4中，小车传动装置是操作机的基本元件，用以保证操作机沿导轨作纵向移动。该驱动装置机构中包含两个二级减速器，它有装在一个箱体上的直齿圆柱齿轮，并由步进电液驱动装置和液压马达驱动。在减速器输出轴上安装齿轮，齿轮与固定在导轨上的齿条相啮合。

② 双轨小车机构模块B。以M160-R工业机器人小车机构及传动装置为例。

如图6.5所示为M160-R工业机器人小车机构，该小车机构及传动装置采用双导轨型式，电液步进马达驱动。该机构承载能力较大，承载能力160kg。主要包括：机体、支承滚轮、上、下轨道、滚轮、横梁及行程开关等。

图6.5中，小车做成焊接形式的小车机体，机体具有Γ形截面。小车机体内有两组支承滚轮，一组是包围在上导轨的上轨道支承滚轮（该组三个），另一组是支承在下导轨上的下导轨滚轮（该组两个）。上下导轨固定安装在横梁上，该横梁安装在立柱上。两个行程开关分别装在小车上，横梁上固定安装着直尺，两个行程开关分别与直尺上的挡块相互作用。小车传动装置安装在小车机体上。

M160-R工业机器人小车传动装置的结构如图6.6所示。主要包括：马达、机体、齿轮、轴、传感器及开关片等。

图6.6中，小车传动装置是安装在同一小车机体中的两对减速机构。减速器的主动锥齿轮与电液步进电动机以及附加液压马达的轴相连。从动锥齿轮装在输入轴上，在另一端花键轴上装着齿轮齿条传动用齿轮。

由无触点脉冲传感器检测该传动（或驱动）装置机构的主动轴转角，装在主动锥齿轮轴上的开关片周期地进入脉冲传感器的槽中。

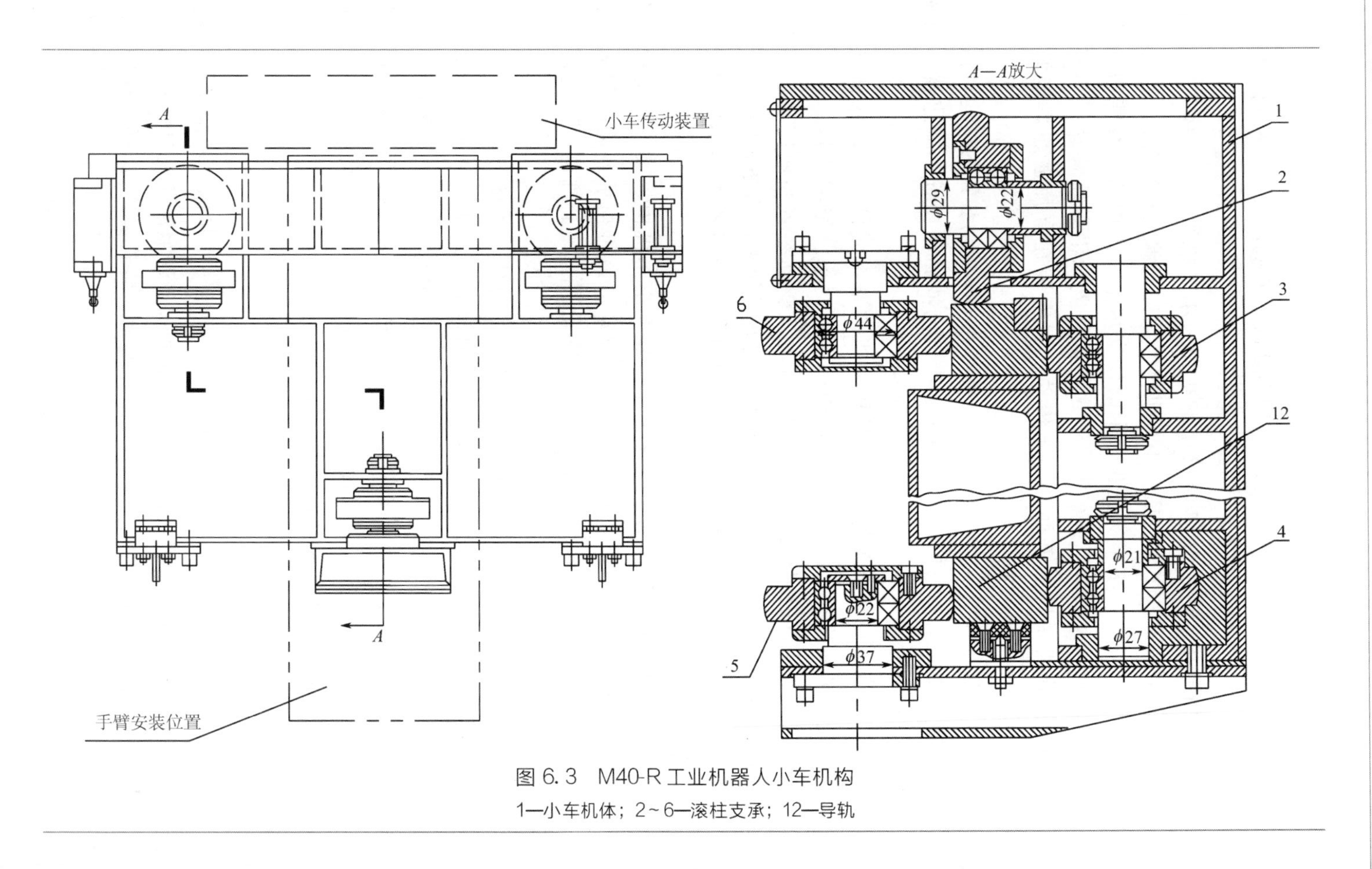

图 6.3 M40-R 工业机器人小车机构

1—小车机体；2～6—滚柱支承；12—导轨

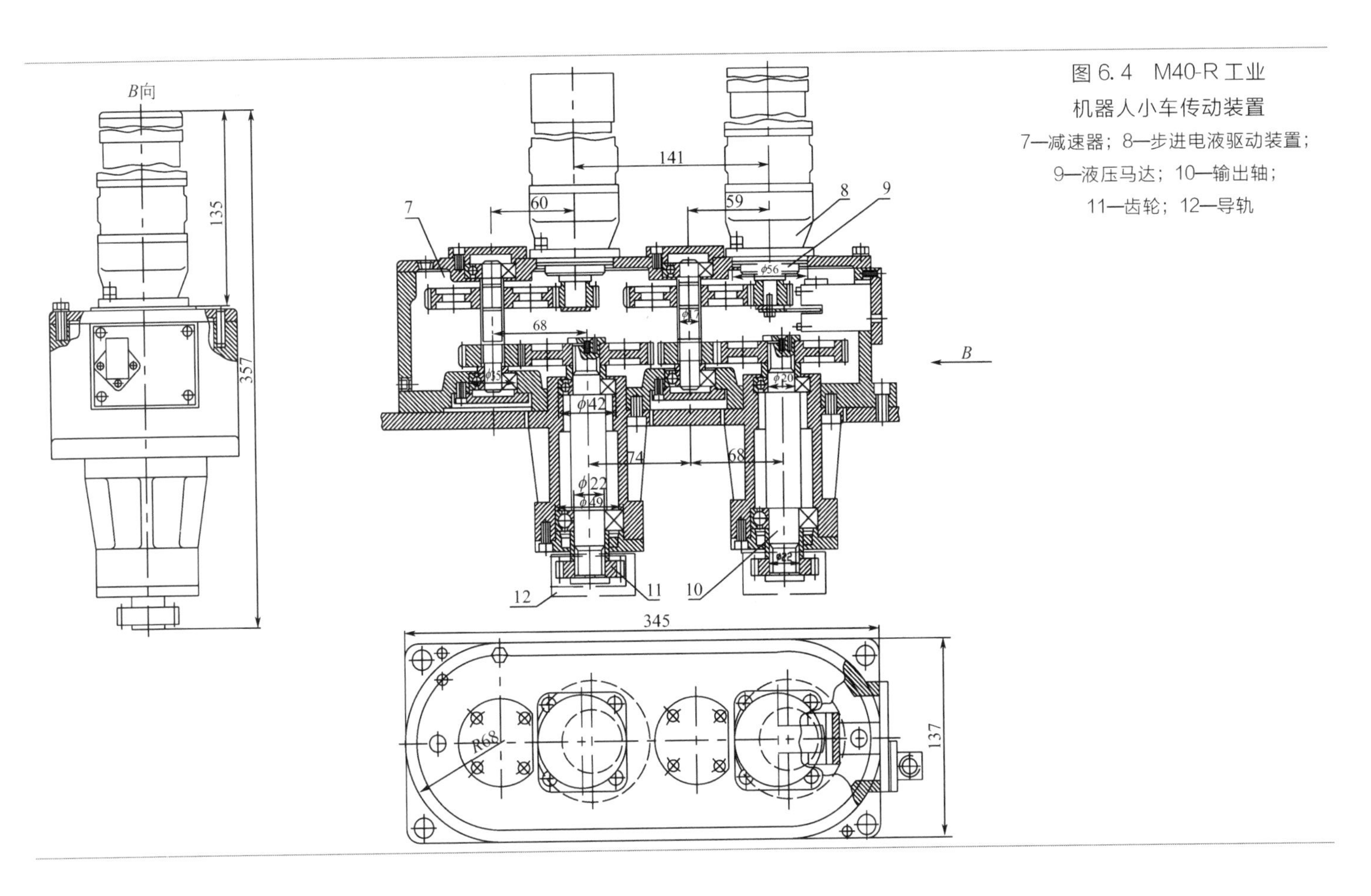

图 6.4 M40-R 工业机器人小车传动装置

7—减速器；8—步进电液驱动装置；9—液压马达；10—输出轴；11—齿轮；12—导轨

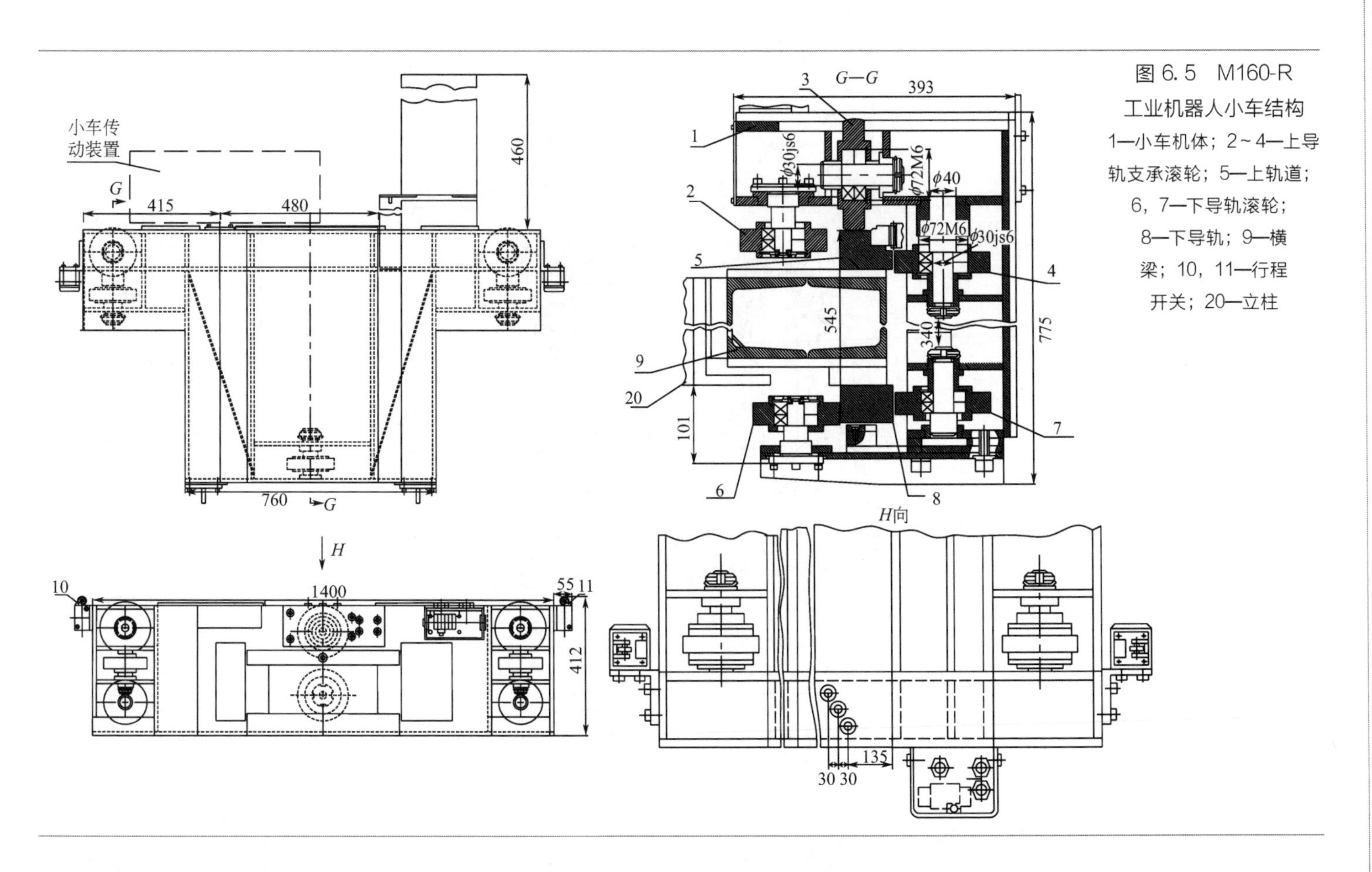

图 6.5 M160-R 工业机器人小车结构

1—小车机体；2～4—上导轨支承滚轮；5—上轨道；6，7—下导轨滚轮；8—下导轨；9—横梁；10，11—行程开关；20—立柱

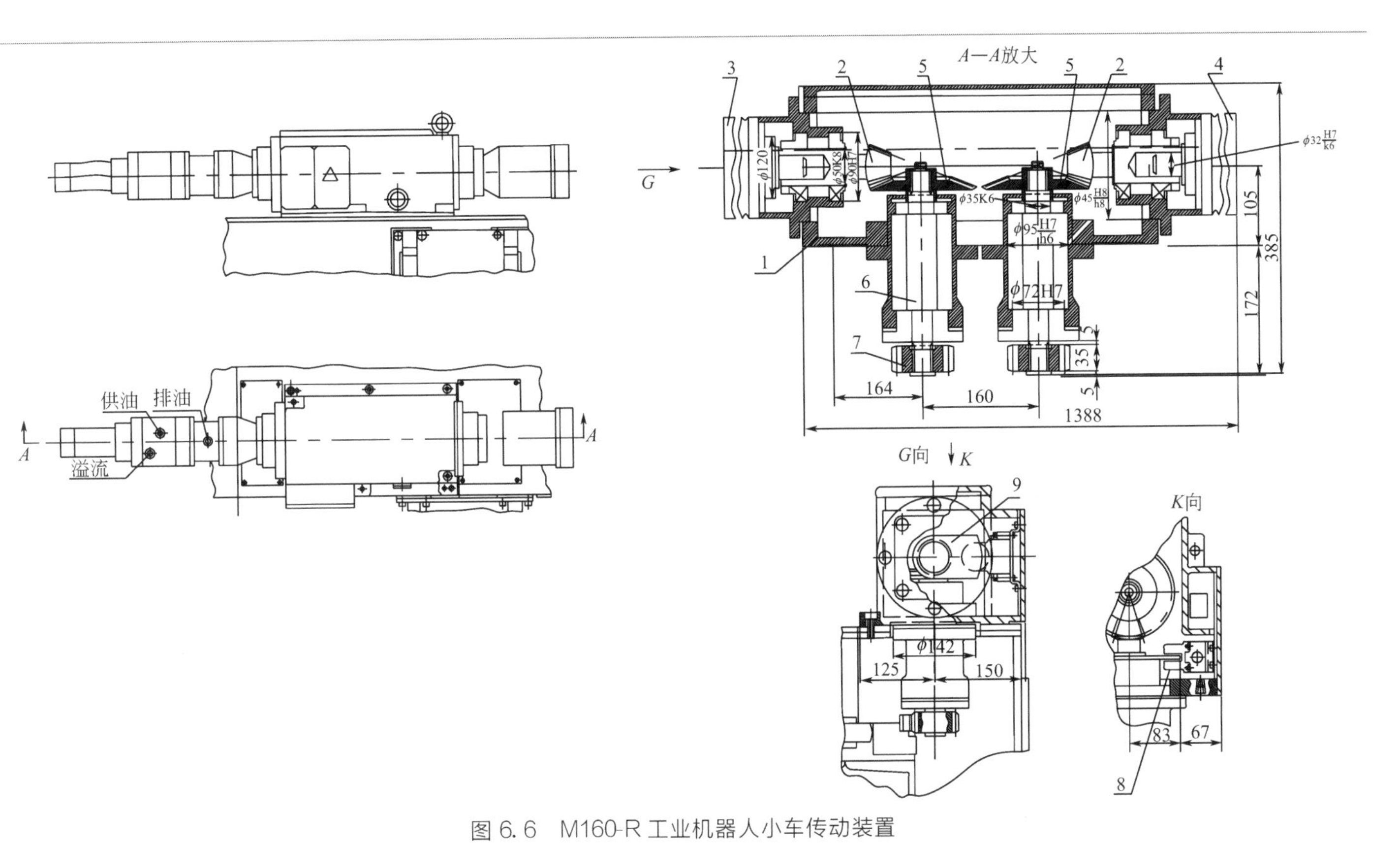

图 6.6 M160-R 工业机器人小车传动装置

1—小车机体；2—主动锥齿轮；3—电液步进电动机；4—附加液压马达；5—从动锥齿轮；6—输入轴；7—齿轮齿条传动用齿轮；8—无触点脉冲传感器；9—开关片

6.2 操作机滑板装置

工业机器人模块化过程中，操作机滑板装置作为小车传动装置与机械手臂的连接部件，是工业机器人模块化必不可少的转换部件。

6.2.1 滑板机构运动原理

以 M160-R 型工业机器人滑板机构为例介绍，其操作机滑板机构运动原理如图 6.7 所示[3]。该机器人是可移动式并具有门架结构的工业机器人。该滑板机构适用于为卧式金属切削机床工作的工业机器人操作机。由于操作机配备有定位式数控装置，能够按照给定程序实现沿三个坐标轴的位移，因此，滑板机构作为移动小车与机械手臂的连接部件，应实现沿水平方向的位移运动。M160-R 型滑板机构主要服务于手臂的自动上下料系统，要求快速平稳，且行走精度和定位精度要求不高，故可以选用滚轮直线导轨。

图 6.7 中主要包括：小车、导轨、滑板、滑板机体、连杆及线性电液步进驱动装置等。操作机的门架结构使得它可以安装可移动的小车，之后便是小车与滑板机构、滑板机构与手臂的连接。小车沿导轨实现纵向移动，而滑板机构维系着手臂垂直运动，即在滑板的下部铰接手臂机构。

6.2.2 滑板的模块结构

以 M160-R 型工业机器人操作机的滑板模块结构为例，如图 6.8 所示。因为滑板结构模块需要较大的承载能力，故采用滚轮直线导轨。滚轮直线导轨可以采用滚轮 V 形导轨和滚轮方形导轨两种。若导轨上可切出齿条，则成为带齿条导轨。

如图 6.8 所示，该滑板模块结构主要包括：小车机体、多对滚轮支承、滑板、驱动装置、挡块、定位机构、软管、电缆及开关等。

在小车机体的轴上装有滚轮支承，滑板沿着滚轮支承在小车机体内移动。小车机体上固定有线性电液步进式驱动装置，其活塞杆连到滑板上，活塞杆的行程由装在滑板上的刚性挡块及安装在机体上的可调挡块来限位，滑板由专用定位机构来锁定。滑板模块中多对滚轮支承结构可以较好地避免操作机滑板运动产生的噪音。

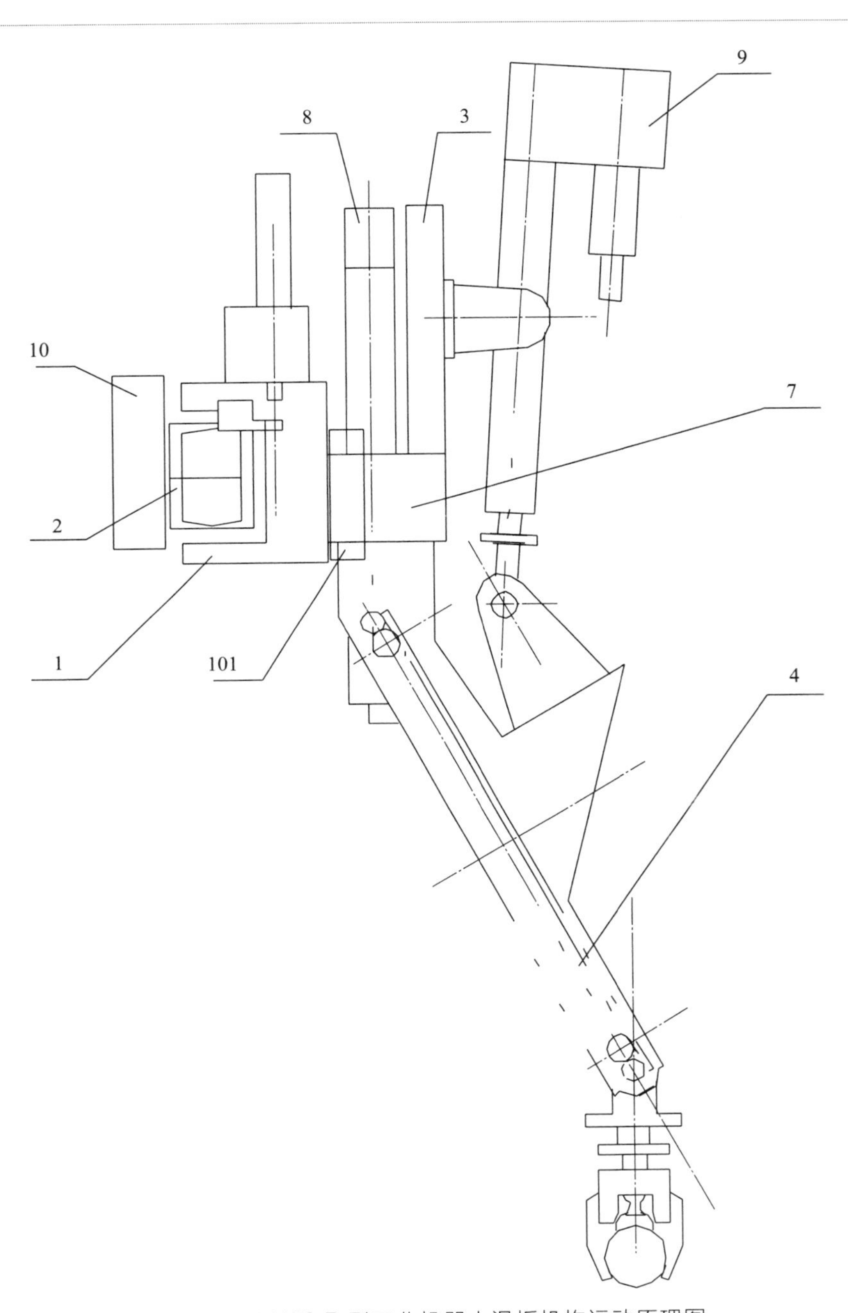

图 6.7 M160-R 型工业机器人滑板机构运动原理图

1—小车；2—导轨；3—滑板；4—手臂；7—滑板的机体；8—连杆；
9—线性电液步进驱动装置；10—操作机门架；101—滚轮直线导轨

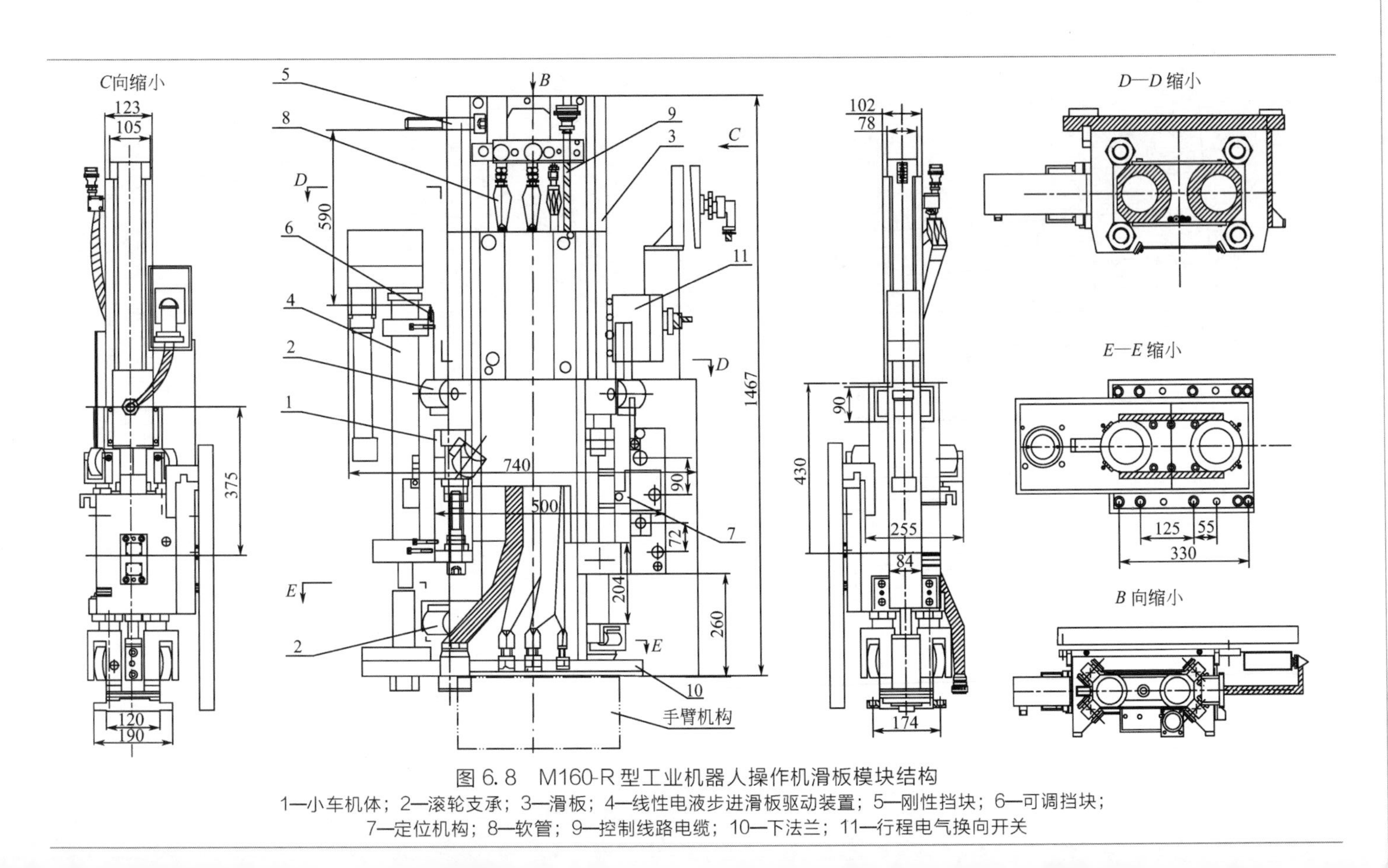

图 6.8 M160-R 型工业机器人操作机滑板模块结构

1—小车机体；2—滚轮支承；3—滑板；4—线性电液步进滑板驱动装置；5—刚性挡块；6—可调挡块；7—定位机构；8—软管；9—控制线路电缆；10—下法兰；11—行程电气换向开关

在滑板上部固定着能量输送软管和控制线路电缆。软管和控制线路电缆通过滑板的内部并与手臂机构在下法兰上连接。滑板驱动装置是通过行程电气换向开关的信号来控制的，行程电气换向开关安装在机体的支架上。

参考文献

[1] 马少龙，刘冬花，马国红，等. 一种快速获取机器人运动轨迹的方法研究[J]. 组合机床与自动化加工技术，2014,（10）：17-18.

[2] [新加坡] 陈国强，李崇兴，黄书南著. 精密运动控制：设计与实现[M]. 韩兵，宣安，韩德彰译. 北京：机械工业出版社，2011.

[3] 苏全卫，王晓侃. 基于 Simulink 的曲柄滑块机构运动学建模与仿真[J]. 制造业自动化，2014,（1）：72-73.

索　引

H

J

K

L

S

T

W